国家科学技术学术著作出版基金资助

网络科学与工程丛书

NSE 5

FUZA WANGLUO XIETIAOXING LILUN

# 复杂网络协调性理论

# Theory of Coordination in Complex Networks

■ 陈天平　卢文联　著

高等教育出版社·北京
HIGHER EDUCATION PRESS BEIJING

**图书在版编目（CIP）数据**

复杂网络协调性理论 / 陈天平，卢文联著．-- 北京：高等教育出版社，2013.10（2022.1 重印）
（网络科学与工程丛书 / 陈关荣主编）
ISBN 978-7-04-038257-0

Ⅰ.①复… Ⅱ.①陈… ②卢… Ⅲ.①计算机网络－网络理论－研究 Ⅳ.①TP393.01

中国版本图书馆 CIP 数据核字（2013）第 187864 号

策划编辑 刘 英　　责任编辑 冯 英　　封面设计 李卫青　　版式设计 余 杨
插图绘制 郝 林　　责任校对 刘春萍　　责任印制 赵义民

出版发行 高等教育出版社
社 址 北京市西城区德外大街4号
邮政编码 100120
印 刷 北京中科印刷有限公司
开 本 787 mm × 1092 mm 1/16
印 张 15.75
字 数 250 千字
购书热线 010-58581118

咨询电话 400-810-0598
网 址 http://www.hep.edu.cn
http://www.hep.com.cn
网上订购 http://www.landraco.com
http://www.landraco.com.cn
版 次 2013 年 10 月第 1 版
印 次 2022 年 1 月第 2 次印刷
定 价 59.00 元


物 料 号 38257-00

# 作者简介

**陈天平**，复旦大学教授、博士生导师。1965年复旦大学数学系研究生毕业，师从著名数学家陈建功教授。1985年起为复旦大学教授。

在包括神经网络、非线性映照理论、盲信号分离、主成分分析、复杂网络等研究方面做出了突出的贡献。曾获2002年度国家自然科学奖二等奖，1998年度上海市科技进步奖一等奖，1998年度教育部科技进步奖一等奖，1997年度IEEE Transaction on Neural Networks杰出论文奖，1997年度日本神经网络学会最佳论文奖。所培养的多名博士生获上海市优秀博士论文奖，一人获全国优秀博士论文奖。

**卢文联**，1978 年出生，复旦大学数学专业学士（2000 年）和应用数学专业博士（2005 年）。2005–2007年，德国马克斯普朗克科学数学研究所博士后。现为复旦大学数学科学学院应用数学系教授，2012年作为欧盟委员会资助的玛丽–居里学者访问英国 Warwick 大学计算机系。2007年获全国百篇优秀博士论文奖，2008年获上海是自然科学二等奖（第二完成人），2011年获得亚太神经网络协会“青年研究者奖”。现担任IEEE Transactions on Neural Networks and Learning Systems（2013–）和Neuocomputing（2009–）编委，以及 International Journal on Bifurcation and Chaos （2010–）客座编委。研究方向包括：神经网络模型的数学方法及其应用、复杂系统与复杂网络理论和应用、非线性动力系统、计算神经模型和大脑影像数据处理等。

## “网络科学与工程丛书”编审委员会

**名誉主编：** 郭　雷院士　　金芳蓉院士　　李德毅院士

**主　　编：** 陈关荣

**副 主 编：** 史定华　　汪小帆

**委　　员：**（按汉语拼音字母排序）

曹进德　　陈增强　　狄增如　　段志生

方锦清　　傅新楚　　胡晓峰　　来颖诚

李　翔　　刘宗华　　陆君安　　吕金虎

汪秉宏　　王青云　　谢智刚　　张翼成

周昌松　　周　涛

# 序

随着以互联网为代表的网络信息技术的迅速发展，人类社会已经迈入了复杂网络时代。人类的生活与生产活动越来越多地依赖于各种复杂网络系统安全可靠和有效的运行。作为一个跨学科的新兴领域，“网络科学与工程”已经逐步形成并获得了迅猛发展。现在，许多发达国家的科学界和工程界都将这个新兴领域提上了国家科技发展规划的议事日程。在中国，复杂系统包括复杂网络作为基础研究也已列入《国家中长期科学和技术发展规划纲要(2006—2020 年)》。

网络科学与工程重点研究自然科学技术和社会政治经济中各种复杂系统微观性态与宏观现象之间的密切联系，特别是其网络结构的形成机理与演化方式、结构模式与动态行为、运动规律与调控策略，以及多关联复杂系统在不同尺度下行为之间的相关性等。网络科学与工程融合了数学、统计物理、计算机科学及各类工程技术科学，探索采用复杂系统自组织演化发展的思想去建立全新的理论和方法，其中的网络拓扑学拓展了人们对复杂系统的认识，而网络动力学则更深入地刻画了复杂系统的本质。网络科学既是数学中经典图论和随机图论的自然延伸，也是系统科学和复杂性科学的创新发展。

为了适应这一高速发展的跨学科领域的迫切需求，中国工业与应用数学学会复杂系统与复杂网络专业委员会偕同高等教育出版社出版了这套“网络科学与工程丛书”。这套丛书将为中国广大的科研教学人员提供一个交流最新研究成果、介绍重要学科进展和指导年轻学者的平台，以共同推动国内网络科学与工程研究的进一步发展。丛书在内容上将涵盖网络科学的各个方面，特别是网络数学与图论的基础理论，网络拓扑与建模，网络信息检索、搜索算法与数据挖掘，网络动力学（如人类行为、网络传播、同步、控制与博弈），实际网络应用（如社会网络、生物网络、战争与高科技网络、无线传感器网络、通信网络与互联网），以及时间序列网络分析（如脑科学、心电图、音乐和语言）等。

“网络科学与工程丛书”旨在出版一系列高水准的研究专著和教材，使其成为引领复杂网络基础与应用研究的信息和学术资源。我们殷切希望通过这套丛书的出版，进一步活跃网络科学与工程的研究气氛，推动该学科领域知识的普及，并为其深入发展做出贡献。

金芳蓉 (Fan Chung) 院士
美国加州大学圣地亚哥分校
二〇一一年元月

# 前言

自然科学和工程科学中的各类复杂网络的研究已成为21世纪科学研究的重大课题。在这些复杂网络中，每个个体和周围的环境紧密联系，时刻被环境影响，也不停地影响着周围环境。所以，对网络的分析，不仅要考虑每个个体自身的状态和特征，也必须关注其他个体对它的影响。离开环境孤立地分析已不合时宜，而应该采用全局的系统分析方法。复杂网络的复杂性不仅包含个别节点的非线性，个体间的相互耦合也导致复杂性。不同于以往研究的多个体耦合网络，复杂网络的耦合常常包含大量的节点，节点间耦合关系也非常复杂，而且带有随机性。因此，必须找到新的观点和方法，才能有效地研究复杂系统的动力学行为。

20世纪末的复杂网络理论和方法的兴起，为解决上述问题提供了新的方法论。基于随机图理论，Nemann和Barabäsi等在《自然》和《科学》上发表了一系列论文，发现自然界和人工复杂网络的一些共有的特征，如小世界和无尺度的幂度分布特征，并且提出了复杂网络的自组织和演化机制。这些先驱研究及其之后的大量论文，开辟了复杂网络这个新的研究领域，也为处理复杂网络找到了一类新的方法。

具有耦合结构的复杂网络常常使用耦合常（泛函）微分方程和耦合差分方程（耦合映射格子）来描述。由于节点间信息传递，系统整体会呈现出协调性行为。其中，近年来的研究表明，同步特征是网络最重要的特征之一，并有着广泛的应用。它不仅可以用以揭示和解释现实世界中的现象，更在计算、图像处理和控制等方面有着广泛的应用。基本的耦合系统模型鲜明地表达了网络的概念。每个节点的动力学行为不仅依赖个体的特征，而且受与之相连接的节点的影响。分析网络的这两个因素——个体和个体间的耦合——在网络同步中的作用，它们如何影响整体的动力学行为，以及如何刻画节点间相互作用对网络同步的作用，正是本书关注的问题。

复杂网络系统的同步性是近年来复杂网络动力学行为研究的热点。其分析包含两类：其一是局部同步稳定性分析，Pecora 等人在 20 世纪 90 年代末提出主稳定函数方法，其本质是利用不变流形的横向稳定性的分析方法，研究同步流形的横向稳定性；其二是全局同步稳定性分析，通过构建以同步子空间为不变集合的李亚普诺夫函数来证明。具有代表性是 Wu 和 Chua 在 1995 年的工作，他们通过定义一类特殊矩阵来构造系统轨道到同步子空间的距离，从而给出同步分析。

不同于稳定性，系统的混沌同步并不意味某一轨道的稳定性，即系统未必收敛于平衡点、周期轨道或者混沌轨道，而是收敛到同步流形上，而且不是同步流形上的某一轨道。这是同步性和稳定性的重要区别。多主体系统的一致性算法（协议）可视为耦合网络动力系统的特殊情形，即每个节点没有自身动力学行为，仅有节点间的耦合。在本书中，将对此的讨论放在流形的横向稳定性框架下进行。

由此观点，本书建立一套统一的理论和方法框架。通过对不变子流形的横向稳定性分析，讨论了局部线性稳定性和全局稳定性。以此方法研究复杂网络的同步性、一致性和稳定性。书中还讨论了网络拓扑结构对协调性行为的影响。特别关注具有时变网络结构的系统。

本书包括10章。

第一章概述复杂网络的动力系统模型以及协调性动力学行为的定义。

第二章给出了本书所需的数学定义、引理和方法。包含矩阵理论、代数图论以及动力系统的一些概念。

第三章详细给出一般不变流形的横向稳定性分析。首先给出确定（deterministic）系统不变流形的横向稳定性分析，然后将其推广到随机（random）动力系统。

第四章讨论了耦合微分动力系统的同步。基于对同步子空间的几何分析，定义了同步子空间上的一个非正交投影。将同步性转化为在同步子空间的投影轨道的横向稳定性，从而给出局部稳定性和全局稳定性的判据。

第五章讨论了耦合映射网络系统的同步。进一步，还讨论了具有时变的耦合结构的映射网络。

第六章着重讨论网络拓扑结构与同步能力间的关系。

在第七章中以一种新的观点讨论分群同步，定义了分群同步子空间和相应的不变子流形。通过其横向稳定性分析了分群同步，也分析了自组织和驱动两种机制对于分群同步的影响。

第八章讨论多主体网络的一致性。它可视为耦合动力系统（微分方程和映射网络）同步问题的一个特例。在此章中，重点研究了具有随机时变拓扑结构以及非线性耦合关系的一致性。

第九章讨论耦合网络的牵引控制，叙述了最少节点的牵引控制方法。自适应算法是一种可提高网络协调性行为能力的方法。在第六、七、九章中分别就同步、分群同步以及牵引控制中给出相应的算法和理论证明。

在第十章中，比较和讨论同步的各种不同定义。分析稳定性、同步、牵引控制间的联系和区别，澄清一些错误观点和结论，并简单地总结全书内容，提出一些今后值得研究的深层次课题。

复杂网络的协调性行为，不仅在认识世界中有重要价值，在工程控制、智能计算、信息处理等多个领域中也有广泛应用。另一方面，还有大量理论和应用问题尚待解决。建立各类不同定义下的协调性行为统一分析框架，精确分析网络拓扑结构对于网络同步能力的影响，同步网络结构的调控等课题，尚待进一步的分析与研究。

本书的主要内容是笔者及其团队多年工作的结晶。本书内容力求翔实，有关数学理论和方法尽可能作详细的介绍，同时系统地整合了各类分析和研究复杂网络协调性行为的分析方法。本书可作为相关学科研究生的教材，亦可作为相关领域的研究者的参考手册。在本书的写作过程中，得到了许多专家的支持和帮助，特别感谢史定华教授、陆君安教授、陈增强教授的鼓励和大力支持。本书的研究工作得到了国家自然科学基金项目（编号 60974015, 61273211, 612733090) 的支持，也包含一些国内外同行成果。同时，刘波博士、刘锡伟博士、吴玮博士和贺向南博士的工作对本书的编写起了很大作用，在此一并致谢。由于水平有限，时间仓促，考虑不周，错误难免，敬请智者不吝斧正。

作者

2013 年 7 月

# 目录

# 符号表

| | |
|---|---|
| $(TN)^{\perp}$ | 子流形 $N$ 的法丛 |
| $(TN_t)^{\perp}$ | 子流形 $N$ 在 $f_{\omega}^{t}(p)$ 点的法空间 |
| $2^{M}$ | $M$ 的幂集 |
| $[x]$ | 小于等于 $x$ 的最大整数 |
| $\beta(\omega)$ | 随机变量, 记该随机变量在 $\omega$ 上的取值为 $\beta_{\omega}$ |
| $\circ$ | 映射或函数的复合 |
| $\mathbb{R}$ | 实数集合 |
| $\mathbb{R}^{+}$ | 正实数集 |
| $\mathbb{Z}_{\geqslant 0}$ | 非负整数集 |
| $\mathbf{1}_{S}$ | 集合 $S$ 的特征函数 |
| $\mathcal{B}(A)(\omega)$ | 不变的随机集合 $A(\omega)$ 的吸引域 |
| $\mathcal{C}$ | 分群 |
| $\mathcal{G}(A)$ | 非对角元非负矩阵 $A$ 对应的图 |
| $\mathcal{K}(\cdot)$ | 集合的凸包 |
| $\mathcal{S}$ | 同步子空间 |
| $\mathcal{S}_{\mathcal{C}}(n)$ | 关于分群 $\mathcal{C}$ 的分群同步子空间 |
| $\mathcal{K}[f](x)$ | 不连续函数 $f$ 通过凸包构成的集合值函数 |
| $\mathcal{O}(A_{\omega},\mu)$ | 随机集合 $A_{\omega}$ 的 $\mu$-邻域 |
| $\mathcal{O}_{N}^{\beta_{\omega}}(A_{\omega},\mu)$ | $N$ 的补空间中 $\mathcal{O}_{N}(A_{\omega},\mu)$ 的半径为 $\beta_{\omega}$ 的球 |
| $\mathcal{O}_{N}(A_{\omega},\mu)$ | 随机集合 $A_{\omega}$ 在子流形 $N$ 上的 $\mu$-邻域 |
| $\overline{\mathcal{O}}_{N}^{\beta_{\omega}}(A_{\omega},\mu)$ | $\mathcal{O}_{N}^{\beta_{\omega}}(A_{\omega},\mu)$ 的闭包 |
| $\Pi_{V}$ | 到子空间 $V$ 上的正交投影 |

| | |
|---|---|
| $\theta^t$ | 保测映射 |
| $\top$ | 矩阵转置 |
| $\varphi(t,p,\omega)$ | 以 $(p,\omega)$ 为初值的随机动力系统 |
| $B(x,\delta)$ | 以 $x$ 为中心半径为 $\delta$ 的开球 |
| $d_M(\cdot,\cdot)$ | 黎曼度量 |
| $\mathrm{d}_p^{\perp} f_\omega^t$ | $f_\omega^t$ 在 $p$ 点的法向导函数 |
| $\mathrm{d}_p f_\omega^t$ | $f_\omega^t$ 在 $p$ 点的切映射 |
| $\boldsymbol{D}f(\bar{x}(t),t)$ | $f$ 在 $\bar{x}(t)$ 的 Jacobian 矩阵 |
| $E_P(\cdot),E(\cdot)$ | (关于概率 $P$ 的) 数学期望 |
| $f_\omega^t(\cdot)$ | 当 $t$ 和 $\omega$ 固定时 $\varphi(t,\cdot,\omega)$ 对应的映射 |
| $I_m$ | $m$ 阶单位阵 |
| $M$ | 黎曼流形 |
| $NCF(\alpha,\beta)$ | 可接受非线性耦合函数类 |
| $span(m)$ | $m\times m$ 非负矩阵的型中含有生成树的不同型的个数 |
| $SW(\omega)$ | $W(\omega)$ 的单位法丛 |
| $T_pN$ | 子流形 $N$ 在 $p$ 点的切空间 |
| $TN_t$ | 子流形 $N$ 在 $f_\omega^t(p)$ 点的切空间 |
| gcd | 最大公约数 |

# 第一章 复杂网络与复杂系统

## 1.1 复杂网络的理论和模型

网络 (network) 是一类描述自然和人工系统的模型. 一个网络是具有一定特征和功能的一个群体. 其中, 每个个体都具有自己的动力学特性, 而个体间存在着相互关联和影响. 网络间的连接和相互影响可用图 (graph) 的概念来描述: 每个节点 (node) 代表一个个体 (或基本的功能单元); 边 (edge 或 link) 用来描述节点间的相互关联. 需要指出, 网络可以由图的语言来描述其个体间的相互关联. 但网络不仅仅是图, 它还承载一定的功能和状态. 网络中每个节点的状态除了依赖于自身的动力学行为外, 还取决于与之关联节点对它的影响. 从这个意义上讲, 网络可视作具有一定状态和功能的图.

复杂网络是具有海量的节点数和复杂的连接拓扑结构的网络. 不仅如此, 复杂性还包括节点的复杂动力学行为. 它不仅可以是线性和有序的动力学行为, 而且还可能包含非线性 (nonlinear) 和时空混沌 (spatio-temporal chaos) 动力学行为. 简言之, 复杂网络是具有复杂动力学行为和复杂拓扑结构的网络. 近年来, 复杂网络已成为网络和复杂系统研究的重要分支. 在现实世界中, 有很多系统都可以看作复杂网络. 如图 1.1 所示, 因特网 (Internet) 可以看做由路由器或网关作为节点, 根据不同的协议, 相互间物理或逻辑连接作为边的复杂网络; 万维网 (WWW) 可以看做由各个站点 (WebSite) 作为节点, 链接 (link) 作为边的复杂网络. 再如图 1.2 所示, 食物链网是由各种生物物种作为节点, 相互之间的食物关系作为边的复杂网络; 社会网是以人作为节点, 其社会关系作为边的复杂网络; 代谢网络是以各种酶作为节点, 代谢关系作为边的复杂网络; Java 网络是以类 (class) 作为节点, 类之间的调用、重载和继承关系作为边的复杂网络.

100 多年来, 网络的描述还仅局限于欧几里得网格. 20 世纪 60 年代, Erdös 和 Rényi 提出了随机图的重要概念, 并用来描述复杂网络的连接拓扑. 他们的观

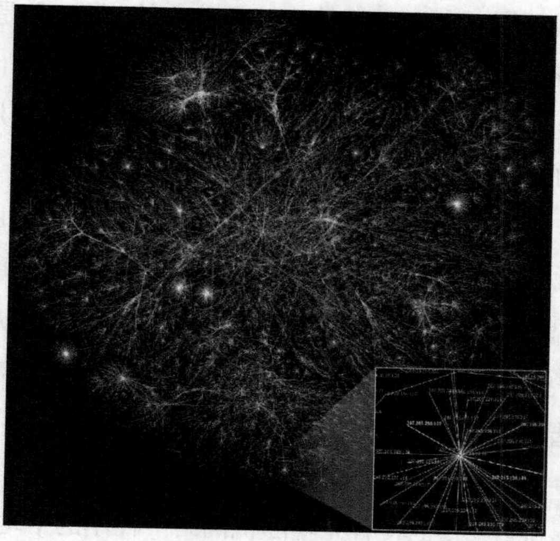

图 1.1 因特网和万维网 (http://www.opte.org/)

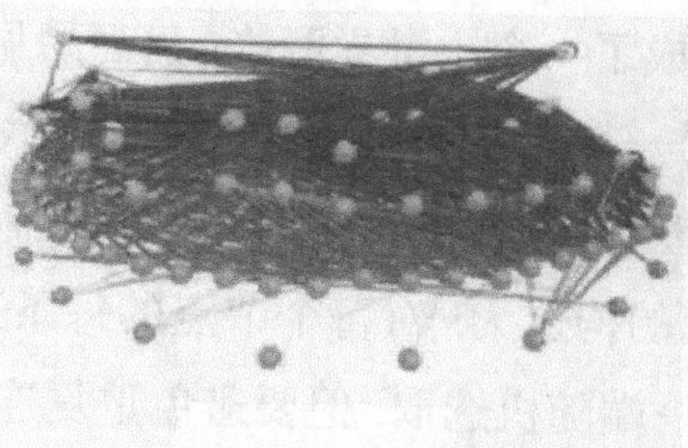

(a)食物链网

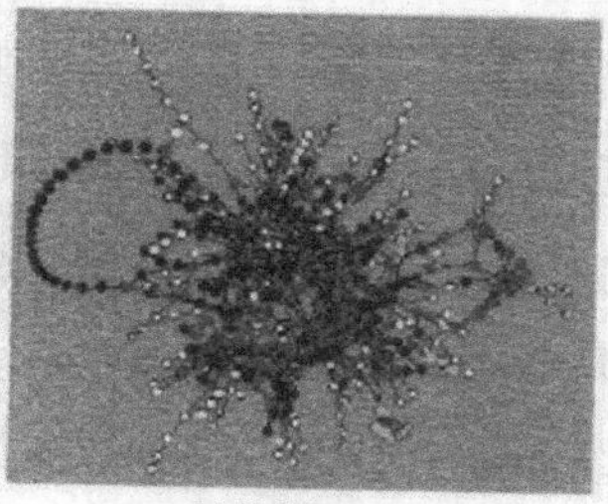

(b)代谢网络

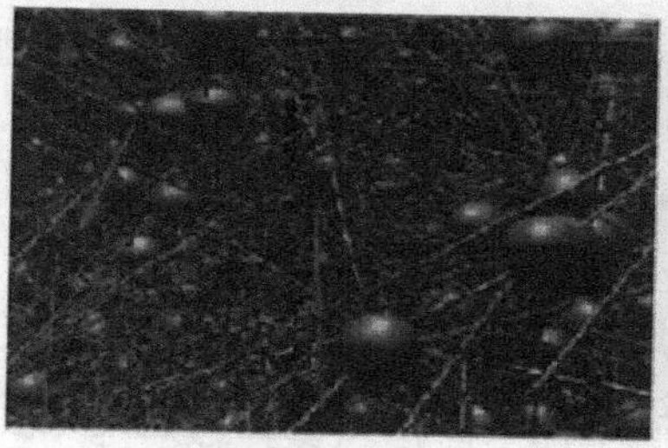

(c)社会网络

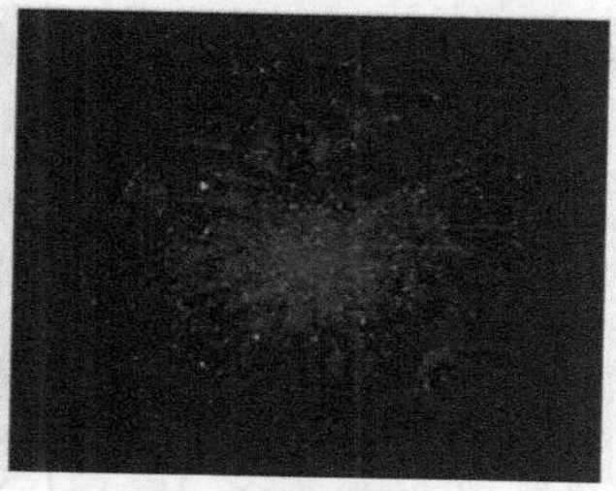

(d)Java网络

图 1.2 其他复杂网络的例子[1]

点是, 图的连接拓扑结构可看成具有一定分布的随机变量[2]. 最简单的随机图有两种: 一种称为 $p$- 随机图, 即任何两个节点之间连接的取 1 的概率为 $p$, 不连接的

概率是 $1-p$, 并且不同节点对之间的连接是独立的; 另一种是 $k$- 随机图 (也成为正则随机图). 图中每个节点随机选取 $k$ 个节点作为其邻居 (与之相连的节点), 每个节点的邻居选取也是独立的. 由此发展出的随机图理论可用以研究一些概率空间中的统计量的渐进分布. 这是图论的一个重大突破. 另一方面, 现实世界中, 网络的连接是既非完全确定, 也非完全随机的. 尽管 ER 随机图模型在复杂网络的研究中统治了近半个世纪, 但尚不能准确地描述现实网络的许多特性.

近年来, 随着高性能计算机和大规模数据库的出现, 研究大尺度 (large-scale) 网络有了可能. 一些介于固定网络和完全随机网络间的新的网络模型涌现出来. 在文献 [3] 中, 作者提出了小世界网络模型 (small-world), 这是介于固定网络和完全随机网络间的一类过渡网络. 它既具有像定常网络 (regular network) 一样低的聚合度 (clustering degree), 也具有完全随机网络一样小的平均最短路径. 其构造如下: 给定一个具有 $k$ 个邻居的定常网络, 对连接某个节点的每条边, 以概率 $p$ 将其解开 (unwire), 再随机选取一个节点与其连接 (rewire), 但要避免重复连接. 依次对每个节点进行解开和连接, 即构成了一个小世界网络. 显而易见, 当 $p=0$, 这是一个定常网络, 而当 $p=1$ 时, 便是一个 $k$ 随机网络如图 1.3 所示. 在这个重置过程中可能会使连通网络变得不连通 (disconnected). 为此, 在文献 [4] 中, 对其进行了修改, 不再解开原来的边. 它的构造为: 对每个节点的每条边以概率 $p$ 添加一条边, 此边一端连接该节点, 另一端随机选取, 但要避免重复连接. 在文献 [5] 中, 作者提出了介于定常网络和 $p$ 随机网络的小世界模型. 由一个定常网络开始, 再对每两个节点以 $p$ 概率连接, 也要避免重复连接. 易见, 这种模型可视作 $p$

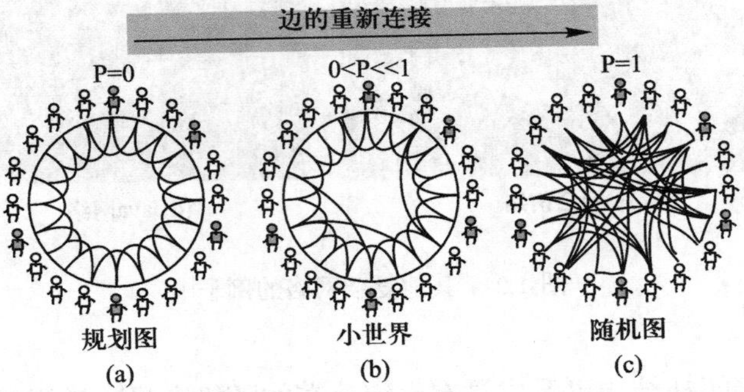


图 1.3 小世界网络[3]

随机网络加上一个定常网络.

显见, 小世界模型中的节点的连接度分布是均匀的. 而现实世界中度的分布常常是满足幂律 (power-law) 分布的. 文献 [6] 提出了无尺度网络 (scale-free) 模型. 它是由下述动态过程生成的: 给定一个由 $k_0$ 个节点组成的网络, $k_i$ 是节点 $v_i$ 的连接度. 每次加入一个新节点, 它可随机选择 $k$ 个邻居, 而与节点 $v_i$ 的连接的概率为

$$P(i) \sim \frac{k_i}{\sum\limits_i k_i}$$

当节点数为海量时, 其度的分布与网络规模 (节点数目) 无关. 故称为无尺度网络 (参见图 1.4). 此时其度分布 $P(k) \sim k^{-\gamma}$ , 这里 $P(k)$ 是连接度为 $k$ 的概率 (密度), $\gamma = 3$. 有趣的是, 现实世界中的复杂网络经常既是小世界的又是无尺度的.

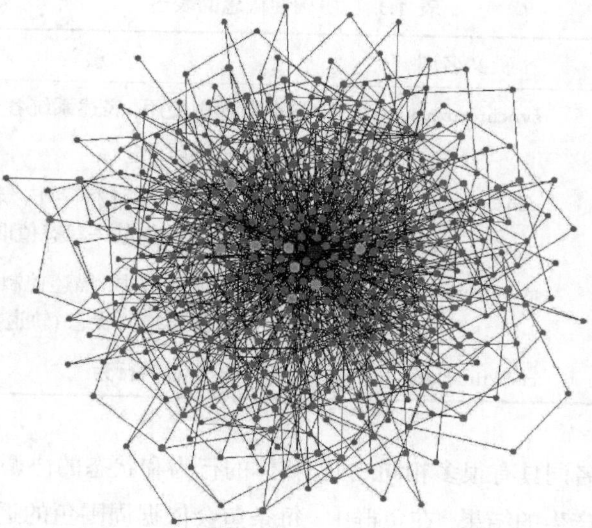

图 1.4　无尺度网络[6]

由此可见, 在研究现实世界时, 人们不应局限于单个个体或者简单网络的研究, 而应该着眼于复杂网络的研究. 研究复杂网络的拓扑结构以及对于动力学形态的影响, 将是本书中重要内容之一.

## 1.2　协调性行为

整体协调性 (coordination) 行为的研究正成为复杂系统 (网络) 研究中的一个热点. 所谓协调性, 就是研究网络节点间的相互作用如何导致的整体化行为. 这个概念在不同学科背景中, 有着不同的表述, 表 1.1 列出了不同的英文名词在本书中的汉语翻译.

表 1.1　协调性概念的表述

| 汉语翻译 | 英文名词 | 意义 |
|---|---|---|
| 同步 | synchronization | 常在物理中使用, 表述系统各个体的状态对时间的一致性 |
| 一致 (趋同) | consensus | 常用于管理和统计科学中, 表示对多主体 (Multi-agents) 的某一状态值取得统一 |
| 稳定 | stability | 常用于控制科学中, 描述控制各类分布式自治系统达到给定的状态 (轨道) |
| 协调性 | coordination | 概括上述所有的行为 |

这些不同名词具有很多相同之处. 整体的行为和状态的协调性行为是局部个体间相互作用产生的结果. 在鱼群中, 每条鱼会依据周围鱼的运动, 来调整自己的运动状态, 形成整个鱼群向中心聚集, 且朝同一方向运动的形态. 在传感器网络 (sensor network) 中, 每个传感器追踪其邻接传感器的平均状态, 从而使网络的校正状态调整到一致, 使之协调工作. 耦合震荡子 (coupled oscillators) 依据与之耦合的其他震荡子的相位来调整自己的角速度, 从而达到同步. 显见, 网络拓扑结构对协调性行为有重要影响, 这是本书所关注的核心内容之一. 而且, 在实际中, 网络结构可以随时间动态演化. 例如, 运动鱼群中的每条鱼的位置和运动方

式总是不断变化的, 从而它们间的相互影响也是变化的. 移动中的传感器 (mobile sensor), 可能离开某一传感器的影响范围, 也可能进入另一传感器的有效区域, 从而导致它们之间连接消失或出现. 另一方面, 个体的动力学行为也会影响网络的整体协调性行为特征. 不同的初始状态和点动力学行为, 不仅影响网络能否达到协调性, 也会影响网络协调的状态.

本书对复杂网络的协调性行为的研究, 包含了三方面的内容.

**1. 复杂网络同步**

复杂网络同步行为的研究近年来吸引了众多数学、物理和系统科学研究者的兴趣. "同步" (synchronization) 一词源于希腊语词根 $\chi\rho\acute{o}\nu o\varsigma$ (chronos, 意为时间) 和 $o\acute{\upsilon}\nu$ (syn, 意为相同) 组成, 意为 "共享相同的时间". 当今, 同步指自然科学、社会科学和工程技术中广泛存在的一大类现象, 表现为不同的进程对于时间的一致性. 自从 17 世纪惠更斯发现两个弱连接的钟摆的相位同步 (参见文献 [7]) 以来, 人们观察到大量的同步现象并做了研究. 如萤火虫闪烁的一致性, 管弦乐队小提琴的协同, 心脏频率和呼吸, 运动频率的一致性, 以及激光发生器的同步性等.

同步现象的研究, 可以帮助人们更清楚和深刻地认识自然和世界. 例如, Mirollo 和 Strogatz 建立了描述萤火虫同步闪烁机制的模型 (参见文献 [8], 耦合有时滞时, 见文献 [9]); Fries 等人和 Steinmetz 等人发现人类和灵长目动物注意力的选择与神经元的激发率 (firing rate) 无甚关系, 却与神经元的同步率 (synchronous rate) 紧密相关 (参看文献 [10], [11]). 而且, 由同步现象发展起来的技术已在实际中有着广泛的应用. 文献 [12] 等大量文章致力于利用主从系统 (master-slave) 实现混沌安全传输; Kunbert 等提出了利用同步生成自动波 (autowaves) 来解决图像处理中的问题 (参见文献 [13–15]).

一个系统的各个子系统的动力学形态可能并不相同. 但在各个子系统之间, 存在着连接, 耦合, 从而相互间会产生影响. 通过这种连接, 各子系统可根据其他系统的状态来调整自己的状态, 从而实现同步. 这种相互的连接正是产生同步的最根本原因[16]. 相互间的这种连接对同步的影响的研究正是本书的重点之一.

数学上, 可以定义完全同步 (complete synchronization), 相位同步 (phase synchronization)、时滞同步 (lag synchronization)、分群同步 (cluster synchronization)、部分同步(partial synchronization) 和广义同步 (generalized synchronization) 等 (参

见文献 [17]). 本书着重研究的是完全同步, 其定义如下:

**定义 1.1** 记系统中节点 $v_i$ 的状态变量为 $x^i(t)$, $i=1,\cdots,m$, 若 $x^i(t)=x^j(t)$ 或者

$$\lim_{t\to\infty}\|x^i(t)-x^j(t)\|=0$$

对所有 $i,j=1,\cdots,m$ 成立, 则称网络 (或系统) 达到同步. 在本书中, 如无特别说明, 简称为同步.

除了完全同步问题, 本书也关注一类更一般的同步现象: 分群同步. 这类现象描述网络中节点分为多个群 (cluster). 在每个群的内部, 各个节点的动力学行为趋于一致; 而在不同群之间, 动力学行为却不同. 具体定义如下:

**定义 1.2** 记系统中节点 $v_i$ 的状态变量为 $x^i(t)$, $i=1,\cdots,m$. 存在一个网络节点集合的划分 $\{\mathcal{C}_k\}_{k=1}^K$ 满足:

(1) 当 $v_i,v_j\in\mathcal{C}_p$, $x^i(t)=x^j(t)$ 或者

$$\lim_{t\to\infty}\|x^i(t)-x^j(t)\|=0;$$

(2) 当 $v_i\in\mathcal{C}_p$, $v_j\in\mathcal{C}_q$, 且 $p\neq q$ 时, $x_i(t)\neq x_j(t)$ 或者

$$\overline{\lim_{t\to\infty}}\|x^i(t)-x^j(t)\|>0.$$

则称网络 (或系统) 达到 (关于划分 $\{\mathcal{C}_k\}_{k=1}^K$) 分群同步.

**2. 多主体网络一致性 (Consensus)**

一致性是同步现象之外复杂网络上的又一种特殊而重要的协调性现象. 一致性问题与同步问题紧密相关. 甚至可以说, 一致性问题是一类特殊的同步问题. 也正由于这种特殊性, 使其有独立研究的价值. 在多个体系统中, 一群协作的个体为了实现共同目标需要在某个感兴趣的量上达成一致. 这就是通常所说的一致性或者趋同性问题. 本文统一采用 "一致性" 这一名称. 当今, 一致性问题大量出现多个体系统的应用领域中. 例如, 分布式计算[18−20], 鸟类的聚集[21], 无人驾驶车辆的协同控制[22,23], 分布式滤波器[24] 分布式感知网络[25,26] 等. 而且, 由于多个体系统的广泛应用, 一致性问题也得到越来越多的关注.

网络实现一致性的数学定义如下:

**定义 1.3** 称多个个体 $\{x^i(t)\}_{i=1}^m x^i(t)\in\mathbb{R}$ 实现了一致性, 如果存在与节点 $v_i$ 无关的 $\alpha\in\mathbb{R}$ (依赖于初始状态) 对所有 $i=1,\cdots,m$, 有

$$\lim_{t\to\infty} x_i(t)=\alpha. \tag{1.1}$$

或弱一致性, 对所有 $i,j=1,\cdots,m$,

$$\lim_{t\to\infty}\|x^i(t)-x^j(t)\|=0.$$

可见, 弱一致性本质上就是 (完全) 同步. 只是, 在线性多个体系统语义下, 本书用弱一致代替同步, 同步则用于耦合的非线性系统网络中.

**3. 复杂网络的稳定性控制**

这是一类特殊协调性行为, 即网络中所有节点收敛到与网络节点初值无关的状态 (轨道). 其定义如下:

**定义 1.4** 如果所有节点的状态 $\{x^i(t)\}_{i=1}^m$ 满足

$$\lim_{t\to\infty}\|x_i(t)-s(t)\|=0. \tag{1.2}$$

其中, $s(t)$ 可以是未耦合系统 $\dot{s}(t)=f(s(t),t)$ 的一个平衡点, 周期轨道, 甚至包含混沌等奇异吸引子. 则称网络稳定 (同步) 到目标轨道 $s(t)$.

系统的稳定性在控制理论中也有大量的研究. 本书将着重于如何在复杂网络中实现稳定性控制. 而且, 控制节点具有局部化分布, 即只要在部分节点上设置稳定控制器. 此类稳定性控制称之为牵引控制 (pinning control)[27,28].

实现协调性, 不同个体间必须存在信息交换. 这些信息交流可以是有向的也可以是无向的. 每个个体根据来自其他个体的信息调整自身的状态, 从而最终实现同步或一致. 这些相互之间存在信息交流的所有个体就构成了一个复杂网络. 其结构仍然可以用一个图来描述, 它的节点表示其中的每个个体. 如果两个个体之间有信息交换关系, 则在它们之间连一条边, 有向边表示有向的信息流, 而无向边则表示双向的信息流. 如果各个个体之间的关系不随时间而变化, 网络具有一个静态的结构. 而在有些情形下, 个体之间的关系却会随时间而变化. 这主要是由于不可靠的信息传输, 有限的通信或感知半径, 再加上个体之间位置变化以及其他原因造成的. 而且, 有时个体的状态更新规则也会随时间而变化[29]. 这时系统

就有一个动态的网络结构. 在动态网络结构中有一种比较重要的类型就是所谓的切换结构. 此时, 网络的结构会在一些确定或者不确定的时间点上发生跳变. 跳变所产生的新的网络结构既可能是确定性的, 也有可能是随机的.

研究复杂网络的同步或一致问题, 就是要揭示不同网络结构与实现同步或一致性之间的关系. 对于静态结构的网络, 书中将指出, 如果网络的结构图是无向图, 实现一致的条件为网络是强连通的, 或者说其连接矩阵是不可约的. 而在有向图的情况下, 则要求它含有生成树. 本质上, 这些都是保证网络结构连通的最低要求. 随着研究的深入, 本书将关注两类时变网络结构: 确定性时变结构网络和随机结构网络. 对于动态网络来说, 在适当的假定下, 要实现一致性并不需要网络在每个时刻都是连通的. 只要在任意一个固定长度的时间区间上, 网络是联合连通的[30]. 即在这一时间区间上所有网络结构图的并集是连通的. 对于随机切换的情形, 在适当的假定下, 网络在几乎必然意义下实现一致性的一个关键因素是它们结构图的期望含有生成树[31].

## 参考文献


[1] Wang X F, Chen G R. Complex networks: small-world, scale-free and beyond. IEEE Circuits and Systems Magazine [J]. 2003, 3(1): 6-20.

[2] Erdös P, Rényi A. On the evolution of random graph [J]. Publ. Math. Inst. Hung. Acad. Sci. , 1959, 5: 17-60.

[3] Watts D J, Strogatz S H. Colletive dynamics of "small world" networks [J]. Nature, 1998, 393: 440-442.

[4] Newman M E J, Watts D J. Renormalization group analysis of the small-worlds network model [J]. Phys. Lett. A, 1999, 263(9): 341-346.

[5] Wang X F, Chen G. Synchronization small-world dynamical networks [J]. Intern. J. Bifur. Chaos, 2002, 12(1): 187-192.

[6] Barabási A L, Albert R. Emergence of scaling in random networks [J]. Science, 1999, 286: 509-512.

[7] Huygens(Hugenii) C. Horoloquim oscilatorium [M]. Parisiis: Aqud F. Muguet., 1673.

[8] Mirollo R, Strogatz S. Synchronization of pulsed-coupled biological oscillators [J]. SIAM Journal on Applied Mathematics, 1990, 50(6): 1645-1662.

[9] Wu Wei, Chen Tianping. Desynchronization of pulse-coupled oscillators with delayed excitatory coupling [J]. Nonlinearity, 2007, 20(3): 789-808.

[10] Fries P, Reynolds J H, Rorie A E, and Desimore R. Modulation of oscillatory neuronal synchronization by selective visual attention [J]. Science, 2001, 291(23): 1560-1563.

[11] Steinmetz P N, Roy A, Fitzgerald P J, Hsiao S S, Johnson K O, and Niebar E. Attention modulate synchronized neuronal firing in primate somatosensory cortex [J]. Nature, 2000, 404(9): 487-490.

[12] Millerioux G, Daafouz J. An observer-based appraoch for input-independent global chaos synchronization of discrete-time switched systems [J]. IEEE Trans. Circuits Syst. -1, 2003, 50(10): 1270-1279.

[13] Kunbert L, Agladze K I, and Krinsky V I. Image processing using light-sensitive chemical waves [J]. Nature, 1989, 337: 244-247.

[14] Perez-Munuzuri A, Perez-Munuzuri V, and Perez-Villar V. Spiral waves or a two-dimensional array of nonlinear circuits [J]. IEEE Trans. Circ. Syst. -1, 1993, 40: 872-877.

[15] Perez-Munuzuri V, Perez-Villar V, and Chua L O. Autowaves for image processing on a two-dimensional CNN array of excitable nonlinear circuits: flat and wrinkled labyrinths [J]. IEEE Trans. Circ. syst. -1, 1993, 40: 174-181.

[16] Pikovsky A, Rosenblum M, and Kurths J. Synchronization: a universal concept in nonlinear sciences [M]. Cambridge: Press Syndicate of the University of Cambridge, 2001.

[17] Boccaletti S, Kurths J, Osipov G, Valladares D L, and Zhou C S. The synchronization of chaotic systems [J]. Phys. Rep. , 2002, 366: 1-101.

[18] Fischer M J, Moran S, Rudich S, and Taubenfeld G. The wake up problem [J]. SIAM J. Comput. , 1996, 25: 1332-1357.

[19] Dutta P, Guerraoui R, and Pochon B. The Time-Complexity of Local Decision in Distributed Agreement [J]. SIAM J. Comput. , 2007, 37: 722-756.

[20] Moses Y, Rajsbaum S. A layered analysis of consensus [J]. SIAM J. Comput. , 2002, 31: 989-1021.

[21] Reynolds C W. Flocks, herds, and schools: a distributed behavioral model [J]. Computer Graphics, 1987, 21: 25-34.

[22] Vicsek T, Cziroók A, Ben-Jacob E, Cohen O, and Shochet I. Novel type of phase transition in a system of self-driven particles [J]. Phys. Rev. Lett. , 1995, 75: 1226-1229.

[23] Smith S L, Broucke M E, and Francis B A. A hierarchical cyclic pursuit scheme for vehicle networks [J]. Automatica, 2005, 41: 1045-1053.

[24] Olfati-Saber R. Distributed kalman filter with embedded consensus filters [C]. IEEE Conference on Decision and Control, 2005, 63-70.

[25] Cortés J, Bullo F. Coordination and geometric optimization via distributed dynamical systems [J]. SIAM J. Contr. Optim. , 2006, 44: 1543-1574.

[26] Cortés J. Distributed algorithms for reaching consensus on general functions [J]. Automatica, 2008, 44: 726-737.

[27] Wang X F, Chen G. Pinning control of scale-free dynamical networks [J]. Physics A, 2002, 310: 521-531.

[28] Li X, Wang X F, and Chen G. Pinning a complex dynamical network to its equilibrium [J]. IEEE Transactions on Circuits and Systems-I: Regular Paper, 2004, 51(10), 2074-2087.

[29] Fang L, Antsaklis P J, and Tzimas A. Asynchronous consensus protocols: Preliminary results, simulations and open questions [C]. Proceeding of the 44th IEEE Conf. Descion and Control, 2005, 2194-2199.

[30] Moreau L. Stability of multi-agent systems with time-dependent communication links [J]. IEEE Trans. Autom. Control, 2005, 50(2): 169-182.

[31] Liu B, Lu W L, and Chen T P. Consensus in networks of multiagents with switching topologies modeled as adapted stochastic processes [J]. SIAM J. Control Optim. , 2011, 49(1): 227-253.

# 第二章 数学准备

本书假设读者已具备初步的图论、常微分方程、差分方程和概率论的基本知识. 而本书要涉及关于这些理论的一些特别的知识将在本节中列举, 以方便读者查阅. 对于熟悉相关内容的读者, 可直接跳过本章. 而对于希望了解更详细的知识或本章所涉及结果的证明, 可参看本章所提到的参考书籍和文献.

## 2.1 代数图理论和矩阵理论

本节简要介绍有关的代数图理论和矩阵理论. 更详细的内容可参看文献 [1, 2] 等书籍. 一个由 $m$ 个节点组成的**有向图** 可用集合 $\{\mathcal{V},\mathcal{E}\}$ 表示. 其中 $\mathcal{V}=\{v_1,\cdots,v_m\}$ 表示节点集, $\mathcal{E}\subseteq\mathcal{V}\times\mathcal{V}$ 表示边集. 即, 如果存在从节点 $v_i$ 到节点 $v_j$ 的边, 则 $e_{ij}=(v_i,v_j)\in\mathcal{E}$. 一个包含 $m$ 个节点的**有向加权图**由三元组 $\{\mathcal{V},\mathcal{E},\mathcal{A}\}$ 表示, $\boldsymbol{A}=[a_{ij}]_{i,j=1}^m$ 是一个非负的权重矩阵, 使得对任意 $i,j\in\{1,\cdots,m\}$, $a_{ij}>0$ 当且仅当 $i\neq j$ 且 $e_{ji}\in\mathcal{E}$. 在本书中, 只考虑简单图, 也就是不存在自连接和多重边的图. 一个从节点 $v_i$ 到节点 $v_j$ 的长度为 $r$ 的有向路径是一个由 $r+1$ 个不同节点构成的有序的序列 $v_{k_1},\cdots,v_{k_{r+1}}$, 其中 $v_{k_1}=v_i$, $v_{k_{r+1}}=v_j$ 且 $(v_{i_s},v_{i_{s+1}})\in\mathcal{E}$.

如果在有向图 $\mathcal{G}$ 中存在一个节点 $v_r$, 使得任何其他节点 $v_i\in\mathcal{V}$, 都存在一个从 $v_r$ 到 $v_i$ 的有向路径. 则称图 $\mathcal{G}$ 含有**生成树**. 如果存在 $\mathcal{G}$ 的一个与 $\mathcal{G}$ 具有相同节点集的子图是生成树, 该节点称为**根节点**. 如果图中每个节点都是根节点, 则称这个图是**强连通**的. $\mathcal{G}$ 的子图 $\mathcal{G}'$ 如果满足: (1) $\mathcal{G}'$ 是强连通的; (2) 任何 $\mathcal{G}$ 的强连通子图无法真包含 $\mathcal{G}'$, 则称 $\mathcal{G}'$ 是 $\mathcal{G}$ 的**最大强连通子图**. 如果对于任何两个节点 $v_i$ 和 $v_j$, 总存在一个节点 $v_k$, 使得边 $e_{ki}$ 和 $e_{kj}$ 同时存在, 则称图 $\mathcal{G}$ 是**置乱** (Scrambling) 的. 对于节点 $v_i$, 如果边 $e_{ii}$ 存在, 则称该节点存在**自连接**. 称图 $\mathcal{G}$ 是**非周期**的, 当且仅当其 (任何) 节点的从自身到自身所有路径长度的最大公约数为 1.

对于一个有向无权图, 它的**拉普拉斯矩阵** $\boldsymbol{L}=[l_{ij}]_{i,j=1}^m$ 定义如下:

$$l_{ij}=\begin{cases}-1, & e_{ji}\in\mathcal{E}\\ -\sum\limits_{j=1,j\neq i} l_{ij}, & j=i.\end{cases}$$

可见此时, $l_{ii}$ 等于节点 $v_i$ 的入度 (in-degree). 而有向加权图的拉普拉斯矩阵 $\boldsymbol{L}=[l_{ij}]_{i,j=1}^m$ 可以根据权重矩阵 $\boldsymbol{A}$ 定义:

$$l_{ij}=\begin{cases}-a_{ij}, & i\neq j\\ \sum_{j=1,j\neq i}a_{ij}, & j=i.\end{cases}$$

**定义 2.1** 一个所有非对角元都非负的矩阵称为 Metzler 矩阵.

显然, 如果 $\boldsymbol{L}$ 是一个图的拉普拉斯矩阵, 则 $-\boldsymbol{L}$ 是一个行和为 0 的 Metzler 矩阵.

如果 $\boldsymbol{L}=[l_{ij}]_{i,j=1}^m$ 是一个 $m$ 阶对称拉普拉斯矩阵, $x\in\mathbb{R}^m, y\in\mathbb{R}^m$, 则

$$x^\top Ly=\sum_{i,j=1}^m x_i l_{ij} y_j = 2\sum_{j>i}(x_i-x_j)l_{ij}(y_i-y_j) \tag{2.1}$$

**定义 2.2** 对于一个所有非对角元都非正的矩阵 $\boldsymbol{B}$, 如果 $\boldsymbol{B}^{-1}$ 是非负矩阵, 即所有元素为非负, 则称 $\boldsymbol{B}$ 为非奇异 M-矩阵.

对于非奇异 M-矩阵, 有如下性质:

**引理 2.1** 如果方阵 $\boldsymbol{B}=[b_{ij}]_{i,j=1}^m$ 所有非对角元都非正, 则以下各项等价:

(1) $\boldsymbol{B}$ 是非奇异 M-矩阵;

(2) $\boldsymbol{B}$ 的顺序主子式都大于零;

(3) $\boldsymbol{B}$ 所有特征根实部大于零;

(4) 存在各分量均为正的列向量 $\xi=[\xi_1,\cdots,\xi_m]^\top$ 和各分量均为正的向量 $\zeta=[\zeta_1,\cdots,\zeta_m]^\top$, 使得 $\boldsymbol{B}\xi$ 和 $\zeta\boldsymbol{B}$ 各分量都为正;

(5) 存在正定对角阵 $\boldsymbol{P}$, 使得 $\boldsymbol{PB}+\boldsymbol{B}^\top\boldsymbol{P}$ 是一个正定矩阵.

利用等价性的第 5 点, 可给出如下一般定义:

**定义 2.3** 如果方阵 $\boldsymbol{B}$ 的所有非对角元都非正, 且存在正定对角阵 $\boldsymbol{P}$, 使得 $\boldsymbol{PB}+\boldsymbol{B}^\top\boldsymbol{P}$ 是一个非负定矩阵, 则称 $\boldsymbol{B}$ 是一个 M-矩阵. 若 $\boldsymbol{B}$ 具有 0 特征值, 则称 $\boldsymbol{B}$ 是一个奇异 M-矩阵.

可见, 任何拉普拉斯矩阵是一个奇异 M-矩阵.

**引理 2.2** 如果 $\boldsymbol{L}$ 是一个不可约的拉普拉斯矩阵. 对任何 $\beta > 0$, 任取 $i_0$, 记

$$\tilde{l}_{ij} = \begin{cases} l_{ij} + \beta, & i = j = i_0 \\ l_{ij}, & \text{其他} \end{cases}$$

则 $\tilde{\boldsymbol{L}} = [\tilde{l}_{ij}]_{i,j=1}^{m}$ 是一个非奇异 M-矩阵.

为了方便读者, 此处给出一个简洁的证明.

**证明:** 先假定 $\boldsymbol{L}$ 是对称的.

此时, 设 $\lambda$ 是 $\tilde{\boldsymbol{L}}$ 的一个特征值, $v = [v_1, \cdots, v_m]^T$ 为其对应的特征向量. $k$ 为一个指标 (可能有多个) 使得 $v_k = \max_{j=1,\cdots,m} v_j$.

如 $k = 1$. 则

$$\begin{aligned} \lambda v_1 = \sum_{j=1}^{m} \tilde{l}_{1j} v_j &= \varepsilon v_1 + \sum_{j \neq 1} l_{1j}(v_j - v_1) \\ &\geqslant \varepsilon v_1 + \sum_{j=1}^{m} l_{1j} v_1 = \varepsilon v_1 > 0 \end{aligned}$$

如 $k > 1$. 因为 $\boldsymbol{L}$ 不可约, 通过适当置换, 可以假定存在 $j_k \neq k$, 使得 $v_k - v_{j_k} > 0$.

$$\lambda v_k = \sum_{j=1}^{m} l_{kj} v_j = \sum_{j \neq k}^{m} l_{kj}(v_j - v_k) \geqslant l_{kj_k}(v_{j_k} - v_k) > 0$$

因此, $\lambda > 0$.

当 $\boldsymbol{L}$ 是不对称阵时, 则 $\Xi\tilde{\boldsymbol{L}} + \tilde{\boldsymbol{L}}^T\Xi$ 是一个对称的不可约的拉普拉斯矩阵. 由上述推理可得, $\Xi\tilde{\boldsymbol{L}} + \tilde{\boldsymbol{L}}^T\Xi$ 的所有特征值为正. 因此, $\tilde{\boldsymbol{L}}$ 是一个非奇异 M-矩阵.

也就是说对于不可约的拉普拉斯矩阵 (对应的图是强连通的), 任意对角元的正扰动可见此矩阵变为不可约的非奇异 M-矩阵. 此结果在后面的耦合网络的牵引控制讨论中起着关键作用.

给定一个有生成树的有向加权图, 则将其节点适当地重新编号后, 其拉普拉

斯矩阵 $\boldsymbol{L}$ 可以写成如下的块上三角形 (Perron-Frobenius 形式)[1]:

$$\boldsymbol{L}=\begin{bmatrix} \boldsymbol{L}_{11} & \boldsymbol{L}_{12} & \boldsymbol{L}_{13} & \cdots & \boldsymbol{L}_{1p} \\ 0 & \boldsymbol{L}_{22} & \boldsymbol{L}_{23} & \cdots & \boldsymbol{L}_{2p} \\ 0 & 0 & \boldsymbol{L}_{33} & \cdots & \boldsymbol{L}_{3p} \\ \vdots & \vdots & \vdots & \ddots & \vdots \\ 0 & 0 & 0 & \cdots & \boldsymbol{L}_{pp} \end{bmatrix} \tag{2.2}$$

其中对角块子矩阵 $\boldsymbol{L}_{ll}$ 是不可约的或是一维矩阵. 其对应的子图构成图 $\mathcal{G}$ 的最大强连通子图.

由 Perron-Frobenius 定理[1], 可得

**引理 2.3** 图 $\mathcal{G}$ 具有生成树的充要条件是其对应的拉普拉斯阵 $\boldsymbol{L}$ 的特征根 0 的代数几何重数皆为 1. 当 $\mathcal{G}$ 是强连通时, 对应特征根 0 的左右特征向量具有全正的分量.

注意到拉普拉斯矩阵总有特征根 0. 由 Gerschgörin 圆盘定理, 任何一个拉普拉斯矩阵的特征根的实部是非负的. 这也表明, 0 是其实部最小的特征根, 其重数为 1 的充要条件是对应的图具有生成树. 类似引理 2.2 可以证明

**引理 2.4** 如果拉普拉斯矩阵 $\boldsymbol{L}$ 对应的图具有生成树, $v_{i_0}$ 是任意一个根节点. 记

$$\tilde{l}_{ij}=\begin{cases} l_{ij}+\beta, & i=j=i_0 \\ l_{ij}, & \text{其他} \end{cases}$$

其中, $\beta>0$. 则 $\tilde{\boldsymbol{L}}=[\tilde{l}_{ij}]_{i,j=1}^{m}$ 是一个非奇异 M-矩阵.

**引理 2.5** 如果拉普拉斯矩阵 $\boldsymbol{L}$ 有生成树, 即能表成 (2.2). 则 $\boldsymbol{L}_{pp}$ 为一个奇异 M-矩阵. 而所有 $\boldsymbol{L}_{jj}, j=1,\cdots,p-1$, 均为非奇异 M-矩阵.

另一方面, 一个所有非对角元非负的矩阵 $\boldsymbol{A}$ 也可按以下方式定义一个有向图: $\mathcal{G}(\boldsymbol{A})=\{\mathcal{V},\mathcal{E}\}$: $(v_j,v_i)\in\mathcal{E}(\mathcal{G}(\boldsymbol{A}))$ 当且仅当 $a_{ij}>0$. 在这一对应下, 如果 $\boldsymbol{A}$ 对应的图 $\mathcal{G}(\boldsymbol{A})$ 含有生成树, 也称 $\boldsymbol{A}$ 含有生成树. 同理, 如果 $\mathcal{G}(\boldsymbol{A})$ 是置乱的, 则称非负矩阵 $\boldsymbol{A}$ 是**置乱矩阵**. 如果 $a_{ii}>0$, 则称 $\mathcal{G}(\boldsymbol{A})$ 的节点 $v_i$ 具有自连接.

一个所有元素为非负 (正) 的矩阵称为**非负 (正) 矩阵**. 一个所有行和都为 1 的非负矩阵称为**随机矩阵**. 对于随机矩阵 $\boldsymbol{A}=[a_{ij}]_{i,j=1}^{m}$, 下述指标

$$\mu(\boldsymbol{A})=\min_{i,j}\sum_{k=1}^{m}\min\{a_{ik},a_{jk}\} \tag{2.3}$$

称为随机矩阵 $\boldsymbol{A}$ 的**遍历系数** (ergodic coefficient). 显然, $0\leqslant\mu(\boldsymbol{A})\leqslant 1$; 并且 $\mu(\boldsymbol{A})>0$ 当且仅当 $\boldsymbol{A}$ (或者对应的图 $\mathcal{G}(\boldsymbol{A})$) 是置乱的. 类似地, 也在拉普拉斯矩阵上定义类似的函数如下:

$$\xi(L^k)=\min_{i,j}\left\{(l_{ij}^k+l_{ji}^k)+\sum_{l\neq i,j}\max\{l_{il}^k,l_{jl}^k\}\right\} \tag{2.4}$$

$\xi(\boldsymbol{L})>0$ 当且仅当对应的图是置乱的 (此时, 假设图的每个节点都具有自连接).

在文献 [5–7] 中, 定义了非负矩阵 Hajnal 直径, 它可用来描述矩阵行向量间的差距:

**定义 2.4** 给定矩阵 $\boldsymbol{G}=[g_{ij}]_{i,j=1}^{m}\in\mathbb{R}^{m,m}$, 和 $\mathbb{R}^m$ 中的某个向量半范数 $\|\cdot\|$, $\boldsymbol{G}$ 的 Hajnal 直径定义为:

$$diam(\boldsymbol{G})=\max_{i,j}\|g_i-g_j\| \tag{2.5}$$

这里, $g_1,\cdots,g_m$ 为 $\boldsymbol{G}$ 的行向量.

可见, Hajnal 直径的定义依赖于向量空间的范数定义. 特别地, 可弱化通过半范数 $(a)^+=\max(0,a)$ 来定义.

**定义 2.5** $\boldsymbol{G}$ 的半 -Hajnal 直径定义如下:

$$\Delta(\boldsymbol{A})=\max_{i,j}\sum_{k}\max(0,g_{ik}-g_{jk}).$$

如果 $\boldsymbol{A}$ 是一个随机矩阵, 显然有 $0\leqslant\Delta(\boldsymbol{A})\leqslant 1$.

著名的 Hajnal 不等式表达了矩阵乘积的 (半 -) Hajnal 直径与遍历系数的关系:

**引理 2.6** 设 $\boldsymbol{A}$, $\boldsymbol{B}$ 为两个随机矩阵, 则

$$diam(\boldsymbol{AB})\leqslant(1-\mu(\boldsymbol{A}))diam(\boldsymbol{B})$$

和

$$\Delta(\boldsymbol{AB}) \leqslant (1-\mu(\boldsymbol{A}))\Delta(\boldsymbol{B})$$

都成立.

显然, $\Delta(I)=1$. 因此, $\Delta(\boldsymbol{A}) \leqslant 1-\mu(\boldsymbol{A})$.

由 Gerschgörin 圆盘定义, 随机矩阵的最大特征根为 1. 利用文献 [2] 中的结果, 可得

**引理 2.7** 如果一个随机矩阵 $\boldsymbol{A}$ 的所有对角元为正, 则 $\mathcal{G}(\boldsymbol{A})$ 具有生成树的充要条件是 $\boldsymbol{A}$ 的特征根 1 的代数重数及几何重数都为 1.

如果随机矩阵 $\boldsymbol{A}$ 对应的图 $\mathcal{G}(\boldsymbol{A})$ 具有生成树并且是非周期的, 则称 $\boldsymbol{A}$ 是一个 **SIA 矩阵**. 由引理 2.7 可知, $\boldsymbol{A}$ 的最大绝对值的特征根为 1, 且其重数为 1. 因此, $\lim\limits_{n\to\infty} \boldsymbol{A}^n$ 收敛到每行都相等矩阵. 更进一步, 不同 SIA 矩阵的乘积具有如下性质:

**引理 2.8** 设 $\Theta$ 是一个 $m$ 阶 SIA 矩阵集合, 则存在一个正整数 $n$ 使得 $\Theta$ 中任易 $n$ 个矩阵 (可重复) $\boldsymbol{A}_1, \cdots, \boldsymbol{A}_n$ 的 (从左到右) 乘积 $\prod_{t=1}^{n} \boldsymbol{A}_t$ 是置乱矩阵, 即

$$\mu\left(\prod_{t=1}^{n} \boldsymbol{A}_t\right) > 0.$$

下面的引理描述了 SIA 矩阵和具有生成树的图对应的随机矩阵之间的关系.

**引理 2.9** 如果随机矩阵 $\boldsymbol{A}$ 对应的图具有生成树, 且至少有一个根节点具有自连接, 则 $\boldsymbol{A}$ 是 SIA 矩阵.

设 $\boldsymbol{A}$ 是一个非负矩阵, $\delta \in (0,1)$, 称 $\boldsymbol{A}^\delta$ 为 $\boldsymbol{A}$ 的 **$\delta$-矩阵**, 其中,

$$[\boldsymbol{A}^\delta]_{ij} = \begin{cases} \delta, & \boldsymbol{A}_{ij} \geqslant \delta; \\ 0, & \boldsymbol{A}_{ij} < \delta. \end{cases}$$

如果任意一个位置上, 两个非负矩阵 $\boldsymbol{P}_1 \in \mathbb{R}^{m\times m}$, $\boldsymbol{P}_2 \in \mathbb{R}^{m\times m}$ 的元素都同时为 0 或同时为正, 则称它们有**同样的型**. 对于 $\delta > 0$, 如果它们具有同样的 $\delta$-

矩阵, 则称它们有**同样的 $\delta$-型**. 对于给定的 $m$, 定义 $span(m)$ 为 $m \times m$ 非负矩阵的型中含有生成树的不同型的个数.

下面给出非负矩阵的 $\delta$- 矩阵的几个容易验证的性质.

**引理 2.10** (1) 对于任意一个给定的 $m$ 和 $\delta > 0$, $\mathbb{R}^{m\times m}$ 非负矩阵的 $\delta$-型的数量是有限的. 因此, $\mathbb{R}^{m\times m}$ 中非负矩阵的 $\delta$-型数含有生成树的数量是有限的, 记为 $span(m)$;

(2) $[\boldsymbol{A}_1\boldsymbol{A}_2\cdots\boldsymbol{A}_m]^{\delta^m} \geqslant \boldsymbol{A}_1^{\delta}\boldsymbol{A}_2^{\delta}\cdots\boldsymbol{A}_m^{\delta}$.

如果随机矩阵 $\boldsymbol{A}$ 的 $\delta$- 型是置乱的, 则 $\mu(\boldsymbol{A}) > \delta$.

本节最后一个引理给出著名的 Schur 互补定理.

**引理 2.11** 给定对称矩阵 $\boldsymbol{Q}(x)$ 和 $\boldsymbol{R}(x)$ 以及矩阵 $\boldsymbol{S}(x)$. 下列线性矩阵不等式

$$\begin{bmatrix} \boldsymbol{Q}(x) & \boldsymbol{S}(x) \\ \boldsymbol{S}^{\top}(x) & \boldsymbol{R}(x) \end{bmatrix} > 0$$

等价于 $\boldsymbol{R}(x) > 0$ 和 $\boldsymbol{Q}(x) - \boldsymbol{S}(x)\boldsymbol{R}^{-1}(x)\boldsymbol{S}^{\top}(x) > 0$.

## 2.2 具有不连续右端的微分方程

在本书中, 大部分章节将用微分方程或差分方程描述复杂网络动力系统. 在一些章节中, 还会考虑具有不连续右端的微分方程. 为方便读者, 本节简要介绍如何利用微分包含处理具有不连续右端的常微分方程的 Filippov 理论. 更详细内容可参看文献 [12–14].

首先给出下述集值映射的基本定义.

**定义 2.6** 假定 $E \subseteq \mathbb{R}^n$. 如果任意的点 $x \in E$ 都对应一个集合 $F(x) \subseteq \mathbb{R}^n$, 则 $F$ 称为在 $E$ 上一个集值映射. 如果对于任意的 $x \in E$, $F(x)$ 是闭的 (凸的, 紧

的), 则称 $F(x)$ 为闭的 (凸的, 紧的) 图像. 对于给定的 $x_0 \in E$, 如果对于任意包含 $F(x_0)$ 的开集 $N$, 存在 $x_0$ 的一个邻域 $M$, 使得 $F(M) \subset N$, 则集值映射 $F$ 称为在 $x_0$ 是上半连续的. 它的另一个等价表述是: $F$ 在 $x_0$ 是上半连续的, 当且仅当对于任意的序列 $x_n \to x_0$, $y_n \in F(x_n)$, $F(x_0)$ 包含了序列 $y_n$ 的所有极限点.

考虑如下的微分方程

$$\dot{x}(t) = f(x(t)), \tag{2.6}$$

其中 $x \in \mathbb{R}^n$, $f$: $\mathbb{R}^n \mapsto \mathbb{R}^n$ 是一个不连续向量值函数. Filippov[12] 将方程 (2.6) 的解定义如下:

**定义 2.7** 一个绝对连续函数 $\varphi$: $[t_0, t_0 + a] \mapsto \mathbb{R}^n$ 称为方程 (2.6) 在时间区间 $[t_0, t_0 + a]$ 上的 Filippov 解, 如果它是如下的微分包含的解:

$$\dot{x}(t) \in \bigcap_{\delta>0} \bigcap_{\mu(N)=0} \mathcal{K}[f(B(x,\delta)\backslash N)], \quad a.e.\ t \in [t_0, t_0 + a], \tag{2.7}$$

其中 $\mathcal{K}(\cdot)$ 表示一个集合的凸包, $B(x,\delta)$ 是以 $x$ 为中心, 半径为 $\delta$ 的开球, $\mu(\cdot)$ 表示 $\mathbb{R}^n$ 上通常的 Lebesgue 测度.

为了记号上的方便, 记 $\mathcal{K}[f](x) = \bigcap\limits_{\delta>0} \bigcap\limits_{\mu(N)=0} \mathcal{K}[f(B(x,\delta)\backslash N)]$; 从而, 式 (2.7) 可以简写成:

$$\dot{x}(t) \in \mathcal{K}[f](x(t)), \qquad a.e.\ t \in [t_0, t_0 + a]. \tag{2.8}$$

式 (2.8) 的一个 **Filippov 解** 称为是一个最大解, 如果它的定义域是最大的. 即, 它作为一个解不可能再被延拓了. 一个集合 $S \subseteq \mathbb{R}^n$ 是式 (2.8) 的弱不变集 (相应的, 强不变集), 如果对于每一个 $x_0 \in S$, $S$ 都含有式 (2.8) 的一个 (相应的, 所有) 以 $x_0$ 为初始值的最大解.

在文献 [15] 中, 把光滑函数导数的概念推广成非光滑函数的导数. 令 $f$:$\mathbb{R}^n \mapsto \mathbb{R}$, 则 $f$ 在点 $x$ 沿方向 $v$ 的单侧方向导数定义如下:

$$f'(x,v) = \lim_{t \to 0^+} \frac{f(x+tv) - f(x)}{t}.$$

$f$ 在点 $x$ 沿方向 $v$ 的广义方向导数定义如下:

$$f^\circ(x,v) = \limsup_{y \to x, t \to 0^+} \frac{f(y+tv) - f(y)}{t}.$$

**定义 2.8** 设 $f : \mathbb{R}^n \mapsto \mathbb{R}$. 称 $f$ 在点 $x$ 是**正则**的, 如果对所有的 $v \in \mathbb{R}^n$, 通常的单侧方向导数 $f'(x, v)$ 存在, 且 $f'(x, v) = f^{\circ}(x, v)$.

除了根据定义来判断一个函数的正则性之外, 还可以利用如下的引理.

**引理 2.12** 设 $f\ \mathbb{R}^n \mapsto \mathbb{R}$ 在 $x$ 附近是利普希兹 (Lipschitz) 连续.

(1) 如果 $f$ 是凸的, 则 $f$ 在 $x$ 是正则的;

(2) 在 $x$ 正则函数的非负有限线性组合在 $x$ 是正则的.

根据 Rademacher 定理[15], 局部利普希兹连续函数是几乎处处可导的.

**定义 2.9** 设 $V$: $\mathbb{R}^n \mapsto \mathbb{R}$ 为一个局部利普希兹连续函数. $\Omega_V$ 为 $V$ 不可微的点集. 则

$$\partial V(x) \triangleq \{\lim_{i \to +\infty} \nabla V(x^i) : x^i \to x, x^i \notin \Omega_V \cup \mathcal{S}\}$$

是 $V$ 在 $x$ 处的 Clarke 广义梯度. 其中, $\mathcal{S}$ 是任意的零测集. $V$ 在 $x$ 处关于式 (2.8) 的集值 Lie 导数定义为:

$$\tilde{\mathcal{L}}_f V(x) = \{a \in \mathbb{R} : \exists v \in \mathcal{K}[f](x) \text{ 使得 } a = \zeta \cdot v, \quad \forall \zeta \in \partial V(x)\}.$$

下述引理表明可以由 Lie 导数得出 Filippov 解的某些性质.

**引理 2.13** 设 $x(t)$: $[t_0, t_1]$ 为式 (2.6) 的一个 Filippov 解, $V$: $\mathbb{R}^n \mapsto \mathbb{R}$ 为一个局部利普希兹的正则函数. 则 $t \mapsto f(x(t))$ 是绝对连续的, $\dfrac{\mathrm{d}f(x(t))}{\mathrm{d}t}$ 几乎处处存在, 且 $\dfrac{\mathrm{d}f(x(t))}{\mathrm{d}t} \in \tilde{\mathcal{L}}_f V(x(t))$ 对几乎处处 $t$ 成立.

由文献 [12], 如果集值映射 $\mathcal{K}[f](x, t)$ 满足下述的**基本条件 (the basic conditions)**, 微分包含 (2.8) 解就存在.

**定义 2.10** 如果对所有的 $(x, t) \in G$, $F(x, t)$ 都是非空有界的闭凸集, 且 $F$ 关于 $x, t$ 都是上半连续的, 则称集值映射 $F(x, t)$ 在 $(x, t)$ 的区域 $G$ 上满足基本条件.

由此, 可以给出

**引理 2.14** 如果一个集值映射 $F(x)$ 在某个区域 $D \subseteq \mathbb{R}^n$ 上满足基本条件, 则对于任意 $x_0 \in D$, 存在某个 $t' > t_0$, 使得在 $D$ 中有一个存在于时间区间 $[t_0, t')$

上的如下微分包含的解:

$$\dot{x}(t) \in F(x(t)), \qquad x(t_0) = x_0 \tag{2.9}$$

如果 $F$ 在一个有界的闭区域 $D$ 上满足基本条件, 则微分包含式 (2.9) 的每一个在 $D$ 上的解可以随 $t$ 的增加一直延拓直至 $t \to \infty$, 或它可以延拓至区域 $D$ 的边界.

**引理 2.15** 设定义在紧集 $K$ 上的集值映射 $F$ 是上半连续的, 且对任意 $x \in K$, 集合 $F(x)$ 是有界的, 则 $F$ 在 $K$ 上是有界的.

从引理 2.15 可以直接推得, 如果 $F$ 在某个紧集 $K$ 上满足基本条件, 则 $F$ 在 $K$ 上是有界的.

**引理 2.16** 假设 $M$ 是一个有界闭集, 函数 $f$ 是连续的, 则集合 $f(M) = \{f(x) : x \in M\}$ 是闭的. 如果 $M$ 是凸的, $f(x) = Ax + b$, 则集合 $f(M) = AM + b$ 也是凸的.

从引理 2.16 可得, 如果集值映射 $F(x)$ 满足基本条件, 则对任意 $n$ 阶矩阵 $T$, 集值映射 $TF(x) = \{Ty : y \in F(x)\}$ 也满足基本条件.

**定义 2.11** 设 $F$ 关于 $x$ 是上半连续的, $\delta > 0$. 如果在一个给定的区间上, $y(t)$ 是绝对连续的, 且几乎处处有

$$\dot{y}(t) \in F_\delta(y(t)), F_\delta(y) = [\mathrm{co}F(y^\delta)]^\delta, \tag{2.10}$$

其中, $y^\delta = \{y_1 | \|y_1 - y\| \leqslant \delta\}$, $\mathrm{co}F(y^\delta)$ 表示 $F(y^\delta)$ 的凸包. 则向量值函数 $y(t)$ 称为如下微分包含

$$\dot{x} \in F(x) \tag{2.11}$$

的一个 $\delta$ 解.

**引理 2.17** 如果一个集值映射 $F(x)$ 在一个开区域 $G \subset \mathbb{R}^n$ 上满足基本条件, 微分包含式 (2.11) 的任意一致收敛的 $\delta_k$-解 ($\delta_k \to 0^+, k = 1, 2, \cdots$) 序列的极限函数 $x(t)$ 的图像落在 $G$ 内, 则 $x(t)$ 是微分包含式 (2.11) 的一个解.

**引理 2.18** 设 $V$ 是 $\mathbb{R}^n \mapsto \mathbb{R}$ 的一个局部利普希兹正则函数，$S$ 是 (2.6) 的强不变紧集. 假如对所有 $x \in S$, $\max \tilde{\mathcal{L}}_f V(x) \leqslant 0$ 或 $\tilde{\mathcal{L}}_f V(x) = \emptyset$, 则从 $x_0$ 出发的任意解 $x(t)$ 都收敛到包含在 $\overline{Z}_{f,V} \cap S$ 中的最大不变集 $M$ 上. 这里, $Z_{f,V} = \{x \in \mathbb{R}^n | 0 \in \tilde{\mathcal{L}}_f V(x)\}$.

现在来定义本书中将要用到的一类特殊的不连续函数.

**定义 2.12** 函数 $g: \mathbb{R} \mapsto \mathbb{R}$ 称为是一个 $\mathcal{A}$ 类函数, 记为 $g \in \mathcal{A}$, 如果:

(1) $g$ 在 $\mathbb{R}$ 上的不连续集是一个零测集, 且在每一个有限区间上, $g$ 的不连续点只有有限个;

(2) 在 $g$ 的每一个连续区间上, $g$ 都是严格递增的;

(3) 如果 $x_0$ 是 $g$ 的一个不连续点, 记其左, 右极限为 $g(x_0^-) = \lim\limits_{x \to x_0^-} g(x)$, $g(x_0^+) = \lim\limits_{x \to x_0^+} g(x)$. 则 $g(x_0^+) > g(x_0^-)$.

**定义 2.13** 给定函数 $g \in \mathcal{A}$, $z_i^*$, $i = \cdots, -1, 0, 1, \cdots$ 为其所有不连续点. $\delta > 0$, 其 $\delta$-**逼近函数** $g^\delta$ 定义如下:

$$g^\delta(x) = \begin{cases} \dfrac{z - z^* + \delta}{2\delta} g(z^* + \delta) + \dfrac{z^* - z + \delta}{2\delta} g(z^* - \delta), & x \in [z_i^* - \delta, z_i^* + \delta] \\ g(x), & \text{其他} \end{cases}$$

显然, 由事先的假定, 对于 $\mathbb{R}$ 中的任意一个有限区间, 这样的 $\delta$ 是存在的. 对于以后的分析, 这一点就足够了.

**定义 2.14** 一个绝对连续函数 $x(t)$: $\mathbb{R}^+ \mapsto \mathbb{R}^n$ 称为是**收缩的**, 如果对于 $i = 1, \cdots, n$, $\max_i\{x_i(t)\}$ 关于 $t$ 是非增的, $\min_i\{x_i(t)\}$ 关于 $t$ 是非减的. 如果 $x(t)$ 是收缩的, 且

$$\lim_{t \to +\infty} [\max_i\{x_i(t)\} - \min_i\{x_i(t)\}] = 0.$$

则称 $x(t)$ 为**完全收缩的**.

显然, 如果 $x(t)$ 是收缩的, 则极限 $\lim\limits_{t \to +\infty} \max_i\{x_i(t)\}$ 和 $\lim\limits_{t \to +\infty} \min_i\{x_i(t)\}$ 都存在.

进一步, 还可以证明

**引理 2.19** 设 $\{x^k(t)\}$, $k=1,2,\cdots$, 为一列完全收缩的绝对连续函数, $x_0 \in \mathbb{R}^n$, $a \in \mathbb{R}$. 如果

- 对所有 $k=1,2,\cdots,\ i=1,\cdots,n$,

$$x^k(0)=x_0, \quad \lim_{t\to+\infty} x_i^k(t)=a$$

- $\{x^k(t)\}$ 在任意有限区间上一致收敛到一个函数 $\{x(t)\}$, 且 $x(t)$ 也是完全收缩的, 则有

$$\lim_{t\to+\infty} x_i(t)=a, \quad i=1,\cdots,n.$$

**证明:** 假设存在 $a' \in \mathbb{R}$ 使得 $\lim\limits_{t\to+\infty} x_i(t)=a'$. 对于给定的 $\epsilon>0, T>0$, 存在 $K>0$ 使得对所有的 $k>K$, $\max_i(x_i^k(t))-\max_i x_i(t))<\max_i(x_i^k(t)-x_i(t))<\epsilon/2$ 在 $[0,T]$ 上成立. 取 $T$ 充分大使得 $\max_i x_i(T)-a'<\epsilon/2$. 因此, $\max_i x_i^k(T)<a'+\epsilon$ 对所有的 $k>K$ 都成立. 由于 $\max_i x_i^k(t)$ 是单调非增的, 故有 $a<a'+\epsilon$. 又由 $\epsilon$ 的任意性得 $a\leqslant a'$. 类似的, 可以得到 $a\geqslant a'$. 故有 $a=a'$. 证毕.

## 2.3 随机过程与随机动力系统

本节简述本书中所需的概率论和随机过程的有关概念和结果. 更多细节可参考文献 [17].

一个三元组 $\{\Omega,\mathcal{F},P\}$ 表示一个概率空间. 其中 $\Omega$ 是状态空间, $\mathcal{F}$ 是 $\Omega$ 上的 $\sigma$-代数, $P\{\cdot\}$ 表示 $\Omega$ 上的概率测度, 它在不同的上下文环境中可能具有不同的含义. 此外, $\omega$ 表示 $\Omega$ 中的一个元素. 对于集合 $S\subseteq\Omega$, $S^c$ 表示 $S$ 的补集. 而 $\mathbf{1}_S$ 表示集合 $S$ 的特征函数, 即

$$\mathbf{1}_S(\omega)=\begin{cases}1, & \omega\in S;\\ 0, & \omega\notin S.\end{cases}$$

$E_P\{\cdot\}$ 为 $\Omega$ 上关于概率 $P$ 的数学期望 (在 $P$ 确定时的情形, 简写为 $E\{\cdot\}$). 对于一个 $\sigma$-代数 $\mathcal{G} \subseteq \mathcal{F}$, $E\{\cdot|\mathcal{G}\}$ ($P\{\cdot|\mathcal{G}\}$) 表示对应于 $\mathcal{G}$ 的条件期望 (概率). 值得注意的是, $E\{\cdot|\mathcal{G}\}$ 和 $P\{\cdot|\mathcal{G}\}$ 都是 $\mathcal{G}$ 可测的随机变量.

**定义 2.15** 假设 $\{A_k\}$ 为某个概率空间 $\{\Omega, \mathcal{F}, P\}$ 上的随机过程, 且 $\{\mathcal{F}^k\}$ 为一个**滤子** (filtration), 即 $\{\mathcal{F}^k\}$ 是一个满足 $\mathcal{F}^1 \subseteq \mathcal{F}^2 \subseteq \cdots \subseteq \mathcal{F}^k \subseteq \mathcal{F}^{k+1} \subseteq \cdots$ 的子 $\sigma$-代数序列. 如果对于每一个 $k$, $A_k$ 关于 $\mathcal{F}^k$ 可测的, 则称二元组序列 $\{A_k, \mathcal{F}^k\}$ 为一个**适应过程** (adapted process).

对于定义在离散时间的任意随机过程 $\{\sigma_t, \mathcal{B}_t\}$ ($\mathcal{B}_t$ 表示各自的 $\sigma$-代数). 定义

$$A_k = \{\sigma_t\}_{t=1}^k, \ \mathcal{F}^k = \mathcal{B}_1 \times \mathcal{B}_2 \times \cdots \times \mathcal{B}_k,$$

则随机过程 $\{\sigma_t, \mathcal{B}_t\}$ 是一个适应过程 $\{A_k, F^k\}$. 容易验证, 常见的独立过程、马氏过程以及隐马氏过程等, 都可视为其特殊形式. 由此可见, 适应过程是一类更一般的随机过程.

马氏链是定义在离散时间满足马尔科夫性质

$$P\{X_{n+1}|X_0, \cdots, X_n\} = P\{X_{n+1}|X_n\}$$

的随机过程. 如果上述条件概率 (称之为**转移概率**) 不随时间而改变, 称此马氏链为**时齐马氏链**; 如其状态空间为有限时, 则称之为**有限状态马氏链**. 设 $P(A|x)$ 为时齐马氏链的转移概率, 若存在一个概率测度 $\pi(\cdot)$ 使得

$$\pi(A) = \int P(A|x)\pi(\mathrm{d}x),$$

则 $\pi(\cdot)$ 称之为马氏过程的**稳态概率**.

概率空间上的两个概率测度间的距离定义为 $\|\mu - \nu\| = \sup_A |\mu(A) - \nu(A)|$, 这里上确界是对所有可测集合 $A$ 取的. 如果此稳态概率满足

$$\lim_{n\to\infty} \sum_x \|P^n(\cdot|x) - \pi(\cdot)\| = 0$$

则称该马氏链是**一致遍历**的.

下面的两个引理将在后面的证明中用到.

**引理 2.20** 如果一个有限状态的时齐马氏过程的转移概率 $\mathbb{T}$ 是不可约和非周期的, 且具有平稳分布 $\pi$. 则对任意给定的状态 $x, y$, 当 $n \to +\infty$ 时, $\mathbb{T}(x,y) \to \pi(y)$.

**引理 2.21 (第二 Borel-Cantelli 引理)** 设 $\mathcal{F}^0 = \{\emptyset, \Omega\}$, $\mathcal{F}^n$, $n \geqslant 0$ 为一个滤子, 即单调非减的 $\sigma$-代数序列, $A_n$, $n \geqslant 1$ 是一个满足 $A_n \in \mathcal{F}^n$ 的事件序列. 则

$$\{A_n, \text{ i. o. }\} = \Big\{\sum_{n=1}^{+\infty} P\{A_n|\mathcal{F}_{n-1}\} = +\infty\Big\},$$

其中 $\{A_n, \text{ i. o.}\}$ 表示**无穷多次发生**事件.

在本节中, 还将简要介绍有关随机动力系统的基本概念. 详细内容可参看文献 [18].

**定义 2.16** 假设映射 $\theta^t : \Omega \to \Omega$ 是定义在概率空间 $\{\Omega, \mathcal{F}, P\}$ 的**测度不变平移映射** ($t \in \mathbb{T}$ 为离散或者连续时间, 包括单侧时间或者双侧时间), 它满足

(1) $(t, \omega) \mapsto \theta^t\omega$ 是可测的;

(2) $\theta^0 = id$ (恒等变换);

(3) $\theta^{t+s} = \theta^t \circ \theta^s$ (半群性质).

给定测度不变平移映射 $\theta^t$, 黎曼流形 $M \subseteq \mathbb{R}^n$ 和波雷尔 $\sigma$-代数 $\mathcal{B}$, 与其相应的**随机动力系统**是一个三元映射

$$\phi : \mathbb{T} \times M \times \Omega \to M$$

$$(t, p, \omega) \mapsto \phi(t, p, \omega)$$

满足

(1) $\phi(t, p, \omega)$ 关于 $(t, p)$ 是连续的;

(2) $\phi(t, p, \omega)$ 关于 $(t, \omega)$ 满足上闭链 (cocycle) 性质:

$$\phi(0, \cdot, \omega) = id,\ \phi(t+s, \cdot, \omega) = \phi(t, \cdot, \theta^s\omega) \circ \phi(s, \cdot, \omega).$$

当时间是双侧时 ($\mathbb{T} = \mathbb{Z}$ 或者 $\mathbb{T} = \mathbb{R}$), 还假定 $\phi(t, \cdot, \omega)$ 是可逆映射, 且满足 $\phi(-t, \cdot, \omega) = [\phi(t, \cdot, \omega)]^{-1}$.

为了简便起见, 把 $\phi(t,\cdot,\omega)$ 记成 $\phi_\omega^t$.

设 $M$ 为一黎曼流形, 其上的点 $p\in M$ 和集合 $B\subseteq M$ 间的距离定义为 $d_M(p,B)=\inf\limits_{y\in B}d_M(p,y)$, 这里 $d_M(\cdot,\cdot)$ 表示黎曼流形 $M$ 上的黎曼度量.

一个 $\Omega$ 到 $2^M$ 上的一个集合值映射 $A(\omega):\Omega\to 2^M$, 称为**随机集合**, 如果对于任意 $p\in M$, 距离 $d_M(p,A(\omega))$ 关于 $\omega$ 是可测的.

如果 $A(\omega)$ 对于几乎处处的 $\omega\in\Omega$ 是紧的, 则称 $A(\omega)$ 是**紧随机集合**. 如果对任意 $t\in\mathbb{T}$ 和 $\omega\in\Omega$, $\phi_\omega^t A(\omega)\subset A(\theta^t\omega)$, 则称随机集合 $A(\omega)$ 关于随机动力系统 $\phi$ 是 **(向前) 不变**的. 一个不变的随机集合 $A(\omega)$ 的吸引域定义为如下随机集合:

$$\mathcal{B}(A)(\omega)=\{p\in M:\ \lim_{t\to\infty}d_M(\phi_\omega^t p,A(\theta^t\omega))=0\}$$

如果对几乎处处的 $\omega$, $\mathcal{B}(A)(\omega)$ 都包含 $A(\omega)$ 的一个邻域, 则称 $A(\omega)$ 是 $\phi$ 的**随机吸引子**. 若 $\mathcal{B}(A)(\omega)$ 包含 $A(\omega)$ 的非随机邻域, 则称 $A(\omega)$ 是 $\phi$ 的**一致随机吸引子**.

设 $\mathbb{T}=\mathbb{N}$ (正整数), $\mu>0$. 记

$$U_t=\{\omega:d_M(\phi_\omega^t[\bar{\mathcal{O}}(A(\omega),\mu)],A(\theta^t\omega))>\frac{\mu}{2}\}$$

其中, $\bar{\mathcal{O}}(A(\omega),\mu)=\{p\in M:d_M(p,A(\omega))\leqslant\mu\}$ 为 $A(\omega)$ 的一个 $\mu$ 邻域. 如果 $\sum\limits_{t=1}^{\infty}U(t)<+\infty$, 则称一致随机吸引子 $A(\omega)$ 是 $\phi$ 的 **$\mu$-一致随机吸引子**[19].

## 2.4 耦合复杂网络动力学模型

复杂网络动力系统是一类描述具有多个体复杂系统的模型. 该模型将动力系统建立在图上, 图中每个节点的动力学行为可由差分方程或微分方程描述. 它包含两个部分: 一部分是描述节点本身具有节点动力学 (node dynamics); 另一部分描述该节点与周围邻居的耦合作用对它动力学行为的影响. 以下两类复杂网络动力系统模型 (及其衍生模型) 是最常见描述复杂网络协调性行为的模型. 也是本书的研究重点.

具有离散时间,离散空间和连续状态的耦合系统——线性耦合映射网络 (linearly coupled maps of networks) 是一类广泛研究的模型. 在非线性时空混沌和计算问题上都有很高的理论和实用价值 (参见文献 [20–22]). 它可用下述差分方程描述:

$$x^i(t+1) = f(x^i(t)) + \epsilon \sum_{j=1}^{m} a_{ij}[f(x^j(t)) - f(x^j(t))], \quad i = 1, \cdots, m \tag{2.12}$$

其中 $x^i(t) \in \mathbb{R}^n$, $t \in \mathbb{Z}_{\geqslant 0}$ 是离散时间, $f\colon \mathbb{R}^n \to \mathbb{R}^n$ 是一个连续函数, $a_{ij} \geqslant 0$ 表示节点 $v_j$ 对于 $v_i$ 的耦合系数, $\epsilon$ 表示网络整体的耦合强度. 基于前一节关于图的描述, 该模型可对应于图 $\mathcal{G} = \{\mathcal{V}, \mathcal{E}\}$, 其中 $\mathcal{V} = \{v_1, \cdots, v_m\}$ 是节点集合, $\mathcal{E}$ 是边的集合. 对应的, $x^i(t)$ 描述节点 $v_i$ 在时间 $t$ 的状态, $a_{ij}$ 描述节点 $v_j$ 对 $v_i$ 的 (非负) 耦合权重: 当 $a_{ij} > 0$ 时, 表示 $(v_j, v_i) \in \mathcal{E}$; 反之, $(v_j, v_i) \notin \mathcal{E}$, 则 $a_{ij} = 0$. 显然, 该图对应的拉普拉斯矩阵 $\boldsymbol{L} = [l_{ij}]_{i,j=1}^m$ 为

$$l_{ij} = \begin{cases} -a_{ij}, & i \neq j \\ \sum\limits_{j \neq i} a_{ij}, & i = j \end{cases}$$

因此, 式 (2.12) 亦可写为

$$x^i(t+1) = f(x^i(t)) - \epsilon \sum_{j=1}^{m} l_{ij} f(x^j(t)), \quad i = 1, 2, \cdots, m \tag{2.13}$$

记 $x(t) = [x^{1\top}(t), \cdots, x^{m\top}(t)]^\top$, $F(x) = [f(x^1), \cdots, f(x^m)]^\top$ 和 $G = [g_{ij}] = I_m - \epsilon L$. 则方程 (2.13) 亦可写成

$$x^i(t+1) = \sum_{j=1}^{m} g_{ij} f(x^j(t)), \quad i = 1, 2, \cdots, m \tag{2.14}$$

或

$$x(t+1) = (G \otimes I_n)\, F(x(t)). \tag{2.15}$$

线性耦合常微分方程组 (linearly coupled ordinary equations) 是一类用以描述连续时间耦合复杂网络动力学系统的模型. 它在时空复杂网络和复杂系统有广

泛的研究 (参见文献 [23, 24]). 线性耦合常微分方程的一般形式可以描述如下:

$$\frac{\mathrm{d}x^i(t)}{\mathrm{d}t} = f(x^i(t), t) + c\sum_{j=1}^{m} a_{ij}\boldsymbol{\Gamma}[x^j(t) - x^i(t)] \tag{2.16}$$

其中 $x^i(t) \in \mathbb{R}^n$, $t \in [0, +\infty)$ 是连续时间, $f:\ \mathbb{R}^n \times [0, +\infty) \to \mathbb{R}^n$ 是一个连续函数, 内联矩阵 $\boldsymbol{\Gamma} = [\gamma_{ij}]_{i,j=1}^n$ 描述节点状态向量个分量之间耦合机制, $c$ 是网络整体的耦合强度. 同样的, 该模型也可与对应图 $\mathcal{G} = \{\mathcal{V}, \mathcal{E}\}$, 其中 $\mathcal{V} = \{v_1, \cdots, v_m\}$ 是节点集合, $\mathcal{E}$ 是边的集合. $a_{ij}$ 描述节点 $v_j$ 对 $v_i$ 的 (非负) 耦合权重: 当 $a_{ij} > 0$ 时, 表示 $(v_j, v_i) \in \mathcal{E}$; 反之, $(v_j, v_i) \notin \mathcal{E}$, 则 $a_{ij} = 0$. 由 $a_{ij}$ 定义该图对应的拉普拉斯矩阵 $\boldsymbol{L} = [l_{ij}]_{i,j=1}^m$ 为

$$l_{ij} = \begin{cases} -a_{ij}, & i \neq j \\ \sum\limits_{j\neq i} a_{ij}, & i = j \end{cases} \tag{2.17}$$

此时, 系统亦可写为:

$$\frac{\mathrm{d}x^i(t)}{\mathrm{d}t} = f(x^i(t), t) - c\sum_{j=1}^{m} l_{ij}\boldsymbol{\Gamma}x^j(t), \quad i = 1, 2, \cdots, m \tag{2.18}$$

类似的, 记 $x(t) = [x^{1\top}(t), \cdots, x^{m\top}(t)]^\top \in \mathbb{R}^{nm}$ 和 $F(x, t) = [f(x^1, t), \cdots, f(x^m, t)]^\top$, 则方程 (2.18) 可写为如下矩阵形式:

$$\frac{\mathrm{d}x}{\mathrm{d}t} = F(x, t) - c\,(\boldsymbol{L} \otimes \boldsymbol{\Gamma})\,x(t). \tag{2.19}$$

显然, 这两类模型分别包含离散和连续时间的一致性 (consensus) 算法. 具体而言, 令 $f$ 为恒等映射, 模型 (2.12) 变为:

$$x^i(t+1) = \sum_{j=1}^{m} g_{ij}x^j(t), \quad i = 1, 2, \cdots, m \tag{2.20}$$

而当 $f = 0$ 且 $\boldsymbol{\Gamma} = E_n$ 时, 模型 (2.18) 化为

$$\dot{x}^i(t) = -\sum_{j=1}^{m} l_{ij}x^j(t), \quad i = 1, 2, \cdots, m \tag{2.21}$$

它们正是离散和连续时间的网络的一致性 (consensus) 算法[25].

在实际中,由于切换速率的有限性和子系统间的物理距离,系统间的耦合信号的传输经常会出现时滞. 故有必要考虑下述具有耦合时滞的线性耦合系统:

$$x^i(t+1) = f(x^i(t)) - c\sum_{j\neq i} l_{ij}\boldsymbol{\Gamma}\Big[f(x^j(t-\tau)) - f(x^i(t))\Big], \tag{2.22}$$

其中 $\tau \in N$ 是 (离散) 耦合时滞; 和

$$\frac{\mathrm{d}x^i(t)}{\mathrm{d}t} = f(x^i(t),t) - c\sum_{j\neq i} l_{ij}\boldsymbol{\Gamma}\Big[x^j(t-\tau) - x^i(t)\Big], \tag{2.23}$$

其中 $\tau \in \mathbb{R}^+$ 是 (连续) 耦合时滞.

上述系统中的耦合权重是定常的. 然而, 现实世界中的复杂网络 (例如, 生物学、流行病学和社会学) 网络中的网络结构却是随时间变化的. 而且变化还常常具有随机性. 从而, 必须研究时变网络的同步问题.

一般而言, 时变网络的耦合矩阵可以表示成

$$\boldsymbol{L}(t) = \boldsymbol{L}(\xi^t),$$

其中 $\{\xi^t\}$ 是一个确定性过程或随机性过程.

由此, 时变线性耦合映射网络模型可以写成

$$x^i(t+1) = \sum_{j=1}^{m} g_{ij}(\xi^t) f(x^j(t)), \quad i = 1,2,\cdots,m. \tag{2.24}$$

其中, $\{\xi^t\}_{t=1}^{\infty}$ 是一个离散时间适应过程.

而对于连续时间系统, 考虑一个称为跳过程 (jump process[26]) 的随机过程 $\{\sigma^t\}$. 它由一个点过程 $\{t_k\}_{k=0}^{\infty}$ 和一个离散时间的适应过程 $\{\xi^k\}$ 构成. 满足: (1) $t_0 = 0$; (2) $\lim\limits_{k\to\infty} t_k = +\infty$; (3) $t_{k+1} > t_k$; (4) $t \in [t_k, t_{k+1})$, $\xi^t = \sigma^k$. 此时, $\boldsymbol{L}(t) = \boldsymbol{L}(\sigma^t)$ 定义了一个切换耦合矩阵

$$\boldsymbol{L}(t) = \boldsymbol{L}(\xi^k), \quad t \in [t_{k-1}, t_k).$$

由此, 切换线性耦合系统可表述成:

$$\dot{x}_i(t) = f(x_i(t)) - c\sum_{j=1}^{r} l_{ij}(\xi^k)\boldsymbol{\Gamma} x_j(t), \quad i = 1,2,\cdots,m,\ t\in[t_{k-1},t_k) \tag{2.25}$$

作为特例, 可以得到下列具有切换耦合机制的离散时间和连续时间一致性算法:

$$x^i(t+1) = \sum_{j=1}^{m} g_{ij}(\xi^t) x^j(t), \quad i = 1, 2, \cdots, m; \tag{2.26}$$

和

$$\dot{x}_i(t) = -\sum_{j=1}^{r} l_{ij}(\xi^k) x_j(t), \quad i = 1, 2, \cdots, m, \ t \in [t_{k-1}, t_k), \ k \geqslant 1. \tag{2.27}$$

在耦合微分动力系统式 (2.16) 的基础上, 本书还将讨论一类网络控制问题. 如下的给定轨道 (满足点动力系统):

$$\dot{s}(t) = f(s(t), t), \quad s(0) = s_0. \tag{2.28}$$

这里, $s(t)$ 可以是点动力系统的一个平衡点, 极限环, 甚至是混沌轨道. 通过对于部分节点设置反馈控制, 将整个系统所有节点都稳定到给定的 $s(t)$ 上. 假定设置了控制器的节点集合为 $\mathcal{D}$, 则控制系统可写为

$$\begin{aligned}
\dot{x}^i(t) &= f(x^i(t), t) - c\sum_{j=1}^{m} l_{ij}\boldsymbol{\Gamma} x^j(t) - c\varepsilon\boldsymbol{\Gamma}[x^i(t) - s(t)], \ i \in \mathcal{D}, \\
\dot{x}^k(t) &= f(x^k(t), t) - c\sum_{j=1}^{m} l_{kj}\boldsymbol{\Gamma} x^j(t), \ k \notin \mathcal{D}.
\end{aligned} \tag{2.29}$$

这里, $\epsilon$ 是反馈控制强度.

这些模型的协调性行为 (同步、分群同步、一致性和牵引控制) 都将在本书的随后章节中注意详细阐述.

## 参考文献


[1] Godsil C, Royle G. Algebraic graph theory [M]. New York: Springer-Verlag, 2001.

[2] Horn P A, Johnson C R. Matrix analysis [M]. New York: Cambridge University Press, 1985.

[3] Berman A. Completely positive matrices [M]. New Jersey: World Scientific Publishing, 2003.

[4] Chen T P, Liu X W, and Lu W L. Pinning complex networks by a single controller [J]. IEEE Transactions on Circuits and Systems-I, 2007, 54(6): 1317-1326.

[5] Hajnal J. Weak ergodicity in non-homogeneous Markov chains [J]. Proc. Cambridge Philos. Soc. , 1958, 54: 233-246.

[6] Shen J. A geometric approach to ergodic nonhomogeneous Markov chains [J]. in Wavelet Analysis and Multiresolution Methods (Urbana-Champaign, IL, 1999), Lecture Notes in Pure and Appl. Math. 2000, 212: 341-366.

[7] Wu C W. Synchronization and convergence of linear dynamics in random directed networks [J]. IEEE Trans. Automat. Control, 2006, 51: 1207-1210.

[8] Paz A, Reichaw M. Ergodic theorems for sequences of infinite stochastic matrices [J]. Proc. Cambridge Philos. Soc. , 1967, 63: 777-784.

[9] Wolfowitz J. Products of indecomposable, aperiodic, stochastic matrices [J]. Proceedings of AMS, 1963, 14: 733-737.

[10] Xiao F, Wang L. Consensus protocols for discrete-time multi-agent systems with time-varying delays [J]. Automatica, 2008, 44: 2577-2582.

[11] Boyd S, et al. Linear matrix inequalities in system and control theory [M]. Philadelphia: SIAM, 1994.

[12] Filippov A F. Differential equations with discontinuous right-hand sides. Mathematics and its applications(Soviet Series) [M]. Boston: Kluwer Academic Publishers, 1988.

[13] Aubin J P, Cellina A. Differential inclusions [M]. Berlin: Springer, 1984.

[14] Aubin J P, Frankowska H. Set-valued analysis [M]. Boston: Birkhauser, 1990.

[15] Clarke F H. Optimization and nonsmooth analysis [M]. New York: Wiley, 1983.

[16] Cortés J. Distributed algorithms for reaching consensus on general functions [J]. Automatica, 2008, 44: 726-737.

[17] Durrett R. Probability: Theory and Examples, 3rd ed. [M]. Belmont, CA: Duxbury Press, 2005.

[18] Arnold L. Random dynamical systems [M]. Berlin Heidelberg: Springer-Verlag, 1998.

[19] He X, Lu W L, Chen T P. On transverse stability of random dynamical systems [J]. Discrete and Continuous Dynamical Systems, 2012, 33(2): 701-721.

[20] Bohr T, Christensen O B. Size dependence, coherence, and scaling in turbulent coupled map lattices [J]. Phys. Rev. Lett. , 1989, 63: 2161-2164.

[21] Kaneko K. Spatio-temporal intermittency in coupled map lattices [J]. Prog. Theor. Phys., 1985, 74: 1033.

[22] Kaneko K. Theory and applications of coupled map lattices [M]. New York: Wiley, 1993.

[23] Chua L O. Special issue on nonlinear wave, pattern, and spatiotemporal chaos in dynamical arrays [C]. IEEE Trans. Circ. Syst. 42, 1995.

[24] Winfree A T. The geometry of biological time [M]. New York: Springer-Verlag, 1980.

[25] Olfati R and Murray R M. Consensus problems in networks of agents with switching topology and time delays [J]. IEEE Trans. Automat. Contr. , 2004, 49: 1520-1533.

[26] Gardiner C. Stochastic methods: a Handbook for the natural and social sciences [M]. Berling: Springer-Verlag, 1985.

# 第三章 协调性与横向稳定性理论

不变子流形的横向稳定性是研究协调性问题的数学基础. 众所周知, 主稳定方程 (master stability function) 是局部同步分析的一种手段. 其本质上可视作下述 (不变的) 同步子空间

$$\mathcal{S}=\{[x^1,\cdots,x^m]:\ x^i=x^j,\ \forall\, i,j=1,\cdots,m\}$$

的稳定性. 从动力系统的局部稳定性上看, (完全) 同步等价于在子空间 $\mathcal{S}$ 上存在耦合系统的不变吸引子, 此吸引子称之为**同步流形**. 文献 [1–3] 对于确定性系统的横向稳定性作了严格细致的分析. 证明了当横向 (法向) 李亚普诺夫指数小于零时, 限制在不变子流形的吸引子便是整体系统的吸引子 (局部). 实质上, 这是主稳定函数方法的一般形式. 另一方面, 文献 [4] 定义了一个仅在同步子空间等于零的半正定李亚普诺夫函数, 并用来研究全局同步问题. 它可视为拉塞尔不变原理的特例. 文献 [5] 将其推广到一般的不变子空间. 此类方法可用来讨论一般的不变流形的稳定性.

在许多理论研究和实际问题中, 系统结构会伴随着网络动力系统演化而变化. 通常, 这类时变结构还常伴有随机性. 因此, 需要用随机动力系统 (random dynamical systems)[6] 来描述网络的动力学特性. 在本章中, 将介绍随机动力系统的横向局部稳定性和李亚普诺夫方法. 读者可参考笔者近期的系列工作[7,8].

## 3.1 不变子流形的横向稳定性

本节分成两大部分. 第一部分讨论确定性 (deterministic) 动力系统不变子流形的局部横向稳定性. 第二部分中分析随机动力学系统不变子流形的局部横向稳定性.

### 3.1.1 确定性动力系统的横向稳定性

在本小节中, 简要介绍确定性动力系统的横向稳定性的结果. 主要结果和证

明均取自文献 [2]. 有兴趣的读者可参阅此经典著作.

假设 $M$ 是一个 $m$ 维紧光滑黎曼流形, 一个 (确定性) 动力系统是 $\mathbb{T}\times M$ 到 $M$ 的一个映射: $\phi(t,p):\mathbb{T}\times M\to M$, 且满足

(1) $\phi(t,p)$ 关于 $(t,p)$ 连续;

(2) 半群性质: $\phi(t+s,p)=\phi(t,\phi(s,p))$;

(3) $\phi(0,p)=p, \forall\, p\in M$.

其中, $\mathbb{T}$ 是一个正向或反向, 取整数或取实数的时间集, 它可以是 $\mathbb{R}$, $\mathbb{Z}$, $\mathbb{R}^+$, 或者 $\mathbb{Z}_{\geqslant 0}$. 对于正向离散时间, 可用映射 $f:M\to M$ 来表示动力系统 $\phi$:

$$f(p)=\phi(1,p).$$

此时, $\phi(t,p)=f^{(t)}(p)$, $p=1,2,\cdots$.

记 $Erg(f)$ 为流形 $M$ 上关于 $f$- 不变测度构成集合, $\mathcal{L}(f)\subset Erf(f)$ 表示其中与 Lebesgue 测度等价的不变测度的集合. $SBR(f)\subset Erg(f)$ 表示其中 SBR (Sinai-Bowen-Ruelle) 测度构成的集合[1] . $l(\cdot)$ 表示 Lebesgue 测度.

**定义 3.1** 紧集 $A\subset M$ 称为关于映射 $g$ 为不变的, 如果

$$g(A)\subseteq A,$$

特别地, 若

$$g(A)=A,$$

则称 $A$ 在映射 $g$ 下严格 (向前) 不变的.

**定义 3.2** 对于不变紧集 $A$, 它关于 $\phi(t,\cdot)$ 的吸引域 $\mathcal{B}(A)$ 可定义如下

$$\mathcal{B}(A)=\{x\in M:\omega(x)\subseteq A\},$$

其中 $\omega(x)$ 为 $x$ 的关于 $\phi(t,\cdot)$ 的 $\omega$ 极限集.

下面引入几类吸引子的定义.

---

1 所谓 SBR 测度是指在不稳定流形上的条件测度相对于黎曼测度 (Lebesgue 测度) 是绝对连续的[9].

**定义 3.3** (1) 严格不变紧集 $A$ 称为李亚普诺夫吸引子当且仅当对于 $A$ 的任意邻域 $U$, 有

$$f(U) \subseteq U;$$

特别地, 若 $A$ 的吸引域 $\mathcal{B}(A)$ 还包含 $A$ 的一个邻域, 则称 $A$ 为 $\phi$ 的**渐近稳定吸引子**.

(2) 严格不变紧集 $A$ 称为 Milnor 吸引子, 当且仅当 $\mathcal{B}(A)$ 包含 Lebesgue 正测度集合;

(3) 严格不变紧集 $A$ 称为本征 (essential) 吸引子, 当且仅当

$$\lim_{\delta \to 0+} \frac{l(\mathcal{B}(A) \bigcap \mathcal{O}(A, \delta))}{l(\mathcal{O}(A, \delta))} = 0.$$

设 $N \subset M$ 是 $M$ 的一个关于 $f$ 不变的 $n$ 维嵌入子流形, 即 $f(N) \subseteq N$. $f|_N$ 表示 $f$ 限制在子流形 $N$ 上的映射, $T_pN$ 为 $N$ 在 $p$ 的切空间, $d_pf$ 为 $f$ 在 $p$ 的切映射. 则当 $p \in N$ 时, $d_pf(T_pN) \subset T_{f(p)}N$.

设 $A \subseteq N$ 是 $f|_N$ 的一个渐近稳定吸引子. 对于任意 $p \in A$, $0 \neq v \in T_pN$, 李亚普诺夫指数可定义如下

$$\lambda(p, v) = \overline{\lim_{n\to\infty}} \frac{1}{n} \log \|d_pf^n(v)\|_{T_{f^n(p)}N}. \tag{3.1}$$

当 $\mu \in Erg(f)$, 由 Oseledec 乘积遍历定理[10], 对几乎处处的 $p \in N$ 和 $v \in T_pN$, 上述极限存在. 同时注意到 Lebesgue 测度 $l$ 还是遍历的, 于是对于固定的 $v$, $\lambda(p, v)$ 在除去一个零测集意义下便是一个常数. 因此, 也可将其定义为 $\lambda(\mu, v)$.

当 $p \in N$ 时, $M$ 在 $p$ 点的切空间 $T_pM$ 可分解成 $T_pM = T_pN \oplus (T_pN)^\perp$, 其中 $(T_pN)^\perp$ 是 $T_pN$ 在 $M$ 中的正交补空间. 记 $TM_n = T_{f^n(p)}M$, 通过分解 $TM_n = TN_n \oplus (TN_n)^\perp$, 可以定义在点 $p$ 沿着方向 $v$ 的**法向李亚普诺夫指数**

$$\lambda^\perp(p, v) = \overline{\lim_{n\to\infty}} \frac{1}{n} \log \|\Pi_{(TN_n)^\perp} \circ \mathrm{d}_pf^n \circ \Pi_{(TN_0)^\perp}(v)\|_{TM}, \tag{3.2}$$

其中 $TM = \bigcup_{p\in M} T_pM$ 是切丛.

将 $f$ 在 $p$ 点的法向李亚普诺夫指数 $\Pi_{(TN_1)^\perp} \circ \mathrm{d}_pf \circ \Pi_{(TN_0)^\perp} : (TN_0)^\perp \to (TN_1)^\perp$ 简记为 $\mathrm{d}_p^\perp f$. 式 (3.2) 可简写为

$$\lambda_p^\perp(v) = \overline{\lim_{n\to\infty}} \frac{1}{n} \log \|\mathrm{d}_p^\perp f^n(v)\|_{TM}, \tag{3.3}$$

**定理 3.1** 若对所有的 $p \in A$, 法向导数 $\mathrm{d}_p^{\perp} f_\omega$ 都是单射. 对于给定不变 $\mu \in Erg(f)$, 则最大法向李亚普诺夫指数

$$\lambda^{\perp}(\mu) = \sup_{v \in T_pM} \overline{\lim_{n\to\infty}} \frac{1}{n} \log \|\mathrm{d}_p^{\perp} f^n(v)\|_{TM} \tag{3.4}$$

在 $\mu$-几乎处处意义下存在, 且与 $p$ 的位置无关.

详细证明见文献 [2] 中定理 2.8.

在 $\lambda^{\perp}$ 存在的基础之上, 下面的定理刻画了一般动力系统的横向稳定性.

**定理 3.2** 假设 $f$ 的法向导数 $\mathrm{d}_p^{\perp} f$ 对任意 $p \in A$ 都是单射.

(1) 假设 $A$ 是 $f|_N$ 的一个李亚普诺夫渐近稳定吸引子. 若最大法向李亚普诺夫指数 $\sup\limits_{\mu \in Erg(f)} \lambda^{\perp}(\mu) < 0$, 则在流形 $M$ 上, $A$ 是 $f$ 的一个渐近稳定吸引子.

(2) 假设 $A$ 是 $f|_N$ 的 Milnor 吸引子. 若存在一个 $h \in SBR(f)$, 最大法向李亚普诺夫指数 $\lambda^{\perp}(h) < 0$, 则在流形 $M$ 上, $A$ 是 $f$ 的一个 Milnor 吸引子.

(3) 假设 $A$ 是 $f|_N$ 的本征吸引子. 若存在一个 $h \in L(f)$, 最大法向李亚普诺夫指数 $\lambda^{\perp}(h) < 0$, 则在流形 $M$ 上, $A$ 是 $f$ 的一个本征吸引子.

上述定理的证明较复杂, 有兴趣的读者可参见文献 [2] 以及文献 [1]. 由上述定理可见, 不变子流形的横向稳定性依赖于遍历测度的特征. 不同的测度可导致不同的稳定性意义. 而且, 不变流形上存在 (某种意义下的) 吸引子, 是横向稳定性定义的前提.

### 3.1.2 随机动力系统的横向稳定性

本节讨论随机动力系统的横向稳定性. 把上节的部分结果推广到随机动力系统. 详细结果和证明可参看文献 [7].

设 $\theta^t : \Omega \to \Omega$, $t \in \mathbb{T}$ 为概率空间 $(\Omega, \mathcal{F}, \mathbb{P})$ 上的一个保测平移算子. 即变换 $(t, \omega) \mapsto \theta^t\omega$ 可测并满足半群性质. 依照定义 2.16, 在 $m$ 维紧光滑黎曼流形 $M$ 和

Borel $\sigma$ 代数 $\mathcal{B}$ 下的**随机动力系统** 可表述成:

$$
\begin{aligned}
&\varphi : \mathbb{T} \times M \times \Omega \longrightarrow M \\
&(t, p, \omega) \longmapsto \varphi(t, p, \omega), \quad \forall t \in \mathbb{T}, \quad \forall p \in M, \quad \forall \omega \in \Omega
\end{aligned}
$$

类似于文献 [11] 中 “点点” 的向前吸引, 在本节中, 如无特殊说明, 吸引都是几乎处处 (缩写记为 a.s.) 意义下吸引.

易见, 吸引域 $\mathcal{B}(A)(\omega)$ 是 (向前) 不变的. 事实上, 对于任意 $s > 0$ 和任意 $p \in \mathcal{B}(A)(\omega)$,

$$
\begin{aligned}
&\lim_{t\to+\infty} \mathrm{d}_M(f^t_{\theta^s\omega}(f^s_\omega(p)), A(\theta^t(\theta^s\omega))) \\
=& \lim_{t\to+\infty} \mathrm{d}_M(f^{t+s}_\omega(p), A(\theta^{t+s}\omega))) \to 0
\end{aligned}
$$

即 $f^s_\omega(p) \in \mathcal{B}(A)(\theta^s\omega)$.

在研究动力系统渐近性态时, 李亚普诺夫指数提供了非常重要的量化信息. 下面简单介绍一些随机动力系统中李亚普诺夫指数. 有兴趣的读者可以参考文献 [6].

设 $\varphi$ 是一个嵌入在 $m$ 维欧几里得空间中的 $m$ 维黎曼流形 $M$ 上的一个随机动力系统. 假定 $\varphi$ 有一个不变的 $n$ $(n < m)$ 维非随机子流形 $N$, $f^t_\omega(\cdot)$ 是相应于随机动力系统 $\varphi(t, \cdot, \omega)$ 的映射. 如果存在 $0 < a < 1$, 使得 $f^t_\omega \in C^{1+a}(N, N)$, 则当 $p \in N$, $\mathrm{d}_p f^t_\omega(T_pN) \subset T_{f^t_\omega(p)}N$. 下式

$$
\lambda(p, v) = \overline{\lim_{t\to\infty}} \frac{1}{t} \log \|\mathrm{d}_p f^t_\omega(v)\|_{TM} \tag{3.5}
$$

在几乎处处意义下 (a.s.) 定义了映射 $f^t_\omega$ 在点 $p$ 沿着方向 $v$ 的李亚普诺夫指数. 其中 $T_pN$ 为 $N$ 在 $p$ 点的切空间, $\mathrm{d}_p f^t_\omega$ 是 $f^t_\omega$ 在点 $p$ 的切映射. 记 $TM_t = T_{f^t_\omega(p)}M$, 通过分解 $TM_t = TN_t \oplus (TN_t)^\perp$, 可以定义在点 $p$ 处沿着方向 $v$ 的**法向李亚普诺夫指数**

$$
\lambda^\perp(p, v) = \overline{\lim_{t\to\infty}} \frac{1}{t} \log \|\Pi_{(TN_t)^\perp} \circ \mathrm{d}_p f^t_\omega \circ \Pi_{(TN_0)^\perp}(v)\|_{TM}, \quad \text{a.s.} \tag{3.6}
$$

其中, $\Pi_V$ 表示到子空间 $V$ 的**投影映射**, $TM = \bigcup_{p\in M} T_pM$ 是切丛.

用 $d_p^{\perp} f_\omega$ 简记 $f_\omega$ 在 $p$ 的法向李亚普诺夫指数 $\Pi_{(TN_1)^\perp} \circ d_p f_\omega \circ \Pi_{(TN_0)^\perp}$ : $(TN_0)^\perp \to (TN_1)^\perp$. 则式 (3.6) 可写为

$$\lambda_p^{\perp}(v) = \overline{\lim_{t\to\infty}} \frac{1}{t} \log \|d_p^{\perp} f_\omega^t(v)\|_{TM}, \quad \text{a.s.} \tag{3.7}$$

为了简单起见, 本节假定式 (3.7) 中定义的法向李亚普诺夫指数 $\lambda_p^{\perp}(v)$ 有下界. 显然, 当 $f$ 是一个微分同胚或者法向导数 $d_p^{\perp} f$ 如文献 [2] 中假设是单射时, 上述下界是存在的. 于是根据文献 [6] 中关于随机动力系统的 Oseledec 乘积遍历定理, 在一定的条件下, 随机动力系统 $\varphi$ 在几乎处处意义下也有 $m-n$ 个法向李亚普诺夫指数. 记其最大的一个为 $\lambda^{\perp}$, 即

$$\lambda^{\perp} = \sup_{(p,v)\in TM} \overline{\lim_{t\to\infty}} \frac{1}{t} \log \|d_p^{\perp} f_\omega^t(v)\|_{TM}, \quad \text{a.s.} \tag{3.8}$$

然而, Oseledec 乘积遍历定理保证李亚普诺夫指数的存在性, 但没有量化估算. 下面利用文献 [12] 中大分离引理来估算 $\lambda^{\perp}$.

令 $H(\cdot): M \to \mathbb{R}^{n,n}$ 是一个取值为矩阵的非随机映射, $\xi^t$ 是一个平稳过程. 定义

$$\alpha = \lim_{t\to\infty} \frac{1}{t} \log \| \prod_{k=0}^{t-1} H(\xi^k) \|, \tag{3.9}$$

如果上面的极限存在.

类似地, 可以如下定义以 $\delta$ 为自变量的 $\delta$-矩李亚普诺夫指数:

$$\alpha(\delta) = \overline{\lim_{t\to\infty}} \frac{1}{t} \log \mathbb{E} \| \prod_{k=0}^{t-1} H(\xi^k) \|^{\delta}.$$

若 $|H(\cdot)|$ 有界, 则右端导数 $\alpha'(0+)$ 存在.

令 $Y^t = \log \| \prod_{k=0}^{t-1} H(\xi^k) \|$. 由文献 [12] 的定理 II.2 可知

**命题 3.1** *对任意 $\bar{\alpha} > \alpha'(0+)$, 存在 $\sigma > 0$ 以及 $T > 0$, 使得概率*

$$\mathbb{P}\{\frac{1}{t} \| \prod_{k=0}^{t-1} H(\xi^k) \| \geqslant \bar{\alpha}\} \leqslant \exp(-\sigma t), \ \forall\, t \geqslant T; \tag{3.10}$$

*进一步, 如果极限*

$$\alpha(\delta) = \lim_{t\to\infty} \frac{1}{t} \log \mathbb{E} \| \prod_{k=0}^{t-1} H(\xi^k) \|^{\delta}$$

存在并且在某个包含 0 的开区间上有界, 同时 $\alpha'(0)$ 也存在并有界. 则

$$\alpha=\lim_{t\to\infty}\frac{1}{t}\log\|\prod_{k=0}^{t-1}H(\xi^k)\| \tag{3.11}$$

在几乎处处意义下存在有界并且 $\alpha=\alpha'(0)$.

更特殊地, 当 $\xi^t$ 是一个定义在有限空间上的时齐马氏过程时, 则有

**命题 3.2**　文献 [13] 假设 $H(\cdot)$ 是非奇异的, 时齐马氏过程 $\xi^t$ 是一个定义在有限状态空间上有着唯一不变分布的不可逆马氏链. 则对任意的 $\epsilon>0$, 存在 $\sigma>0$, 使得

$$\mathbb{P}\left\{\frac{1}{t}\log|\prod_{k=0}^{t-1}H(\xi^k)|\notin(\alpha-\epsilon,\alpha+\epsilon)\right\}\leqslant\exp(-\sigma t)$$

对所有的 $t\geqslant0$ 成立, 其中 $\alpha$ 由式 (3.11) 所定义.

设 $M$ 是一个嵌入到欧几里得空间的紧 $m$ 维黎曼流形, $\varphi$ 是定义于其上的一个随机动力系统. 假设 $N$ 是一个在随机动力系统 $\varphi$ 下 $n$ 维非随机不变紧子流形, $A(\omega)$ 是 $N$ 中随机动力系统 $\varphi$ 意义下的一个随机吸引子. 记 $f_\omega^t$ 为固定 $t\in\mathbb{T}$, $\omega\in\Omega$ 随机动力系统 $\varphi$ 所对应的映射, 即 $f_\omega^t(p)=\varphi(t,p,\omega)$, $\forall p\in M$. 由随机意义下的 Oseledec 乘积遍历定理 [6], $\varphi$ 在几乎处处意义下也有 $m-n$ 个法向李亚普诺夫指数.

类似文献 [2] 中对确定性动力系统所做的横向稳定性分析, 本节的主要内容是建立随机动力系统的横向稳定性分析.

首先, 对于 $f_\omega^t$ 作如下两个假设.

**H**$_1$: 对任意的 $\omega\in\Omega$, $f_\omega^t:M\mapsto M$ 是等度 $C^{1+\bar{a}}(0<a<\bar{a}<1)$ 的.

这里, $\bar{a}>a$ 是一个实数. "等度" 意味着对任意的 $\omega\in\Omega$ 函数 $f_\omega^t(\cdot)$ 是一致 $C^{1+\bar{a}}$ 的. 注意到 $M$ 是一个紧流形, 则存在一个不依赖于 $\omega$ 的正常数 $K$, 使得

$$\mathrm{d}_M(f_\omega^t(p),f_\omega^t(q))\leqslant(K)^t\|\mathrm{d}_M(p,q)\|^{1+a},\quad\forall\, p,q\in M,\quad\forall\omega\in\Omega. \tag{3.12}$$

不难看出, $f$ 是利普希兹连续的, 不妨将利普希兹常数仍记为 $K$.

**H**$_2$: 对任意的 $\mu>0$, 存在一个常数 $\lambda<0$, 使得

$$\sum_{n=1}^{\infty}\mathbb{P}(V_n^\lambda)<+\infty,$$

其中

$$V_n^\lambda = \{\omega : \sup_{p\in\overline{\mathcal{O}}(A(\omega),\mu),\|v\|=1} \frac{1}{n}\log\|\mathrm{d}_p^\perp f_\omega^n(v)\| > \lambda\}.$$

**定理 3.3** 设 $\varphi$ 是定义于全空间 $M$ 上的一个随机动力系统, $N$ 是 $\varphi$ 下的不变紧子流形, $\varphi|_N$ 为 $\varphi$ 限制在 $N$ 上所得随机动力系统. 如果假设 $\mathbf{H}_1, \mathbf{H}_2$ 成立, 且 $A(\omega)$ 是 $\varphi|_N$ 下的一致 $\mu$ 吸引子, 则 $A(\omega)$ 也是 $\varphi$ 在全流形 $M$ 的一个随机吸引子.

**证明:** 由于 $A(\omega)$ 在 $\varphi|_N$ 下是一致 $\mu$ 吸引的, 则存在一个正数 $\mu$, 使得 $A(\omega)$ 的紧非随机邻域 $\overline{\mathcal{O}}_N(A(\omega),\mu)$ 是 (向前) 不变的. 并且当 $\forall p\in\overline{\mathcal{O}}_N(A(\omega),\mu)$ 时,

$$\mathrm{d}_M(f_\omega^t(p), A(\theta^t\omega)) \to 0, \quad \text{as } t\to\infty.$$

在以后的讨论中, 为了书写方便, 用 $W(\omega)$ 记 $\overline{\mathcal{O}}_N(A(\omega),\mu)$. 于是 $W(\omega)$ 的法丛可写成

$$TW(\omega)^\perp = \bigcup_{p\in W(\omega)} (T_pN)^\perp.$$

$TW(\omega)^\perp$ 内的任意元素可以表示为 $(p,v)$, 其中 $p\in W(\omega), v\in(T_pN)^\perp$. $W(\omega)$ 的单位法丛可记为 $SW(\omega)=\{p\in W(\omega), v\in(T_pN)^\perp : \|v\|=1)\}$.

由于 $N$ 是紧的, 故存在一个足够小的 $\epsilon>0$, 使得 $h$ 是一个从 $\tilde{N}^\epsilon=\{(p,v)\in TN^\perp : \|v\|\leqslant\epsilon\}$ 到 $N$ 的某个 $M$ 中的紧 $\epsilon$-邻域 (不妨记为 $N^\epsilon$) 的微分同胚 (即文献 [14] 中第 1 卷, 第 9 章, 定理 20). 于是存在一个 $\delta>0$, 使得如图 3.1 所示运算可交换:

$$\begin{array}{ccc} \tilde{N}^\epsilon & \xrightarrow{\tilde{f}_\omega} & \tilde{N}^\delta \\ h\downarrow & & \downarrow h \\ N^\epsilon & \xrightarrow{f_\omega} & N^\delta. \end{array} \tag{3.13}$$

图3.1 运算 (一)

注意到对任意的 $\omega\in\Omega$, $W(\omega)=\overline{\mathcal{O}}_N(A(\omega),\mu)$ 都是 $N$ 的一个子集. 故 $TW(\omega)^\perp = \bigcup_{p\in W(\omega)}(T_pN)^\perp \subset \bigcup_{p\in N}(T_pN)^\perp = TN^\perp$. 记 $\tilde{W}^\epsilon(\omega)=\{(p,v)\in TW(\omega)^\perp :$

$\|v\| \leqslant \epsilon\}$ 在 $h$ 作用下的像为 $W^\epsilon(\omega)$, 如图 3.2 所示运算亦可交换:

$$\begin{array}{ccc} \tilde{W}^\epsilon(\omega) & \xrightarrow{\tilde{f}_\omega} & \tilde{W}^\delta(\omega) \\ h\downarrow & & \downarrow h \\ W^\epsilon(\omega) & \xrightarrow{f_\omega} & W^\delta(\omega), \end{array}$$

图3.2 运算 (二)

其中

$$\tilde{f}_{\theta^n\omega} = h^{-1} \circ f_{\theta^n\omega} \circ h. \tag{3.14}$$

为了方便起见, 定义

$$\tilde{f}^n_\omega = \prod_{k=0}^{n-1} \tilde{f}_{\theta^k\omega}. \tag{3.15}$$

另一方面, 由于 $h$ 是两个紧集 $\tilde{N}^\epsilon$ 和 $N^\epsilon$ 之间的微分同胚, $\tilde{f}$ 还是利普希兹的, 不妨将 $\tilde{f}$ 的利普希兹常数仍记为 $K$.

令 $\lambda$ 是满足假设 $\mathbf{H}_2$ 的任一负常数, 并记 $\gamma = \exp(\lambda)$. 选择一个足够大的正整数 $\kappa_0$ 和一个足够小的正常数 $\alpha$, 使得

$$(K)^{2/a}(\gamma)^{\kappa_0} < 1/4, \quad (K)^{2/a}\alpha < 1/4, \quad 0 < \alpha < \min\{\epsilon, \frac{\mu}{2}\}. \tag{3.16}$$

在继续证明定理前, 先证明下述引理.

**引理 3.1** 对于任意的时刻 $t > 0$, 存在一个整数序列 $\{t_n\}_{n=0}^\infty$, 使得

$$\begin{aligned} & t = \sum_{n=0}^{l} t_n + r, \quad 0 \leqslant r < \kappa_0; \\ & t_{n+1} - t_n = 1 \text{ or } 2, \quad t_0 - \kappa_0 = 0 \text{ or } 1. \end{aligned} \tag{3.17}$$

这里, $\kappa_0$ 由 (3.16) 定义.

**证明:** 定义一个整数序列 $\{\kappa_n\}_{n=0}^\infty$, $\kappa_{n+1} = \kappa_n + 1, n \geqslant 0$. 对于任意时刻 $t$, 存在 $n_0 > 0$, 使得 $\sum\limits_{n=0}^{n_0-1} \kappa_n < t \leqslant \sum\limits_{n=0}^{n_0} \kappa_n$. 记 $\kappa^{(1)} = t - \kappa_{n_0}$, 则存在 $n_1 > 0$, 使得 $\sum\limits_{n=0}^{n_1-1} \kappa_n < \kappa^{(1)} \leqslant \sum\limits_{n=0}^{n_1} \kappa_n$,[1]; 再记 $\kappa^{(2)} = \kappa^{(1)} - \kappa_{n_1}$, 重复上述过程直至 $0 < \kappa^{(l)} =$

1 实际上, 如果 $\sum\limits_{n=0}^{n_0-1} \kappa_n < t \leqslant \sum\limits_{n=0}^{n_0-1} \kappa_n + 1$, 则有 $\kappa_{n_0} - \kappa_{n_1} = 2$; 否则 $\kappa_{n_0} - \kappa_{n_1} = 1$.

$\kappa^{(l-1)} - \kappa_{n_{l-1}} < \kappa_0 + 1$. 如果 $\kappa^{(l)} \geqslant \kappa_0$, 令 $\kappa_{n_l} = \kappa_0$, $r = \kappa^{(l)} - \kappa_0$; 否则直接令 $r = \kappa^{(l)}$. 这样得到一个子序列 $\{\kappa_{n_k}\}_{k=0}^{l-1}$ (或 $\{\kappa_{n_k}\}_{k=0}^{l}$, 当 $\kappa^{(l)} < \kappa_0$), 其中 $0 \leqslant r < \kappa_0$. 将此子序列按升序重排得到如下结论: 在任意时刻 $t$, 存在一个正数 $l > 0$ 使得 $t = \sum\limits_{k=0}^{l} \kappa_{n_k} + r$, $0 \leqslant r < \kappa_0$, 其中第一项 $\kappa_{n_0} = \kappa_0$ 或 $\kappa_{n_0} = \kappa_0 + 1$. 为了书写方便, 将子序列 $\{\kappa_{n_k}\}_{k=0}^{l}$ 重新记为 $\{t_n\}_{n=0}^{l}$, 并令 $\tau_l$ 为前 $l$ 项之和. 于是 $t = \tau_l + r$. 引理证毕.

注意到 $A(\omega)$'是一致 $\mu$ 吸引子, 由假设 '$\mathbf{H}_2$, 当 $t_0 \to +\infty$ 时,

$$\mathbb{P}\{\bigcup_{n\geqslant 0}(V_{t_n}^{\lambda}\bigcup U_{t_n})\} \leqslant \mathbb{P}\{\bigcup_{n\geqslant t_0}(V_n^{\lambda}\bigcup U_n)\} \leqslant \sum_{n\geqslant t_0}(\mathbb{P}(V_n^{\lambda}) + \mathbb{P}(U_n)) \to 0. \quad (3.18)$$

令 $C_m = [\bigcup\limits_{n\geqslant m}(V_n^{\lambda}\bigcup U_n)]^c$. 显然, $C_1 \subset C_2 \subset C_3 \cdots \subset C_m \cdots$. 由式 (3.18) 不难看出, $\lim\limits_{m\to\infty} \mathbb{P}(C_m) = 1$. 故对几乎处处的 $\omega \in \Omega$, 存在唯一的 $k > 0$, 使得 $\omega \in C_k \backslash C_{k-1}$. 记 $t_0 = k$, 对任意的 $t > t_0$, 下面两不等式

$$\sup_{(p,v)\in SW(\omega)} \frac{1}{t}\log\|\mathrm{d}_p^{\perp} f_{\omega}^{t}(v)\| < \lambda, \quad (3.19)$$

$$\mathrm{d}_M(\tilde{f}_{\omega}^{t}(\overline{\mathcal{O}}_N(A(\omega),\mu)), A(\theta^t\omega)) < \frac{\mu}{2}. \quad (3.20)$$

成立.

记初始点为 $(p, v^0)$, 并令 $(q, v^r) = \tilde{f}_{\omega}^{r}(p, v^0)$. 由于 $\tilde{f}_{\omega}^{r}(p, v^0)$ 对 $r$ 和 $v^0$ 是连续的, 存在一个足够小的 $\beta_\omega$ (或等价地, $\|v^0\|$)$< \alpha$) 使得

$$\begin{aligned} &(K)^{\kappa_0+1}\|v^r\|^a < \alpha; \\ &\tilde{f}_{\omega}^{r}(p, v^0) \in \tilde{W}_{\theta^r\omega}^{\alpha}, \quad \forall r \in [0, \kappa_0]. \end{aligned} \quad (3.21)$$

这里, $\alpha$ 和 $\kappa_0$ 由 (3.16) 定义.

将 $\tilde{f}_{\theta^r\omega}^{t_0}(q, v^r)$ 在点 $(q, 0)$ 线性展开得

$$\tilde{f}_{\theta^r\omega}^{t_0}(q, v^r) = \tilde{f}_{\theta^r\omega}^{t_0}(q, 0) + \mathrm{d}_q \tilde{f}_{\theta^r\omega}^{t_0}(v^r) + R^{t_0}(v^r),$$

其中 $R^{t_0}(v^r) \leqslant (K)^{t_0}\|v^r\|^{1+a}$ 是剩余的高阶项. 注意在点 $(q,0)$, $\tilde{f}^{t_0}_{\theta^r\omega} = f^{t_0}_{\theta^r\omega}$, 故

$$
\begin{aligned}
\|v^{r+\tau_0}\| &\leqslant \|\Pi_{(TN_{r+t_0})^\perp} \circ [\tilde{f}^{t_0}_{\theta^r\omega}(q,v^r) - \tilde{f}^{t_0}_{\theta^r\omega}(q,0)]\| \\
&\leqslant \|\Pi_{(TN_{r+t_0})^\perp} \circ \mathrm{d}_q \tilde{f}^{t_0}_{\theta^r\omega}(v^r)\| + \|R^{t_0}(v^r)\| \\
&\leqslant \|\mathrm{d}_q^\perp \tilde{f}^{t_0}_{\theta^r\omega}\|\|v^r\| + (K)^{t_0}\|v^r\|^{1+a} \\
&= \|\mathrm{d}_q^\perp f^{t_0}_{\theta^r\omega}\|\|v^r\| + (K)^{t_0}\|v^r\|^{1+a} \\
&\leqslant [\exp(\lambda)^{t_0} + (K)^{t_0}\|v^r\|^a]\|v^r\| \\
&= [(\gamma)^{t_0} + (K)^{t_0}\|v^r\|^a]\|v^r\|
\end{aligned} \tag{3.22}
$$

其中倒数第二个不等式是来自式 (3.19).

令 $\beta^0_\omega = \|v^r\|$, $\beta^{n+1}_\omega = \|v^{r+\tau_n}\|$, 上式可化为:

$$
\beta^1_\omega \leqslant [(\gamma)^{t_0} + (K)^{t_0}(\beta^0_\omega)^a]\beta^0_\omega.
$$

由 (3.16), 注意到 $t_0$, $\alpha$ 和 $\beta^0_\omega$ (即 $\|v^r\|$) 满足

$$
(K)^{2/a}(\gamma)^{t_0} < 1/4,
$$

$$
(K)^{2/a}\alpha < 1/4,
$$

$$
\alpha < \frac{\mu}{2},
$$

和

$$
(K)^{t_0}\|v^r\|^a = (K)^{t_0}(\beta^0_\omega)^a < \alpha
$$

于是有如下估计

$$
\begin{aligned}
(K)^{t_1}(\beta^1_\omega)^a &\leqslant (K)^{t_0+2}[((\gamma)^{t_0} + (K)^{t_0}(\beta^0_\omega)^a)\beta^0_\omega]^a \\
&= (K)^2[(\gamma)^{t_0} + (K)^{t_0}(\beta^0_\omega)^a]^a (K)^{t_0}(\beta^0_\omega)^a \\
&\leqslant (K)^2[(\gamma)^{t_0} + \alpha]^a (K)^{t_0}(\beta^0_\omega)^a \\
&\leqslant [(K)^{2/a}(\gamma)^{t_0} + (K)^{2/a}\alpha]^a (K)^{t_0}(\beta^0_\omega)^a \\
&< (1/4 + 1/4)^a (K)^{t_0}(\beta^0_\omega)^a < (K)^{t_0}(\beta^0_\omega)^a \\
&\leqslant (K)^{\kappa_0+1}(\beta^0_\omega)^a < \alpha < \frac{\mu}{2}.
\end{aligned} \tag{3.23}
$$

其中第一个不等式以及第二个不等式成立分别来自于式 (3.17) 和式 (3.21). 此外, 由 $(K)^{t_1}(\beta_\omega^1)^a < (1/4+1/4)^a(K)^{t_0}(\beta_\omega^0)^a$ 不难得出 $\beta_\omega^1 < (1/2)\beta_\omega^0$.

注意到对于任意 $(q,v^r) \in \tilde{W}_{\theta^r\omega}^\alpha$, $\tilde{f}$ 是局部利普希兹的, 结合式 (3.20) 可得

$$\begin{aligned} &\mathrm{d}_M(\tilde{f}_{\theta^r\omega}^{t_0}(q,v^r), \tilde{f}_{\theta^r\omega}^{t_0}(q,0)) \leqslant (K)^{t_0}\beta_\omega^0 < (K)^{t_0}(\beta_\omega^0)^a < \alpha < \frac{\mu}{2}, \\ &\mathrm{d}_M(\tilde{f}_{\theta^r\omega}^{t_0}(q,0), A_{\theta^{r+t_0}\omega}) = \mathrm{d}_M(f_{\theta^r\omega}^{t_0}(q,0), A_{\theta^{r+t_0}\omega}) < \frac{\mu}{2}. \end{aligned} \tag{3.24}$$

再由三角不等式可得

$$\begin{aligned} \mathrm{d}_M(\tilde{f}_{\theta^r\omega}^{t_0}(q,v^r), A_{\theta^{r+t_0}\omega}) &\leqslant \mathrm{d}_M(\tilde{f}_{\theta^r\omega}^{t_0}(q,v^r), \tilde{f}_{\theta^r\omega}^{t_0}(q,0)) \\ &\quad + \mathrm{d}_M(\tilde{f}_{\theta^r\omega}^{t_0}(q,0), A_{\theta^{r+t_0}\omega}) \\ &\leqslant \frac{\mu}{2} + \frac{\mu}{2} = \mu. \end{aligned} \tag{3.25}$$

由不等式 (3.25) 可以看出, $\tilde{f}_{\theta^r\omega}^{t_0}(q,v^r)$ 到不变子流形 $N$ 上的投影将一直留在 $W_{\theta^{r+t_0}\omega}$ 内. 结合横向距离 $\beta_\omega^1 < \beta_\omega^0$ 的递减性, 不难得到 $\tilde{f}_\omega^{r+t_0}(p,v^0) \in \tilde{W}_{\theta^{r+t_0}\omega}^\alpha$. 即 $\tilde{f}_{\theta^r\omega}^{t_0}(q,v^r)$.

在时刻 $r+t_0$, 代替 $(p,v^0)$, 将 $\tilde{f}_\omega^{r+t_0}(p,v^0)$ 作为新的初始点, 并相应地改变式 (3.22) 中用于计算法向李亚普诺夫指数的参考轨道, 重复应用上述线性化技巧可得 $(K)^{t_2}(\beta_\omega^2)^a < (K)^{t_1}(\beta_\omega^1)^a < \alpha < \frac{\mu}{2}$ 以及$\beta_\omega^2 < (1/2)\beta_\omega^1 < \beta_\omega^1$. 上面两式即能保证在时段 $t \in [r+t_0, r+t_0+t_1]$ 内, 在映射 $\tilde{f}_{\theta^{r+t_0}\omega}^t(\cdot)$ 作用下, 点 $\tilde{f}_\omega^{r+t_0}(p,v^0)$ 一直留在 $\tilde{W}_{\theta^t\omega}^\alpha$ 中, 且横向距离 $\beta_\omega^2$ 将缩减为上一步横向距离 $\beta_\omega^1$ 的 1/2. 重复迭代不难看出, 随着时间 $t$ 趋于无穷, 初始点 $(p,v^0)$ 在动力系统 $\varphi(t,\omega,\cdot)$ (即 $\tilde{f}_\omega^t(\cdot)$) 驱动下一直留在 $\tilde{W}_{\theta^t\omega}^\alpha$ 中, 且横向距离随着时间的增加而趋于 0.

总之, 对于几乎处处的 $\omega \in \Omega$, 存在一个依赖于 $t_0, \alpha$ 和 $\omega$ 的正数 $\beta_\omega$, 使得对于任意从随机集合 $\overline{\mathcal{O}}_N^{\beta_\omega}(A_\omega, \frac{\mu}{2})$ 出发的初始点 $(p,v^0)$, 有

$$\lim_{t\to\infty} \mathrm{d}_M(\varphi(t,(p,v^0),\omega), A_{\theta^t\omega}) = 0. \tag{3.26}$$

这表明: 随机集合 $\overline{\mathcal{O}}_N^{\beta(\omega)}(A(\omega), \frac{\mu}{2})$ 包含在随机吸引域 $\mathcal{B}(A)(\omega)$ 中, 故 $A(\omega)$ 是 $M$ 的一个 (局部的) 随机吸引子.

当最大的法向李亚普诺夫指数有大分离性质时, 条件 $\mathbf{H}_2$ 总是成立. 作为上述定理的直接推论, 可以得到

**定理 3.4** 当 $\mathbf{H}_1$ 成立时, $A(\omega)$ 是 $\varphi|_N$ 作用下的一个一致 $\mu$ 吸引子, 并且对应的法向李亚普诺夫指数具有大分离性质, 即存在一个非负常数 $\lambda^{\perp}$, 使得对于任意的 $\epsilon>0$, 存在 $\delta>0$, 满足

$$\mathbb{P}(|\left(\sup_{(p,v)\in SW(\omega)}\frac{1}{t_n}\log\|\mathrm{d}_p^{\perp}f_{\theta^{t_{n-1}}\omega}^{t_n}(v)\|\right)-\lambda^{\perp}|>\epsilon)\leqslant\exp(-\delta t_n),$$

则 $A(\omega)$ 也是 $M$ 的一个随机吸引子.

事实上, 只需重新估算一下定理 3.3 中利用假设条件 $\mathbf{H}_2$ 得到的横向稳定的概率. 令

$$B_{t_n}=\{\omega:\sup_{(p,v)\in SW(\omega)}\frac{1}{t_n}\log\|\mathrm{d}_p^{\perp}f_{\theta^{t_{n-1}}\omega}^{t_n}(v)\|>\lambda^{\perp}\}.$$

于是

$$\begin{aligned}\mathbb{P}(\bigcup_{n\geqslant 0}B_{t_n})&\leqslant\sum_{n\geqslant 0}\exp(-\delta t_n)=\exp(-\delta t_0)\sum_{n\geqslant 0}\exp(-\delta n)\\&=\exp(-\delta t_0)\frac{1}{1-\exp(-\delta)}\to 0,\ \text{as}\ t_0\to+\infty.\end{aligned}$$

注意到 $A(\omega)$ 是一致 $\mu$ 吸引的, 不难看出

$$\mathbb{P}\{\bigcup_{n\geqslant 0}U_{t_n}\}\leqslant\mathbb{P}\{\bigcup_{n\geqslant t_0}U_n\}\to 0,\ \text{as}\ t_0\to+\infty.$$

故有

$$\mathbb{P}\{\bigcup_{n\geqslant 0}(B_{t_n}\bigcup U_{t_n})\}\leqslant\sum_{n\geqslant 0}\mathbb{P}(B_{t_n})+\sum_{n\geqslant 0}\mathbb{P}(U_{t_n})\to 0,\ \text{as}\ t_0\to+\infty.$$

## 3.2 李亚普诺夫方法

不同于利用李亚普诺夫指数描述不变子流形的局部稳定性的线性稳定性方法, 李亚普诺夫函数方法可用于分析不变子流形的全局稳定性. 对于确定性系统, 此方法可视为拉塞尔不变原理[15,16] 的应用.

设 $M$ 是一个有限维的紧致的黎曼流形, $\phi(t,\cdot): M \to M$ 是定义在 $M$ 上的连续动力系统, $t \in \mathbb{T}$ 可以是离散或者连续时间. $N \subset M$ 是嵌入在 $N$ 的紧致子流形, 且对于动力系统 $\phi(t,x)$ 是不变的, 即对于所有 $t$, $\phi(t,N) \subset N$. 如果存在关于子流形 $N$ 的李亚普诺夫函数, 则 $N$ 对于动力系统 $\phi$ 是全局稳定的.

**定理 3.5** 如果存在连续函数 $V(x): M \to \mathbb{R}_{\geqslant 0}$ (李亚普诺夫函数) 满足:

1. $V(x) \geqslant 0$ 当 $x \in M$, 且 $V(x) = 0$ 当且仅当 $x \in N$;
2. 对于任何 $x_0 \notin N$, $V(\phi(t,x_0))$ 关于 $t$ 严格递减, 即对任何 $x \notin N$ 和 $t > 0$, $V(\phi(t,x)) < V(x)$.

则 $N$ 是动力系统 $\phi(t,x)$ 的全局吸引集.

**注 3.1** 此定理可视为拉塞尔不变原理的另一种表述. 为方便读者, 简证如下.

**证明:** 因为 $V(\phi(t,x_0))$ 是单调递减且有下界, 所以极限

$$V^* = \lim_{t\to\infty} V(\phi(t,x_0))$$

存在且有限.

下面证明 $V^*=0$. 不然的话, 假定 $V^*>0$. 因为 $M$ 是紧致的, 存在一个序列 $t_n \to \infty$, 使得

$$\lim_{n\to\infty} \phi(t_n,x_0) = x^*$$

和

$$V(x^*) = V^* > 0$$

成立. 由条件 1, $x^* \notin N$.

从 $t_n$ 中再提取一个满足 $t_{n+1} - t_n > 1$ 的子列 (仍记为 $t_n$).

由条件 2, 存在 $\delta > 0$, 使得

$$V(\phi(1,x^*)) - V(x^*) < -\delta,$$

因此, 当 $n$ 充分大时 (注意到 $\phi$ 的半群性),

$$V(\phi(t_{n+1},x_0)) - V(\phi(t_n,x_0)) \leqslant V(\phi(1,\phi(t_n,x_0))) - V(\phi(t_n,x_0)) < -\delta,$$

从而, $V^* = \lim\limits_{n\to\infty} V(\phi(t_n,x_0)) = -\infty$. 矛盾.

设 $\phi(t,x,\omega)$ 为定义在 $T$ (离散或者连续时间), 紧致黎曼流形 $M$ 和概率空间 $\{\Omega,\mathcal{F},\mathbb{P}\}$ 的随机动力系统. $M$ 中嵌入的 (非随机) 子流形 $N$ 对于 $\phi$ 是向前不变的. 在文献 [17] 中, 作者把拉塞尔不变原理和李亚普诺夫方法推广到了随机动力系统. 此时, 随机动力系统关于集合 $N$ 的李亚普诺夫函数定义如下:

**定义 3.4 (文献 [17] 定义 6.1)** 函数 $V:\Omega\times\mathbb{M}\to\mathbb{R}_{\geqslant 0}$ 称为关于随机动力系统 $\phi$ 的一个李亚普诺夫函数, 如果下列条件满足:

(1) $V(\omega,x)$ 关于 $\omega$ 可测, 关于 $x$ 连续;

(2) $V(\omega,x)$ 关于 $N$ 正定: $V(\omega,x)\geqslant 0$, 且 $V(\omega,x)=0$ 当且仅当 $x\in N$;

(3) $V(\omega,x)$ 关于 $\phi$ 在 $N$ 之外严格单调递减: $V(\theta^t\omega,\phi(t,\omega,x))<V(t,\omega,x)$ 对于任何 $x\notin N$.

由文献 [17] 中的定理 6.5, 可得

**定理 3.6** 如果存在关于 $N$ 的李亚普诺夫函数 $V(\omega,x)$, 则 $N$ 是全局渐近稳定的.

其证明可参看文献 [17].

由前所述, 同步性可视为同步流形 (设 $N=\mathcal{S}$) 的稳定性. 线性稳定性研究方法 (李亚普诺夫指数) 可用来讨论局部稳定性. 而李亚普诺夫函数和拉塞尔不变原理可用于讨论全局同步稳定性. 当涉及时变系统和网络结构时, 特别当其变化具有随机性时, 随机动力系统的李亚普诺夫函数方法和理论为分析随机动力系统的同步性提供了有效的理论工具.

## 参考文献


[1] Alexander J C, Kan I, Yorke J A, and You Z. Riddled basins [J]. Int. J. Bifurcation Chaos, 1992, 2:795-813.

[2] Ashwin P, Buescu J, and Stewart I. From attractor to chaotic saddle: a tale of transverse instability [J]. Nonlinearity, 1996, 9: 703-737.

[3] Ashwin P, Covas E, and Tavakol R. Transverse instability for non-normal parameters [J]. Nonlinearity, 1999, 12: 563-577.

[4] Wu C W and Chua L O. Synchronziation in an array of linearly coupled dynamical systems [J]. IEEE Trans. Cirt. Syst.-1, 1995, 42(8): 430-447.

[5] Wang W, Slotine J -J E. 2005 On partial contraction analysis for coupled nonlinear oscillators [J]. Biological Cybernetics, 92: 38-53.

[6] Arnold L. Random dynamical systems [M]. Berlin: Springer-Verlag, 1998.

[7] He X, Lu W L, Chen T P. On transverse stability of random dynamical systems [J]. Discrete and Continuous Dynamical Systems, 2012, 33(2): 701-721.

[8] He X, Lu W L, Chen T P. Lyapunov approach for transverse stability of random dynamical systems [J], in preparation, 2013.

[9] Sinai, Ya G. Markov partitions and C-diffeomorphisms [J]. Func. Anal. and its Appl., 1968, 2:64-89.

[10] Oseledec V. A Multiplicative ergodic theorem: Liapunov characteristic numbers for dynamical systems [J]. Trans. Moscow Math. Soc., 1968, 19: 197-231.

[11] Ashwin P. Minimal attractors and bifurcations of random dynamical systems [J]. Proc. Rhys. Soc. Lond. A, 1999, 455: 2615-2634.

[12] Ellis R S. Large deviation for a general class of random vectors [J]. The annals of probability, 1984, 12: 1-12.

[13] Fang Y. Stability analysis of linear control systems with uncertain parameters [D]. Cleveland: Case Western Reserve University, 1994.

[14] Spivak M A. comprehensive introduction to differential geometry [M]. Houston: Publish or Perish, 1970.

[15] LaSalle J P. Some extensions of Liapunov's second method [J]. IRE Transactions on Circuit Theory, 1960, CT-7: 520-527.

[16] Krasovskii N N. Problems of the theory of stability of motion [M]. Stanford: Stanford University Press, 1963.

[17] Arnold L, Schmalfuss B. Lyapunov's second method for random dynamical systems [J]. J. Diff. Equ., 2001, 177(1): 235-265.

# 第四章 耦合微分动力系统的同步

线性耦合常微分方程组是一类用以描述耦合的连续时间系统的模型，在时空复杂网络和复杂系统中有广泛的研究 (参见文献 [1, 2]). 线性耦合常微分方程右端包含两个部分，自身的非线性的动力学特性和与之相连节点对其的影响. 节点的动力学行为由此两个机制共同决定. 如果耦合项的同步作用能胜过节点本身的混沌性，则耦合系统能实现同步. 本章将详细地阐述实现同步的机理.

线性耦合常微分方程组的一般形式可以描述如下:

$$\frac{\mathrm{d}x^i(t)}{\mathrm{d}t}=f(x^i(t),t)-c\sum_{j=1}^{m}l_{ij}\boldsymbol{\Gamma}x^j(t)\quad i=1,2,\cdots,m \tag{4.1}$$

其中 $x^i(t)\in\mathbb{R}^n$ 表征第 $i$ 节点的状态变量，$t\in[0,+\infty)$ 是连续时间，$f:\mathbb{R}^n\times[0,+\infty)\to\mathbb{R}^n$ 是一个连续函数，$\boldsymbol{L}=[l_{ij}]_{i,j=1}^m\in\mathbb{R}^{m\times m}$ 是耦合网络对应的拉普拉斯矩阵，内联矩阵 $\boldsymbol{\Gamma}=[\gamma_{ij}]_{i,j=1}^n$ 表征节点状态分量之间的耦合机制.

给定初始值 $x_0^i=[x_{0,1}^i,x_{0,2}^i,\cdots,x_{0,n}^i]^\top\in\mathbb{R}^n$, $i=1,2,\cdots,m$, 耦合系统 (5.1) 的解记成 $x(t,x_0)=[x^1(t,x_0^1)^\top,x^2(t,x_0^2)]^\top,\cdots,x^m(t,x_0^m)^\top)^\top$. 简记为 $x(t)=[{x^1}^\top(t),\cdots,{x^m}^\top(t)]^\top$.

在本章中，将系统地研究线性耦合网络的局部同步和全局同步稳定性. 首先，引入如下同步子空间的定义.

**定义 4.1**　同步子空间: 同步子空间由下述集合 $\mathcal{S}=\{({x^1}^\top,\cdots,{x^m}^\top)^\top: x^i=x^j,i,j=1,2,\cdots,m\}$ 组成，其中 $x^i=[x_1^i,\cdots,x_n^i]^\top\in\mathbb{R}^n$, $i=1,2,\cdots,m$.

**定义 4.2 (局部同步)**　如果存在 $\delta>0$, 使得当 $\|x^i(0)-x^j(0)\|\leqslant\delta$ 时,

$$\lim_{t\to\infty}\|x^i(t)-x^j(t)\|=0,\quad i,j=1,2,\cdots,m$$

则称同步子空间关于耦合系统 (4.1) 是局部稳定的，或者系统 (4.1) 是局部同步的. 更进一步，若存在 $\epsilon>0$ 和 $T>t_0$, $M>0$, 使得

$$\|x^i(t)-x^j(t)\|\leqslant Me^{-\epsilon t}\ \ i,j=1,2,\cdots,m$$

对任何 $t>T$ 成立，则称同步子空间 $\mathcal{S}$ 对耦合系统 (4.1) 是局部指数稳定的，或者系统 (4.1) 是局部指数同步的.

**定义 4.3 (全局同步)**　对于任意初始值 $x^i(0)\in\mathbb{R}^n$, 均有

$$\lim_{t\to\infty}\|x^i(t)-x^j(t)\|=0,\ \ i,j=1,2,\cdots,m$$

则称同步子空间关于耦合系统 (4.1) 是全局稳定的, 或者系统 (4.1) 是全局同步的. 更进一步, 若存在 $\epsilon>0$ 和 $T>t_0$, $M>0$, 使得

$$\|x^i(t)-x^j(t)\|\leqslant Me^{-\epsilon t}\ \ i,j=1,2,\cdots,m$$

对任何 $t>T$ 成立, 则称同步子空间 $\mathcal{S}$ 对耦合系统 (4.1) 是全局指数稳定的, 或者系统 (4.1) 是全局指数同步的.

对于映射 $f$, 假设它满足如下 QUAD 条件:

**定义 4.4**　给定函数 $f(x,t):\mathbb{R}^n\times[0,+\infty)\to\mathbb{R}^n$. 如果

$$(x-y)^\top\boldsymbol{P}\Big\{[f(x,t)-f(y,t)]-\Delta[x-y]\Big\}\leqslant-\varepsilon(x-y)^\top(x-y)\tag{4.2}$$

对所有 $x,y\in\mathbb{R}^n$ 和 $t>0$ 都成立, 则称 $f\in QUAD(\boldsymbol{P},\boldsymbol{\Delta},\varepsilon)$. 其中 $\boldsymbol{P}\in\mathbb{R}^{n,n}$ 是个正定矩阵, $\boldsymbol{\Delta}\in\mathbb{R}^{n,n}$, $\varepsilon\in\mathbb{R}$.

首先, 假设耦合网络是强连通的, 即 $\boldsymbol{L}$ 是不可约的. 更一般的情形将在后面讨论.

设 $\xi=[\xi_1,\cdots,\xi_m]$ 是 $\boldsymbol{L}$ 对应 0 特征根的规范化左特征向量. 由引理 2.3, $\xi_i>0$, $i=1,\cdots,m$. 假设 $\sum\limits_{i=1}^m\xi_i=1$.

**定义 4.5**　基于向量 $\xi$, 对任何 $x(t)=[x^{1\top}(t),\cdots,x^{m\top}(t)]^\top\in\mathbb{R}^{nm}$, 定义

$$\bar{x}(t)=\sum_{i=1}^m\xi_i x^i(t),\quad \bar{X}(t)=[\bar{x}^\top(t),\cdots,\bar{x}^\top(t)]^\top$$

$$\delta x^i(t)=x^i(t)-\bar{x}(t)$$

$$\delta x(t)=x(t)-\bar{X}(t)=[\delta x^{1\top}(t),\cdots,\delta x^m(t)^\top]^\top$$

并称 $\mathcal{L}=\{x=[x^{1\top}(t),\cdots,x^{m\top}(t)]^\top\in\mathbb{R}^{nm}:\sum\limits_{i=1}^m\xi_i x^i(t)=0\}$ 为系统 (4.1) 的横向子空间 (transverse subspace).

显然, $\bar{X}(t) = [\bar{x}^\top(t), \cdots, \bar{x}^\top(t)]^\top \in \mathcal{S}$, $\delta x \in \mathcal{L}$.

由此, 可以给出全空间 $\mathbb{R}^{nm}$ 的分解

$$\mathbb{R}^{nm} = \mathcal{S} \oplus \mathcal{L} \tag{4.3}$$

其中 $\oplus$ 表示线性空间的直接和.

$$x(t) = \bar{X}(t) + \delta x(t) \tag{4.4}$$

基于上述分解 (如图 4.1 所示), 同步子空间 $\mathcal{S}$ 的稳定性等价于

$$\lim_{t\to\infty} \delta x(t) = 0$$

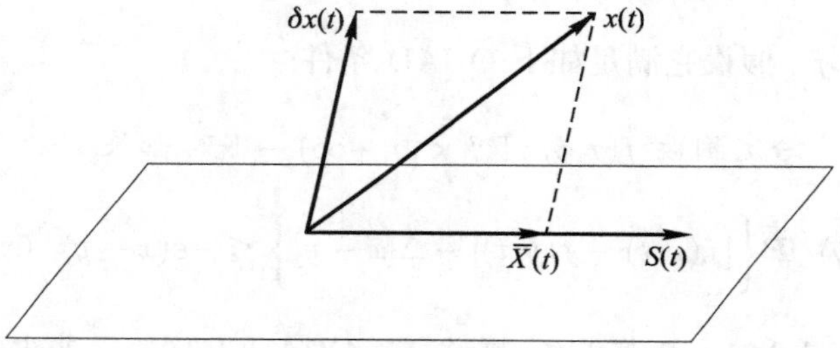


图 4.1　对 $x(t)$ 的分解

由上述分析可知, 拉普拉斯矩阵 $\boldsymbol{L}$ 的对应特征根 0 的左右特征向量在同步子空间的几何分析中有重要作用:

- 右特征向量 $\mathbf{1} = [1, 1, \cdots, 1]^\top$ 定义了同步子空间;
- 左特征向量 $\xi = [\xi_1, \cdots, \xi_m]$ 定义了同步子空间的横向变分方向, 这些变分方向构成了横向空间 $\mathcal{L}$;
- 同步分析就演变成了证明 $x$ 在 $\mathcal{L}$ 的各分量收敛于零.

在下面章节中, 将基于上述同步子空间的几何分析给出系统 (4.1) 实现同步的条件.

除了线性耦合模型 (4.1) 之外, 本章也研究具有耦合时滞的模型 (2.23) 以及非线性耦合系统:

$$\frac{\mathrm{d}x^i}{\mathrm{d}t} = f(x^i(t), t) - c\sum_{j=1}^{m} l_{ij} h(x^j(t)), \quad i = 1, \cdots, N \tag{4.5}$$

这里, $h(x^i(t)) = [h_1(x_1^i(t)), \cdots, h_n(x_n^i(t))]^\top$ 是非线性的耦合函数.

# 4.1 线性耦合微分动力系统的同步

在本节中, 将给出系统 (4.1) 的同步性分析. 既讨论局部同步性, 也讨论全局同步性. 分别使用两种方法讨论局部同步和全局同步问题.

- 通过横向变分稳定性来分析局部同步性;
- 通过构建李亚普诺夫函数, 利用李亚普诺夫函数方法来讨论全局同步性.

## 4.1.1 局部同步性

沿用定义 4.5 中的记号. 并注意到 $\sum\limits_{i=1}^m l_{ij}=0$ 和 $\sum\limits_{i=1}^m \xi_i l_{ij}=0$, 可得

$$
\begin{aligned}
\frac{\mathrm{d}\bar{x}(t)}{\mathrm{d}t} &= \sum_{i=1}^m \xi_i \frac{\mathrm{d}x^i(t)}{\mathrm{d}t} = \sum_{i=1}^m \xi_i \left[ f(x^i(t),t) - c\sum_{j=1}^m l_{ij}\boldsymbol{\Gamma} x^j(t) \right] \\
&= \sum_{i=1}^m \xi_i f(x^i(t),t) - c\sum_{j=1}^m \boldsymbol{\Gamma} x^j(t) \sum_{i=1}^m l_{ij}\xi_i \\
&= \sum_{i=1}^m \xi_i f(x^i(t),t)
\end{aligned} \tag{4.6}
$$

从而

$$
\begin{aligned}
\frac{\mathrm{d}\delta x^i(t)}{\mathrm{d}t} &= f(x^i(t),t) - \sum_{k=1}^m \xi_k f(x^k(t),t) - c\sum_{j=1}^m l_{ij}\boldsymbol{\Gamma} x^j(t) \\
&= \sum_{k=1}^m \xi_k [f(x^i(t),t) - f(x^k(t),t)] - c\sum_{j=1}^m l_{ij}\boldsymbol{\Gamma} x^j(t) \\
&= \sum_{k=1}^m \xi_k [f(x^i(t),t) - f(\bar{x},t) + f(\bar{x},t) - f(x^k(t),t)] - c\sum_{j=1}^m l_{ij}\boldsymbol{\Gamma} x^j(t) \\
&= \sum_{k=1}^m \xi_k \Big\{ \boldsymbol{D} f(\bar{x}(t),t)[x^i(t) - \bar{x}(t)] - \boldsymbol{D} f(\bar{x},t)[x^k(t) - \bar{x}(t)] \Big\}
\end{aligned}
$$

$$-c\sum_{j=1}^{m} l_{ij}\boldsymbol{\Gamma}[x^j(t)-\bar{x}(t)]+o(|\delta x|) \tag{4.7}$$

由于 $\sum\limits_{k=1}^{m}\xi_k=1$ 和 $\sum\limits_{k=1}^{m}\xi_k\delta x^k(t)=0$, 因此,

$$\begin{aligned}\frac{\mathrm{d}\delta x^i(t)}{\mathrm{d}t}&=\sum_{k=1}^{m}\xi_k\boldsymbol{D}f(\bar{x}(t),t)[x^i(t)-\bar{x}(t)]-c\sum_{j=1}^{m}l_{ij}\boldsymbol{\Gamma}[x^j(t)-\bar{x}(t)]+o(|\delta x|)\\&=\boldsymbol{D}f(\bar{x}(t),t)\delta x^i(t)-c\sum_{j=1}^{m}l_{ij}\boldsymbol{\Gamma}\delta x^j(t)+o(|\delta x|)\end{aligned} \tag{4.8}$$

由此, 可得下述在 $\bar{x}(t)$ 的变分方程为

$$\frac{\mathrm{d}\delta x_i(t)}{\mathrm{d}t}=\boldsymbol{D}f(\bar{x}(t),t)\delta x^i(t)-c\sum_{j=1}^{m}l_{ij}\boldsymbol{\Gamma}\delta x^j(t)\quad i=1,2,\cdots,m \tag{4.9}$$

其中 $\boldsymbol{D}f(x,t)$ 是指 $f$ 关于变量 $x$ 的雅科比 (Jacobin) 矩阵.

记 $\delta x(t)=[\delta x^{1\top}(t),\cdots,\delta x^{m\top}(t)]^\top\in\mathbb{R}^{nm}$. 使用 Kronecker 乘积, 式 (4.9) 可写

$$\frac{\mathrm{d}\delta x(t)}{\mathrm{d}t}=[I_m\otimes\boldsymbol{D}f(\bar{x}(t),t)]\,\delta x(t)-c\,(\boldsymbol{L}\otimes\boldsymbol{\Gamma})\,\delta x(t) \tag{4.10}$$

考虑系统在横向子空间 $\mathcal{L}$ 中的变分. 设 $\boldsymbol{L}=S^{-1}\boldsymbol{J}S$ 是其若当 (Jordan) 分解, 其中 $\boldsymbol{J}=diag\{J_1,\cdots,J_l\}$ 是块对角阵, $J_k$ 是 $m_k$ 维的若当块:

$$\begin{bmatrix}\lambda_k & 1 & 0 & \cdots & 0\\ 0 & \lambda_k & 1 & \cdots & 0\\ & & \ddots & & \\ 0 & 0 & \cdots & 0 & \lambda_k\end{bmatrix}$$

$\lambda_k$ 是 $\boldsymbol{L}$ 的特征根, $\lambda_1=0$, $\boldsymbol{J}_1$ 是一维矩阵 (数). 设 $S^{-1}=[u_1,\cdots,u_m]^\top$ 的列向量为 $\boldsymbol{L}$ 的右特征向量, $S=[v_1,\cdots,v_m]$ 的行向量为 $\boldsymbol{L}$ 的左特征向量. 从而, $u_1^\top=[1,\cdots,1]$, $v_1=\mu[\xi_1,\cdots,\xi_m]^\top$. 这里 $\mu\neq 0$.

令 $\delta y(t)=[\delta y^1(t)^\top,\cdots,\delta y^m(t)^\top]^\top=(S^{-1}\otimes I_n)\delta x(t)$. 则可给出在 $\tilde{y}(t)$ 的变分方程:

$$\frac{\mathrm{d}\delta y(t)}{\mathrm{d}t}=[I_m\otimes\boldsymbol{D}f(\bar{x}(t),t)]\,\delta y(t)-c\,(\boldsymbol{J}\otimes\boldsymbol{\Gamma})\,\delta y(t) \tag{4.11}$$

不妨假设 $\boldsymbol{J}$ 是对角阵 (当 $\boldsymbol{J}$ 不是对角阵时的处理细节参看文献 [3] 或类似第 5.1 节的处理方法), 则式 (4.11) 可写为

$$\frac{\mathrm{d}\delta y^1(t)}{\mathrm{d}t}=\boldsymbol{D}f(\bar{x}(t),t)\delta y^1(t)=\mu\sum_{i=1}^{m}\xi_i\delta x^i(t)=0 \tag{4.12}$$

和

$$\frac{\mathrm{d}\delta y^k(t)}{\mathrm{d}t}=[\boldsymbol{D}f(\bar{x}(t),t)-c\lambda_k\boldsymbol{\Gamma}]\delta y^k(t),\quad k=2,\cdots,m \tag{4.13}$$

首先给出下列引理:

**引理 4.1** 设 $\lambda_2,\lambda_3,\cdots,\lambda_m$ 是 $\boldsymbol{L}$ 的非零特征根. 若对下述每一个微分方程

$$\frac{\mathrm{d}z(t)}{\mathrm{d}t}=(\boldsymbol{D}f(\bar{x}(t),t)-c\lambda_k\boldsymbol{\Gamma})z(t)\quad k=2,\cdots,l \tag{4.14}$$

都存在 $V(z,t):C^n\times[0,+\infty)\to\mathbb{R}^+$ 以及四个正常数 $c_1$, $c_2$, $c_3$, $q$ 使得:

$$c_1\|z\|^q\leqslant V(z,t)\leqslant c_2\|z\|^q$$
$$\dot{V}(z,t)\leqslant -c_3\|z\|^q$$

对所有 $t\geqslant 0$ 和 $\|z\|\leqslant r$ 成立. 这里 $r>0$. 则 $z(t)=O(e^{-\frac{c_3}{qc_2}t})$.

事实上, 由引理的假设条件, 可以得到 $\dot{V}(z,t)\leqslant\frac{c_3}{c_2}|V(z,t)|$. 因此,

$$\|z(t)\|^q\leqslant\frac{1}{c_1}V(z,t)=O(e^{-\frac{c_3}{c_2}t})$$

以及

$$\|z(t)\|\leqslant\frac{1}{c_1}V(z,t)=O(e^{-\frac{c_3}{qc_2}t})$$

基于前面的准备工作, 可以给出下述同步子空间 $\mathcal{S}$ 的局部稳定性.

**定理 4.1** 在引理 4.1 的条件下, 耦合系统 (4.1) 的同步子空间是局部指数稳定的.

**证明:** 直接由引理 4.1 可得

$$\delta y^1(t)=0$$
$$\delta y^k(t)=O(e^{-\frac{c_3}{qc_2}t}),\quad 2\leqslant k\leqslant m$$

因此,

$$\delta X(t)=\delta Y(t)S^{-1}=[\delta y^1(t),\cdots,\delta y^m(t)]=O(e^{-\frac{c_3}{qc_2}t})$$

另一方面, $\delta y^1(t)=\mu\sum\limits_{i=1}^m\xi_i\delta x^i(t)=0$, 所以, $\delta x(t)=O(e^{-\frac{c_3}{qc_2}t})$.

**定理 4.2** 在定理 4.1 的条件下, 设 $\lambda_k=\alpha_k+j\beta_k,\ k=2,\cdots,m$. 这里 $j$ 表示虚数单位. 如果下述任一条件满足

(1) 对任何 $k=2,\cdots,m$, 存在正常数 $\xi_i>0$, 及 $\epsilon,r>0$, 当 $\sum\limits_{i=1}^{n}\xi_i(|u_i|+|v_i|)<r$ 满足时, 有

$$\sum_{i=1}^{n}\xi_i\Big[(-c\lambda_k\gamma_i+c|\beta_k|\gamma_i)(|u_i|+|v_i|)+\sum_{j=1}^{m}D_{ij}\Big(sign(u_i)u_j+sign(v_i)v_j\Big)\Big]$$
$$<-\epsilon\sum_{i=1}^{n}\xi_i(|u_i|+|v_i|) \tag{4.15}$$

(2) 对任何 $k=2,\cdots,m$, 存在对称正定矩阵 $\boldsymbol{P}$ (可为复矩阵) $\epsilon>0$, 使得

$$\Big\{\boldsymbol{P}(\boldsymbol{D}f(x_\xi(t),t)-c\lambda_k\boldsymbol{\Gamma})\Big\}^s<-\epsilon I_n \tag{4.16}$$

则对于耦合系统 (4.1), 同步子空间 $\mathcal{S}$ 是局部指数稳定的.

**证明:** 设 $z(t)=u(t)+jv(t)$ 为变分系统 (4.14) 的解. 这里 $u(t)=[u_1(t),\cdots,u_n(t)]^\top$, $v(t)=[v_1(t),\cdots,v_n(t)]^\top\in\mathbb{R}^n$.

$$\frac{\mathrm{d}u(t)}{\mathrm{d}t}=\Big(D(t)-c\alpha_k\boldsymbol{\Gamma}\Big)u(t)-c\beta_k\boldsymbol{\Gamma}v(t)$$
$$\frac{\mathrm{d}v(t)}{\mathrm{d}t}=\Big(D(t)-c\alpha_k\boldsymbol{\Gamma}\Big)v(t)+c\beta_k\boldsymbol{\Gamma}u(t)$$

令 $V(z(t))=\sum\limits_{i=1}^{n}\xi_i(|u(t)|+|v(t)|)$, 对其求导可得:

$$\begin{aligned}\frac{\mathrm{d}V(z(t))}{\mathrm{d}t}=&\sum_{i=1}^{n}\xi_i sign(u_i(t))\Big[-c\alpha_k\gamma_i u_i(t)+\sum_{j=1}^{n}D_{ij}(t)u_j(t)-c\beta_k\gamma_i v_i(t)\Big]\\&+\sum_{i=1}^{n}\xi_i sign(v_i(t))\Big[-c\alpha_k\gamma_i v_i(t)+\sum_{j=1}^{n}D_{ij}(t)v_j(t)+c\beta_k\gamma_i u_i(t)\Big]\\\leqslant&\sum_{i=1}^{n}\xi_i\Big[(-c\alpha_k\gamma_i+c|\beta_k|\gamma_i)(|u_i(t)|+|v_i(t)|)\\&+\sum_{j=1}^{m}D_{ij}\Big(sign(u_i(t))u_j(t)+sign(v_i(t))v_j(t)\Big)\Big]\\\leqslant&-\epsilon\sum_{i=1}^{n}\xi_i(|u_i|+|v_i|)\end{aligned}$$

若令 $V_1(z(t)) = \frac{1}{2}z^{\top}(t)Pz(t)$, 则

$$\begin{aligned}\frac{\mathrm{d}V_1(z(t))}{\mathrm{d}t} &= \frac{1}{2}\Big[z^{\top}(t)\boldsymbol{P}\Big(\boldsymbol{D}f(x_{\xi}(t),t) - c\lambda_k\boldsymbol{\Gamma}\Big)z(t) \\ &\quad + z^{*}(t)\Big(D(t) - c\lambda_k^{*}\boldsymbol{\Gamma}\Big)\boldsymbol{P}z(t)\Big] \\ &= z^{*}(t)\Big\{\boldsymbol{P}(\boldsymbol{D}f(x_{\xi}(t),t) - c\lambda_k\boldsymbol{\Gamma})\Big\}^{s}z(t) \\ &\leqslant -\epsilon z^{\top}(t)z(t)\end{aligned}$$

从而, 此定理是定理 4.1 的直接推论.

由同步子空间的几何分析可知, $x(t)$ 的变分项由两部分组成: 一部分落在同步子空间上; 另一部分落在横向空间 $\mathcal{L}$. 定理 4.1 和定理 4.2 表明, 在一定条件下, 落在 $\mathcal{L}$ 的变分项收敛于零. 从而可知 $x(t)$ 收敛到同步子空间 $\mathcal{S}$.

应该注意到, 这里采用的方法不同于前一章的横向稳定性理论. 在前一章中, 横向空间上的稳定性通过在同步子空间上未耦合系统的轨道附近的线性化来讨论. 而本节中是讨论在 $\bar{x}(t)$ 附近的变分.

### 4.1.2 全局同步性

在本小节中, 将给出系统 (4.1) 的全局同步性分析. 类前, 沿用定义 4.5 中给出的记号.

为了叙述更简洁起见, 记 $x(t)=[x^1(t)^{\top},\cdots,x^m(t)^{\top}]^{\top}$, $F(x(t))=[f(x^1(t))^{\top},\cdots,f(x^m(t))^{\top}]^{\top}$, 则方程 (4.1) 可写为:

$$\dot{x}(t) = F(x(t)) - c(\boldsymbol{L}\otimes\boldsymbol{\Gamma})x(t) \tag{4.17}$$

记 $\xi = [\xi_1,\cdots,\xi_m]^{\top}$ ($\xi_i > 0, i = 1,\cdots,m, \sum\limits_{i=1}^{m}\xi_i = 1$) 是不可约拉普拉斯矩阵 $\boldsymbol{L}$ 对应特征根 0 的规范左特征向量. $\bar{x}(t) = \sum\limits_{i=1}^{m}\xi_i x^i(t)$. 另记 $\Xi = \mathrm{diag}\{\xi_1,\cdots,\xi_m\}$. 和 $\bar{\xi} = [\underbrace{\xi_1,\cdots,\xi_1}_{n},\cdots,\underbrace{\xi_m,\cdots,\xi_m}_{n}]^{\top}$. $\boldsymbol{P}$ 为一正定矩阵. 在耦合系统状态变量 $x(t) = [x^1(t)^{\top},\cdots,x^m(t)^{\top}]^{\top}$ 和其在同步子空间上的投影 $\bar{X}(t) = [\underbrace{\bar{x}(t)^{\top},\cdots,\bar{x}(t)^{\top}}_{m}]^{\top}$ 间

定义一个黎曼度量下的距离

$$\begin{aligned}d(x(t),\bar{X}(t))&=\frac{1}{2}\sum_{i=1}^{m}\xi_i(x^i(t)-\bar{x}(t))^{\mathrm{T}}P(x^i(t)-\bar{x}(t))\\&=\frac{1}{2}(x(t)-\bar{X}(t))^{\mathrm{T}}(\Xi\otimes\boldsymbol{P})(x(t)-\bar{X}(t))\end{aligned}\tag{4.18}$$

显然，全局同步等价于

$$\lim_{t\to\infty}d(x(t),\bar{X}(t))=0$$

应用上述概念和记号，可以证明下述定理.

**定理 4.3** 假设存在正定矩阵 $\boldsymbol{P}$，矩阵 $\boldsymbol{\Delta}$ 和 $\varepsilon>0$，使得 $f(x,t)\in QUAD(\boldsymbol{P},\boldsymbol{\Delta},\varepsilon)$; $\boldsymbol{L}$ 不可约. 如果 $\Xi\otimes(\boldsymbol{P\Delta})-c(\Xi\boldsymbol{L})^s\otimes(\boldsymbol{P\Gamma})$ 限制在 $\mathbb{R}^{nm}$ 中满足 $\tilde{\xi}^{\top}x=0$ 的子空间中是半负定的，即

$$x^{\top}\{\Xi\otimes(\boldsymbol{P\Delta})-c(\Xi\boldsymbol{L})^s\otimes(\boldsymbol{P\Gamma})\}x\Big|_{\tilde{\xi}^{\top}x=0,\ x\in\mathbb{R}^{nm}}\leqslant 0\tag{4.19}$$

则耦合系统 (4.17) 全局指数同步.

**证明:** 类前，另记 $F(\bar{X}(t))=[f(\bar{x}(t))^{\top},\cdots,f(\bar{x}(t))^{\top}]^{\top}$, $\delta x(t)=x(t)-\bar{X}(t)$, $\delta F(x(t))=F(x(t))-F(\bar{X}(t))$.

定义李亚普诺夫函数

$$V(x(t))=d(x(t),\bar{X}(t))=\frac{1}{2}\delta x(t)^{\top}(\Xi\otimes\boldsymbol{P})\delta x(t),$$

对 $V(x)$ 求导得

$$\begin{aligned}\frac{\mathrm{d}V(x(t))}{\mathrm{d}t}=&\delta x(t)^{\top}(\Xi\otimes\boldsymbol{P})\Big[\delta F(x(t))-c(\boldsymbol{L}\otimes\boldsymbol{\Gamma})\delta x(t)\Big]\\=&\delta x(t)^{\top}(\Xi\otimes\boldsymbol{P})\Big[\delta F(x(t))-(I_m\otimes\boldsymbol{\Delta})\delta x(t)\Big]\\&+\delta x(t)^{\top}(\Xi\otimes\boldsymbol{P})\Big[(I_m\otimes\boldsymbol{\Delta})-c(\boldsymbol{L}\otimes\boldsymbol{\Gamma})\Big]\delta x(t)\\=&V_1(t)+V_2(t).\end{aligned}\tag{4.20}$$

由 $f(\cdot) \in QUAD(\boldsymbol{P}, \boldsymbol{\Delta}, \varepsilon)$ 可知,

$$\begin{aligned} V_1(t) &= \delta x(t)^\top (\Xi \otimes \boldsymbol{P})\Big[\delta F(x(t))) - (I_m \otimes \boldsymbol{\Delta})\delta x(t)\Big] \\ &\leqslant -2\varepsilon \delta x(t)^\top (\Xi \otimes I_n)\delta x(t) \\ &\leqslant -\frac{2\varepsilon}{||\boldsymbol{P}||_2}\delta x(t)^\top (\Xi \otimes \boldsymbol{P})\delta x(t) \\ &= -\frac{2\varepsilon}{||\boldsymbol{P}||_2} V(x(t)). \end{aligned} \tag{4.21}$$

另一方面, 由于 $\tilde{\xi}^\top \delta x(t) = 0$, 所以

$$\begin{aligned} V_2(t) &= \delta x(t)^\top (\Xi \otimes \boldsymbol{P})\Big[(I_m \otimes \boldsymbol{\Delta}) - c(\boldsymbol{L} \otimes \boldsymbol{\Gamma})\Big]\delta x(t) \\ &= \delta x^\top \Big[\Xi \otimes (\boldsymbol{P\Delta}) - c(\Xi \boldsymbol{L})^s \otimes (\boldsymbol{P\Gamma})\Big]\delta x(t) \leqslant 0. \end{aligned} \tag{4.22}$$

从而

$$\frac{\mathrm{d}V(x(t))}{\mathrm{d}t} \leqslant -\frac{2\varepsilon}{||\boldsymbol{P}||_2} V(x(t)), \tag{4.23}$$

以及

$$V(x(t)) \leqslant V(x(0)) e^{-\frac{2\varepsilon}{||\boldsymbol{P}||_2} t}. \tag{4.24}$$

记 $\boldsymbol{U} = \Xi - \xi\xi^\top$. 容易验证, 当矩阵

$$\boldsymbol{U} \otimes (\boldsymbol{P\Delta}) - c(\Xi \boldsymbol{L})^s \otimes (\boldsymbol{P\Gamma}) \tag{4.25}$$

为非正定阵, 即对于任意 $x \in \mathbb{R}^{mn}$,

$$x^\top \{\boldsymbol{U} \otimes (\boldsymbol{P\Delta}) - c(\Xi \boldsymbol{L})^s \otimes (\boldsymbol{P\Gamma})\} x \leqslant 0 \tag{4.26}$$

时,

$$x^\top \{\Xi \otimes (\boldsymbol{P\Delta}) - c(\Xi \boldsymbol{L})^s \otimes (\boldsymbol{P\Gamma})\} x \Big|_{\tilde{\xi}^\top x = 0,\ x \in \mathbb{R}^{nm}} \leqslant 0 \tag{4.27}$$

也成立.

因此, 有

**推论 4.1**　假设存在正定矩阵 $\boldsymbol{P}$, 矩阵 $\boldsymbol{\Delta}$ 和 $\varepsilon>0$ 使得 $f(x,t)\in QUAD(\boldsymbol{P},\boldsymbol{\Delta},\varepsilon)$; $\boldsymbol{L}$ 不可约. 如果 $\boldsymbol{U}\otimes(\boldsymbol{P\Delta})-c(\Xi\boldsymbol{L})^s\otimes(\boldsymbol{P\Gamma})$ 是半负定的, 即对于任意 $x\in\mathbb{R}^{mn}$,

$$x^\top\{\boldsymbol{U}\otimes(\boldsymbol{P\Delta})-c(\Xi\boldsymbol{L})^s\otimes(\boldsymbol{P\Gamma})\}x\leqslant 0 \tag{4.28}$$

则耦合系统 (4.17) 全局指数同步.

当内联矩阵 $\boldsymbol{\Gamma}=diag\{\gamma_1,\cdots,\gamma_n\}$, $\boldsymbol{\Delta}=diag\{\delta_1,\cdots,\delta_n\}$ 为对角阵时, 可以得到

**推论 4.2**　假设存在正定矩阵 $\boldsymbol{P}$, 对角矩阵 $\boldsymbol{\Delta}=diag\{\delta_1,\cdots,\delta_n\}$ 和 $\varepsilon>0$, 使得 $f(x,t)\in QUAD(\boldsymbol{P},\boldsymbol{\Delta},\varepsilon)$, $\boldsymbol{\Gamma}=diag\{\gamma_1,\cdots,\gamma_n\}$, $\boldsymbol{L}$ 不可约. 如果

$$\delta_k\boldsymbol{U}-c\gamma_k\{\Xi\boldsymbol{L}\}^s\leqslant 0,\quad k=1,2,\cdots,n, \tag{4.29}$$

或在 $\mathbb{R}^m$ 的子空间 $\{u\in\mathbb{R}^m:\xi^\top u=0\}$ 中

$$\delta_k\Xi-c\gamma_k\{\Xi\boldsymbol{L}\}^s\leqslant 0,\quad k=1,2,\cdots,n, \tag{4.30}$$

则耦合系统 (4.17) 全局指数同步.

事实上, 式 (4.29) 可导出式 (4.28). 式 (4.30) 可导出式 (4.19). 因此, 推论 4.2 可由定理 4.1 和推论 4.1 直接导出.

设 $0=\mu_1<\mu_2\leqslant\cdots\leqslant\mu_m$ 是 $\boldsymbol{U}$ 的特征值, $0=\nu_1<\nu_2\leqslant\cdots\leqslant\nu_m$ 是 $\{\Xi\boldsymbol{L}\}^s$ 的特征值. 易见,

$$\mathbf{1}^\top(\delta_k\boldsymbol{U}-c\gamma_k\{\Xi\boldsymbol{L})\}^s)\mathbf{1}=0$$

且当 $x^\top\mathbf{1}=0$ 时,

$$x^\top\boldsymbol{U}x\leqslant\mu_m x^\top x$$

$$x^\top\{\Xi\boldsymbol{L}\}^s x\geqslant\nu_2 x^\top x$$

因此, 当 $c\gamma_k\nu_2\geqslant\delta_k\mu_m$ 时, 系统 (4.17) 可以实现指数同步.

作为特例, 若 $\boldsymbol{L}$ 是对称矩阵, 其特征值为 $0=\lambda_1<\lambda_2\leqslant\cdots\leqslant\lambda_m$, $\xi=$

$\frac{1}{m}[1,1,\cdots,1]^\top$，$\Xi=\frac{1}{m}I_m$. 且当 $x^\top\mathbf{1}=0$ 时,

$$x^\top Ux=x^\top\Xi x=\frac{1}{m}x^\top x.$$

$$x^\top\{\Xi\boldsymbol{L}\}^s x=x^\top\Xi\boldsymbol{L}x\geqslant\frac{\lambda_2}{m}x^\top x$$

从而, 当 $c\gamma_k\lambda_2\geqslant\delta_k$ 对 $k=1,\cdots,n$ 都成立, 同步子空间 $\mathcal{S}$ 关于系统 (4.17) 全局指数稳定.

**注 4.1** 可以见到, 在讨论系统 (4.17) 全局同步的充分条件时, 若 $\boldsymbol{L}$ 是对称矩阵, $\boldsymbol{L}$ 的最小非零特征值 $\lambda_2$ 起着关键作用. 而当 $\boldsymbol{L}$ 是非对称矩阵, $\{\Xi\boldsymbol{L}\}^s$ 的最小非零特征值 $\nu_2$ 起决定性作用.

当 $\boldsymbol{P\Gamma}$ 是半正定时, 可以得到如下结果

**定理 4.4** 假设 $\alpha\in R$, $\varepsilon>0$, $f(x,t)\in QUAD(\boldsymbol{P},\alpha\boldsymbol{\Gamma},\varepsilon)$, $\boldsymbol{P\Gamma}$ 为半正定, $\boldsymbol{L}$ 不可约. 如果 $\boldsymbol{U}(\alpha I_m-c\boldsymbol{L})$ 是半负定的, 则耦合系统 (4.17) 全局指数同步.

**证明:** 实际上, 此时, 条件 (4.28) 可写为

$$x^T[\alpha\boldsymbol{U}\otimes(\boldsymbol{P\Gamma})-c(\Xi\boldsymbol{L})^s\otimes(\boldsymbol{P\Gamma})]x=x^T[\boldsymbol{U}(\alpha I_m-c\boldsymbol{L})\otimes(\boldsymbol{P\Gamma})]x$$

注意到 $\boldsymbol{P\Gamma}$ 和 $\boldsymbol{U}(-\alpha I_m+c\boldsymbol{L})$ 都是半正定. 因此, 由定理 4.3 直接可得.

在上述定理 4.3 中, $\boldsymbol{U}=\Xi-\xi\xi^\top$. 下述定理表明, 定理 4.3 对于更一般的 $\boldsymbol{U}$ 也成立.

**定理 4.5** 假设存在矩阵 $\boldsymbol{\Delta}\in\mathbb{R}^{n,n}$, 正定矩阵 $\boldsymbol{P}\in\mathbb{R}^{n,n}$ 和常数 $\varepsilon>0$ 使得 $f(x,t)\in QUAD(\boldsymbol{P},\boldsymbol{\Delta},\varepsilon)$; 如果 $-\boldsymbol{U}$ 为一个行和为零对称不可约的 Metzler 矩阵, 使得 $\boldsymbol{U}\otimes(\boldsymbol{P\Delta})-c(\boldsymbol{UL})^s\otimes(\boldsymbol{P\Gamma})$ 是半负定的, 即

$$\boldsymbol{U}\otimes(\boldsymbol{P\Delta})-c(\boldsymbol{UL})^s\otimes(\boldsymbol{P\Gamma})\leqslant 0 \tag{4.31}$$

则耦合系统 (4.17) 是全局指数同步的.

**证明:** 记 $\boldsymbol{U}=[u_{ij}]_{i,j=1}^m$ 与定理 4.3 不同, 定义李亚普诺夫函数

$$\tilde{V}(x(t))=-\sum_{i>j}[x^i(t)-x^j(t)]^\top u_{ij}\boldsymbol{P}[x^i(t)-x^j(t)]$$

由第二章中的式 (2.1), 它也可写成

$$\tilde{V}(x(t)) = \frac{1}{2}x(t)^\top(\boldsymbol{U}\otimes\boldsymbol{P})x(t) \tag{4.32}$$

对 $\tilde{V}(x)$ 求导,

$$\begin{aligned}\frac{\mathrm{d}\tilde{V}(x(t))}{\mathrm{d}t} &= x(t)^\top(\boldsymbol{U}\otimes\boldsymbol{P})\Big[F(x(t)) - c(\boldsymbol{L}\otimes\boldsymbol{\Gamma})x(t)\Big] \\ &= x(t)^\top(\boldsymbol{U}\otimes\boldsymbol{P})\Big[F(x(t)) - (I_m\otimes\boldsymbol{\Delta})x(t)\Big] \\ &\quad + x(t)^\top(\boldsymbol{U}\otimes\boldsymbol{P})\Big[(I_m\otimes\boldsymbol{\Delta}) - c(\boldsymbol{L}\otimes\boldsymbol{\Gamma})\Big]x(t) \\ &= \tilde{V}_1(t) + \tilde{V}_2(t).\end{aligned} \tag{4.33}$$

由 $f(\cdot)\in QUAD(\boldsymbol{P},\boldsymbol{\Delta},\varepsilon)$ 可知,

$$\begin{aligned}\tilde{V}_1(t) &= x(t)^\top(\boldsymbol{U}\otimes\boldsymbol{P})\Big[F(x(t)) - (I_m\otimes\boldsymbol{\Delta})x(t)\Big] \\ &= -\sum_{i>j}[x^i(t)-x^j(t)]^\top u_{ij}\boldsymbol{P}\Big[(f(x^i(t))-f(x^j(t))) - \boldsymbol{\Delta}(x^i(t)-x^j(t))\Big] \\ &\leqslant \varepsilon\sum_{i>j}[x^i(t)-x^j(t)]^\top u_{ij}[x^i(t)-x^j(t)] \\ &= -\varepsilon x^\top(t)(\boldsymbol{U}\otimes I_n)x(t) \\ &\leqslant -\frac{2\varepsilon}{\|\boldsymbol{P}\|_2}\tilde{V}(x(t)).\end{aligned}$$

而由假设条件 (4.31),

$$\begin{aligned}\tilde{V}_2(t) &= x(t)^\top(\boldsymbol{U}\otimes\boldsymbol{P})\Big[(I_m\otimes\boldsymbol{\Delta}) - c(\boldsymbol{L}\otimes\boldsymbol{\Gamma})\Big]x(t) \\ &= x(t)^\top\Big[\boldsymbol{U}\otimes(\boldsymbol{P}\boldsymbol{\Delta}) - c(\boldsymbol{U}\boldsymbol{L})^s\otimes(\boldsymbol{P}\boldsymbol{\Gamma})\Big]x(t)\leqslant 0.\end{aligned} \tag{4.34}$$

从而

$$\frac{\mathrm{d}\tilde{V}(x(t))}{\mathrm{d}t}\leqslant -\frac{2\varepsilon}{\|\boldsymbol{P}\|_2}\tilde{V}(x(t)), \tag{4.35}$$

以及

$$\tilde{V}(x(t))\leqslant \tilde{V}(x(0))\exp\left(-\frac{2\varepsilon}{\|\boldsymbol{P}\|_2}t\right). \tag{4.36}$$

因此, 系统 (4.17) 可实现全局指数同步.

上面讨论了强连通耦合图的复杂网络同步问题. 下面讨论当 $\boldsymbol{L}$ 为可约的情形. 当耦合图具有生成树时, 耦合拉普拉斯矩阵 $\boldsymbol{L}$ 可表示成

$$\boldsymbol{L}=\begin{bmatrix}\boldsymbol{L}_{11} & \boldsymbol{L}_{12} & \cdots & \boldsymbol{L}_{1p}\\ 0 & \boldsymbol{L}_{22} & \cdots & \boldsymbol{L}_{2p}\\ & & \ddots & \vdots\\ & & & \boldsymbol{L}_{pp}\end{bmatrix} \tag{4.37}$$

这里 $\boldsymbol{L}_{jj}\in\mathbb{R}^{m_j,m_j}$, $j=1,2,\cdots,p$, 是不可约的 (见第二章式 (2.2)).

进一步, 由第二章中的引理 2.3, $\boldsymbol{L}_{pp}$ 为一个奇异 M-矩阵. 而所有 $\boldsymbol{L}_{jj}$, $j=1,\cdots,p-1$, 均为非奇异 M-矩阵.

为了叙述简单起见, 此处假定 $\boldsymbol{\Delta}=\alpha\boldsymbol{\Gamma}$. 作为特例, $\boldsymbol{\Gamma}=I_n$, $\boldsymbol{\Delta}=\alpha I_n$.

**定理 4.6** 假设 $\boldsymbol{L}$ (通过重新排序) 可表示成 (4.37), $f(x,t)\in QUAD(\boldsymbol{P},\alpha\boldsymbol{\Gamma},\varepsilon)$ ($\varepsilon>0$, $\alpha\in\mathbb{R}$, $\boldsymbol{P}$ 是正定矩阵), $\bar{\xi}=[\bar{\xi}_{m_1+\cdots+m_{p-1}+1},\cdots,\bar{\xi}_m]^\top$ 是 $\boldsymbol{L}_{pp}$ 的对应特征根 0 的左特征向量, 且 $\sum_{l=m_1+\cdots+m_{p-1}+1}^{m}\bar{\xi}_i=1$. 记 $\bar{\Xi}_p=diag\{\bar{\xi}_{m_1+\cdots+m_{p-1}+1},\cdots,\bar{\xi}_m\}$, $U_p=\bar{\Xi}_p-\bar{\xi}\bar{\xi}^\top$. 如果

(1) $U_p[\bar{\Xi}_p(-c\boldsymbol{L}_{pp}+\alpha I_{m_p})]^s\boldsymbol{U}_p\leqslant 0$ (4.38)

(2) 存在正定对角阵 $\bar{\Xi}_j=diag\{\bar{\xi}_{m_1+\cdots+m_{j-1}+1},\cdots,\bar{\xi}_{m_1+\cdots+m_j}\}$, $j=1,\cdots,p-1$, 使得

$$[\bar{\Xi}_j(-c\boldsymbol{L}_{jj}+\alpha I_{m_j})]^s\leqslant 0 \tag{4.39}$$

则耦合系统 (4.17) 全局指数同步.

**证明:** 首先, 由定理 4.3 可知, 当 $i\in[m_1+\cdots+m_{p-1}+1,m_1+\cdots+m_j+2,\cdots,m]$ 时,

$$x^i(t)-x^m(t)=O(e^{-\beta t})$$

假设当 $i\in[m_1+\cdots+m_j+1,m_1+\cdots+m_j+2,\cdots,m]$ 时, 存在 $\beta>0$, 使得

$$x^i(t)-x^m(t)=O(e^{-\beta t})$$

则当 $k\in[m_1+\cdots+m_{j-1}+1,\cdots,m_1+\cdots+m_j]$ 时, 记

$$\bar{\delta}x^{m_j}(t)=\left[[x^{m_1+\cdots+m_{j-1}+1}(t)-x^m(t)]^\top,\cdots,[x^{m_1+\cdots+m_j}(t)-x^m(t)]^\top\right]^\top,$$

$$\bar{\delta}F^{m_j}(x(t))=\Big[[f(x^{m_1+\cdots+m_{j-1}+1}(t))-f(x^m(t))]^\top,\cdots,$$
$$[f(x^{m_1+\cdots+m_j}(t))-f(x^m(t))]^\top\Big]^\top$$

定义李亚普诺夫函数

$$V_{m_j}(t)=\frac{1}{2}\bar{\delta}x^{m_j}(t)^\top(\bar{\Xi}_j\otimes\boldsymbol{P})\bar{\delta}x^{m_j}(t)$$

求导可得

$$\begin{aligned}\frac{V_{m_j}(t)}{\mathrm{d}t}=&\bar{\delta}x^{m_j}(t)^\top(\bar{\Xi}_j\otimes\boldsymbol{P})\bar{\delta}F^{m_j}(x(t))-c\bar{\delta}x^{m_j}(t)^\top(\boldsymbol{L}_{jj}\otimes\boldsymbol{\varGamma})\bar{\delta}x^{m_j}(t)+O(e^{-\beta t})\\ \leqslant&-\epsilon\bar{\delta}x^{m_j}(t)^\top(\bar{\Xi}_j\otimes I_n)\bar{\delta}x^{m_j}(t)\\ &+\bar{\delta}x^{m_j}(t)^\top(\bar{\Xi}_j\otimes\boldsymbol{P\varGamma})[(\alpha-c\boldsymbol{L}_{jj})\bar{\delta}x^{m_j}(t)+O(e^{-\epsilon t})]\\ \leqslant&-\varepsilon\bar{\delta}x^{m_j}(t)^\top(\bar{\Xi}_j\otimes I_n)\bar{\delta}x^{m_j}(t)+\bar{\delta}x^{m_j}(t)^\top(\bar{\Xi}_j\otimes\boldsymbol{P\varGamma})O(e^{-\beta t})\\ \leqslant&-\frac{2\varepsilon}{\|\boldsymbol{P}\|_2}V_{m_j}(t)+\bar{\delta}x^{m_j}(t)^\top(\bar{\Xi}_j\otimes\boldsymbol{P\varGamma})O(e^{-\beta t})\end{aligned}$$

在完成证明前, 先证明一个简单的引理.

**引理 4.2** 如果非负函数 $z(t)$ 满足

$$\frac{\mathrm{d}z(t)}{\mathrm{d}t}\leqslant-\eta z(t)+b(t) \tag{4.40}$$

其中, $b(t)=O(e^{-\theta t})$, $\theta<\eta$, 则

$$z(t)=O(e^{-\theta t}) \tag{4.41}$$

事实上,

$$\begin{aligned}z(t)&\leqslant e^{-\eta t}[z(0)+\int_0^t e^{\eta s}b(s)\mathrm{d}s]\\&=O(e^{-\eta t})+O(e^{-\theta t})=O(e^{-\theta t})\end{aligned}$$

由上述引理知, $\delta x^k(t)$ 指数收敛于零, $k\in S_j$. 再由数学归纳法, 定理得证.

基于引理 4.2, 由数学归纳法, 定理 4.6 得证.

## 4.2 时滞的影响

在前节中, 讨论了耦合系统的同步问题. 特别需要指出的是, 其信息传递不依赖于时间, 即时不变的. 然而, 实际中由于切换速率的有限性的和子系统间的物理距离, 常常导致信号的传输出现时滞. 也就是说, 每个节点收到的邻居节点的信号常常是一段时间之前的. 因此, 必须考虑当耦合出现时滞时, 耦合系统的同步稳定性.

在本节中, 考虑如下系统

$$\frac{\mathrm{d}x^i(t)}{\mathrm{d}t}=f(x^i(t))-c\sum_{j\neq i}l_{ij}\boldsymbol{\Gamma}\Big[x^j(t-\tau)-x^i(t)\Big],\quad i=1,2,\cdots,m \tag{4.42}$$

其中 $\tau$ 是耦合时滞.

为了使同步子空间为系统 (4.42) 的不变子空间, 一个必要条件为 $l_{ii}=l_{jj}$, $i,j=1,2,\cdots,m$, 因此, 在下面讨论中, 假设 $l_{ii}=1$, $i=1,2,\cdots,m$. 还假定 $\boldsymbol{\Gamma}=diag[\gamma_1,\cdots,\gamma_n]$, $\gamma_i>0$, $i=1,2,\cdots,m$. 在上述假设下, 系统 (4.42) 可改写为:

$$\frac{\mathrm{d}x^i(t)}{\mathrm{d}t}=f(x^i(t),t)-c\sum_{j=1}^{m}l_{ij}\boldsymbol{\Gamma}x^j(t-\tau)+c\boldsymbol{\Gamma}\Big[x^i(t-\tau)-x^i(t)\Big] \tag{4.43}$$

### 4.2.1 时滞耦合系统局部同步

在本小节中, 讨论时滞耦合系统局部同步. 主要结果有两个: 一个是与时滞大小无关的同步, 另一个是小时滞的同步.

类似式 (4.7) 的推导可得, 系统 (4.2) 在 $\bar{x}(t)$ 处的变分 $\delta x^i$ 满足方程

$$\frac{\mathrm{d}\delta x^i(t)}{\mathrm{d}t} = \boldsymbol{D}f(\bar{x}(t))\delta x^i(t) - c\sum_{j=1}^{m} l_{ij}\boldsymbol{\Gamma}\delta x^j(t-\tau) + c\boldsymbol{\Gamma}\left[\delta x^i(t-\tau) - \delta x^i(t)\right], \quad i = 1, 2, \cdots, m$$

$\boldsymbol{D}f(\bar{x}(t), t)$ 表示 $f$ 在 $\bar{x}(t)$ 的 Jacobian 矩阵.

设 $\delta x(t) = [\delta x^1(t)^\top, \cdots, \delta x^m(t)^\top] \in \mathbb{R}^{nm}$, 则

$$\frac{\mathrm{d}\delta x(t)}{\mathrm{d}t} = [I_m \otimes \boldsymbol{D}f(\bar{x}(t), t)]\,\delta x(t) - c\,(\boldsymbol{L}\otimes\boldsymbol{\Gamma})\,\delta x(t-\tau) + c\,(I_m \otimes \boldsymbol{\Gamma})\,[\delta x(t-\tau) - \delta x(t)]$$

类似前节的方法, 令 $\boldsymbol{L} = S^{-1}\boldsymbol{J}S$ 为 Jordan 分解

$$\boldsymbol{J} = \begin{bmatrix} \lambda_1 & & & \\ & \lambda_2 & & \\ & & \ddots & \\ & & & \lambda_m \end{bmatrix}$$

$0 = \lambda_1 < \lambda_2 \leqslant \cdots \leqslant \lambda_m$ 是 $\boldsymbol{L}$ 的特征根. 为了叙述简化, 设 $\boldsymbol{J}$ 为对角阵, 所有特征值 $\lambda_i$, $i = 1, 2, \cdots, m$ 均为实数. 当有虚数根时, 可借鉴 4.1 节的讨论方法进行分析.

再设 $\delta y(t) = (S^{-1} \otimes I_n)\delta x(t) = [\delta y^1(t)^\top, \cdots, \delta y^m(t)^\top]^\top$. 可得 $\delta y(t)$ 的变分方程:

$$\frac{\mathrm{d}\delta y(t)}{\mathrm{d}t} = \left[I_m \otimes (\boldsymbol{D}f(\bar{x}(t), t) - c\boldsymbol{\Gamma})\right]\delta y(t) \tag{4.44}$$

$$+ [c(-\boldsymbol{J} + I_m) \otimes \boldsymbol{\Gamma}]\,\delta y(t-\tau) \tag{4.45}$$

由此可得下述定理.

**定理 4.7**　如果所有变分方程

$$\frac{\mathrm{d}\varphi(t)}{\mathrm{d}t} = \left[\boldsymbol{D}f(\bar{x}(t), t) - c\boldsymbol{\Gamma}\right]\varphi(t) + c(-\lambda_k + 1)\boldsymbol{\Gamma}\varphi(t-\tau), k = 2, \cdots, m \tag{4.46}$$

是渐近稳定的, 则耦合系统 (4.43) 是局部同步稳定的.

基于定理 4.7, 可以证明下述定理.

**定理 4.8** 设 $L$ 的特征根全为实数. 简记雅可比矩阵 $\boldsymbol{D}f(\bar{x}(t),t)$ 为 $D(t)=[D_{ij}(t)]_{i,j=1}^{m}$. 若存在正常数 $\zeta_i$, 使得

$$\limsup_{t\to\infty}\left\{\zeta_i\left[D_{ii}(t)-c\gamma_i(1-|1-\lambda_2|)\right]+\sum_{j\neq i}\zeta_j|D_{ji}(t)|\right\}<0 \tag{4.47}$$

$$\limsup_{t\to\infty}\left\{\zeta_i\left[D_{ii}(t)-c\gamma_i(1-|1-\lambda_m|)\right]+\sum_{j\neq i}\zeta_j|D_{ji}(t)|\right\}<0 \tag{4.48}$$

对 $i=1,2,\cdots,n$ 成立, 则耦合系统 (4.43) 的同步子空间是局部稳定的.

**证明:** 显然, 由条件 (4.47) 和条件 (4.48) 可知, 对于任意 $k=2,\cdots,m$,

$$\limsup_{t\to\infty}\left\{\zeta_i\left[D_{ii}(t)-c\gamma_i(1-|1-\lambda_k|)\right]+\sum_{j\neq i}\zeta_j|D_{ji}(t)|\right\}<0 \tag{4.49}$$

由条件 (4.49) 可知, 存在 $T>0$, $\delta>0$, 使得对 $i=1,\cdots,n$, $k=2,\cdots,m$,

$$\left\{\zeta_i\left[D_{ii}(t)-c\gamma_i(1-|1-\lambda_k|)\right]+\sum_{j\neq i}\zeta_j|D_{ji}(t)|\right\}=-\delta,\quad t>T$$

都成立. 不失一般性, 假定 $T=0$.

设 $2\leqslant k\leqslant m$, $\varphi_k(t)=[\varphi_{k,1}(t),\cdots,\varphi_{k,n}(t)]^{\top}$ 为方程

$$\frac{\mathrm{d}\varphi(t)}{\mathrm{d}t}=\left[\boldsymbol{D}f(\bar{x}(t),t)-c\boldsymbol{\Gamma}\right]\varphi(t)+c(-\lambda_k+1)\boldsymbol{\Gamma}\varphi(t-\tau) \tag{4.50}$$

的解.

定义李亚普诺夫泛函数

$$V_k(\varphi)=\sum_{i=1}^{n}\zeta_i|\varphi_{k,i}(t)|+\sum_{i=1}^{n}c\zeta_i\gamma_i(|1-\lambda_k|)\int_{t-\tau}^{t}|\varphi_{k,i}(s)|\mathrm{d}s$$

且对 $V_k(\varphi)$ 求导, 有

$$\begin{aligned}\frac{\mathrm{d}V_k(\varphi)}{\mathrm{d}t}=&\sum_{i=1}^{n}\zeta_i sign(\varphi_{k,i})\Bigg[(D_{ii}(t)-c\gamma_i)\varphi_{k,i}(t)+\sum_{j\neq i}D_{ij}(t)\varphi_{k,j}(t)\\&+c\gamma_i(1-\lambda_k)\varphi_{k,i}(t-\tau)\Bigg]+\sum_{i=1}^{n}\zeta_i\gamma_i c|1-\lambda_k|\Big[|\varphi_{k,i}(t)|-|\varphi_i(t-\tau)|\Big]\end{aligned}$$

$$
\begin{aligned}
&\leqslant \sum_{i=1}^{n} \zeta_i \Big[ (D_{ii}(t) - c\gamma_i) |\varphi_{k,i}(t)| + \sum_{j\neq i} |D_{ij}(t)| |\varphi_{k,j}(t)| \\
&\quad + c\gamma_i |1-\lambda_k| |u_i(t-\tau)| \Big] + \sum_{i=1}^{n} \zeta_i \gamma_i c |1-\lambda_k| \Big[ |\varphi_{k,i}(t)| - |\varphi_{k,i}(t-\tau)| \Big] \\
&= \sum_{i=1}^{n} \Big\{ \zeta_i \Big[ D_{ii}(t) - c\gamma_i (1 - |1-\lambda_k|) \Big] + \sum_{j\neq i} |D_{ji}(t)| \zeta_j \Big\} |\varphi_{k,i}(t)| \\
&\leqslant -\delta \sum_{i=1}^{n} |\varphi_{k,i}(t)|
\end{aligned}
$$

因此,

$$
\int_0^t \sum_{i=1}^{n} |\varphi_{k,i}(t)| \leqslant \frac{V_k(\varphi(0))}{\delta}
$$

显见, $\sum\limits_{i=1}^{n} |\varphi_{k,i}(t)|$ 是有界的. 从而,

$$
\lim_{t\to\infty} \sum_{i=1}^{n} |\varphi_{k,i}(t)| = 0
$$

定理得证.

**注 4.2**　定理 4.8 表明, 当条件 (4.47) 和条件 (4.48) 满足时, 局部同步与耦合时滞大小无关.

下述定理表明, 当时滞较小时, 系统达到同步的条件可以放宽.

**定理 4.9**　假设 $L$ 为不可约, 且特征根皆为实数. 如果存在正常数 $\zeta_i$, $i = 1, 2, \cdots, n$, 使得

$$
\begin{aligned}
&\limsup_{t\to\infty} \Big\{ \zeta_i \Big[ D_{ii}(t) - c\lambda_k \gamma_i \Big] + \sum_{j\neq i} \zeta_j |D_{ji}(t)| \\
&+\tau \Big[ \eta_i |D_{ii}(t) - c\lambda_k \gamma_i| + \sum_{j\neq i} \eta_j |D_{ji}(t)| \Big] \Big\} < 0
\end{aligned} \tag{4.51}
$$

其中, $k = 2, m$; $i = 1, 2, \cdots, n$; $\eta_i = \frac{\tau\zeta_i|1-\lambda_k|\gamma_i}{1-c\tau\gamma_i|1-\lambda_k|} > 0$. 则耦合系统 (4.43) 是局部指数同步.

**证明:** 由条件 (4.51), 不妨假定当 $t>0$, $k=2,\cdots,m$,

$$\left\{\zeta_i\left[D_{ii}(t)-c\lambda_k\gamma_i\right]+\sum_{j\neq i}\zeta_j|D_{ji}(t)| + \tau\left[\eta_i|D_{ii}(t)-c\lambda_k\gamma_i|+\sum_{j\neq i}\eta_j|D_{ji}(t)|\right]\right\}\leqslant\delta_1<0$$

而且, 变分方程 (4.46) 可改写如下:

$$\frac{\mathrm{d}\varphi(t)}{\mathrm{d}t}=\left[D(t)-c\lambda_k\boldsymbol{\Gamma}\right]\varphi(t)-c(1-\lambda_k)\boldsymbol{\Gamma}\int_{t-\tau}^{t}\dot{\varphi}(s)\mathrm{d}s,\quad k=2,3,\cdots,m \tag{4.52}$$

设 $\varphi_k(t)=[\varphi_{k,1}(t),\cdots,\varphi_{k,n}(t)]^\top$, $2\leqslant k\leqslant m$, 为上述方程 (4.52) 的解. 即满足

$$\frac{\mathrm{d}\varphi_k(t)}{\mathrm{d}t}=\left[D(t)-c\lambda_k\boldsymbol{\Gamma}\right]\varphi_k(t)-c(1-\lambda_k)\boldsymbol{\Gamma}\int_{t-\tau}^{t}\dot{\varphi}_k(s)\mathrm{d}s,\quad k=2,\cdots,m \tag{4.53}$$

定义下述李亚普诺夫泛函数

$$\tilde{V}_k(\varphi_k)=\sum_{i=1}^{n}\zeta_i|\varphi_{k,i}(t)|+\sum_{i=1}^{n}\eta_i\int_{t-\tau}^{\top}\mathrm{d}s\int_{s}^{\top}|\dot{\varphi}_{k,i}(\theta)|\mathrm{d}\theta$$

求导可得

$$\begin{aligned}\frac{\mathrm{d}}{\mathrm{d}t}\tilde{V}_k(\varphi)|_{(4.52)}=&\sum_{i=1}^{n}\zeta_i sign(\varphi_{k,i}(t))\Big[(D_{ii}(t)-c\lambda_k\gamma_i)\varphi_{k,i}(t)\\&+\sum_{j\neq i}D_{ij}(t)\varphi_{k,j}(t)-c(1-\lambda_k)\gamma_i\int_{t-\tau}^{\top}\dot{\varphi}_{k,i}(s)\mathrm{d}s\Big]\\&-\sum_{i=1}^{n}\eta_i\int_{t-\tau}^{\top}|\dot{\varphi}_{k,i}(s)|\mathrm{d}s+\tau\sum_{i=1}^{n}\eta_i|\dot{\varphi}_{k,i}(t)|\\\leqslant&\sum_{i=1}^{n}\zeta_i\Big[(D_{ii}(t)-c\lambda_k\gamma_i)|\varphi_{k,i}(t)|+\sum_{j\neq i}|D_{ij}(t)||\varphi_{k,j}(t)|\\&+|c(1-\lambda_k)|\gamma_i\int_{t-\tau}^{\top}|\dot{\varphi}_{k,i}(s)|\mathrm{d}s\Big]-\sum_{i=1}^{n}\eta_i\int_{t-\tau}^{\top}|\dot{\varphi}_{k,i}(s)|\mathrm{d}s\\&+\tau\sum_{i=1}^{n}\eta_i\Big|(D_{ii}(t)-c\gamma_i)\varphi_i(t)+\sum_{j\neq i}D_{ij}(t)\varphi_{k,j}(t)\end{aligned}$$

$$
\begin{aligned}
&-c(1-\lambda_k)\gamma_i\varphi_{k,i}(t-\tau)\Big| \\
\leqslant &\sum_{i=1}^{n}\bigg\{\zeta_i[D_{ii}(t)-c\lambda_k\gamma_i]+\sum_{j\neq i}\zeta_j|D_{ji}(t)| \\
&+\tau\bigg[\eta_i|D_{ii}(t)-c\gamma_i|+\sum_{j\neq i}\eta_j|D_{ji}(t)|\bigg]\bigg\}|\varphi_{k,i}(t)| \\
&+\sum_{i=1}^{n}\Big(\tau\zeta_i|1-\lambda_k|\gamma_i-\eta_i+\tau c\eta_i\gamma_i|1-\lambda_k|\Big)\int_{t-\tau}^{\top}|\dot{\varphi}_{k,i}(s)|\mathrm{d}s \\
\leqslant &-\delta_1\sum_{i=1}^{n}|\varphi_{k,i}(t)|
\end{aligned}
$$

因此, 当 $k=2,\cdots,m$, 系统 (4.52) 都是稳定的. 由定理 4.7, 同步子空间对耦合系统 (4.43) 是局部稳定的.

**注 4.3**　由定理 4.8 和定理 4.9 可以看出

(1) 特征根 $\lambda_2$ 和 $\lambda_m$ 在刻画同步能力有重要的意义. 由条件 (5.21) 可知, 常数

$$
cap = 1-\max_{k=2,m}|1-\lambda_k|
$$

可以用来描述独立于耦合滞耦合系统的同步能力. $cap$ 越大, 使耦合系统 (4.43) 同步的耦合强度 $c$ 可取得越小.

(2) 由于假设拉普拉斯矩阵 $\boldsymbol{L}$ 满足 $l_{ii}=1$, $i=1,\cdots,m$. 因此, $|1-\lambda_k|\leqslant 1$, $k=1,\cdots,m$. 事实上, 几乎所有满足 $l_{ii}=1$ 的拉普拉斯矩阵 $\boldsymbol{L}$ 满足 $|1-\lambda_k|<1$, $k=1,\cdots,m$. 因此, 当 $D(t)$ 有界, $\gamma_i>0$, $i=1,\cdots,n$, 而 $c$ 足够大时, 条件 (5.21) 总能满足. 因此, 当耦合强度 $c$ 充分大时, 几乎所有耦合系统 (4.43) 能够在任何耦合时滞下同步.

(3) 在某些情况下, 条件 (4.47) 和条件 (4.48) 不能满足. 然而条件 (4.51) 可能满足. 此时只需 $\tau$ 足够小, 耦合系统也能同步.

(4) 人们无需计算雅可比矩阵 $\boldsymbol{D}f(\bar{x}(t),t)$. 只要指出当 $s$ 属于某区域时, $\boldsymbol{D}f(s,t)$ 有界即可.

### 4.2.2 时滞耦合系统全局同步

本节讨论时滞耦合系统全局同步. 类似于前面的讨论, 时滞耦合系统全局同步问题也分两大类: 一类是独立于时滞大小的同步, 另一类是小时滞系统的同步.

沿用前节的记号, 首先给出 $\delta x^i(t)$, $i=1,2,\cdots,m$, 满足的方程

$$\begin{aligned}\frac{\mathrm{d}\delta x^i(t)}{\mathrm{d}t}=&f(x^i(t),t)-f(\bar{x}(t))-\sum_{k=1}^{m}\xi_k\Big[f(x^k(t))-f(\bar{x}(t),t)\Big]\\&-c\sum_{j=1}^{m}l_{ij}\boldsymbol{\Gamma}\delta x^j(t-\tau)+c\boldsymbol{\Gamma}\Big[\delta x^i(t-\tau)-\delta x^i(t)\Big]\end{aligned}\tag{4.54}$$

或

$$\begin{aligned}\frac{\mathrm{d}\delta x(t)}{\mathrm{d}t}=&\Big[(I_m-\Xi)\otimes I_n\Big]\delta F(t)-c\Big(\boldsymbol{L}\otimes\boldsymbol{\Gamma}\Big)\delta x(t-\tau)\\&+c\Big(I_m\otimes\boldsymbol{\Gamma}\Big)\Big[\delta x(t-\tau)-\delta x(t)\Big]\end{aligned}\tag{4.55}$$

下面给出两个定理. 定理 4.10 讨论不依赖时滞的全局同步. 定理 4.11 讨论小时滞情形的全局同步.

**定理 4.10** 假设存在正定矩阵 $\boldsymbol{P}$, $\alpha>0$, 和 $\varepsilon>0$ 使得 $f\in QUAD(\boldsymbol{P},\alpha\boldsymbol{\Gamma},\varepsilon)$ 和 $\boldsymbol{P\Gamma}$ 为半正定. 若对任何 $j=1,\cdots,n$, 存在正定对称矩阵 $\boldsymbol{Q}$, 使得

$$\begin{bmatrix}2(c-\alpha)\boldsymbol{C}^\top\Xi\boldsymbol{C}+\boldsymbol{C}^\top\boldsymbol{QC} & c\boldsymbol{C}^\top\Xi(-\boldsymbol{L}+I_m)\boldsymbol{C}\\ c\boldsymbol{C}^\top(-L^\top+I_m)\Xi\boldsymbol{C} & -\boldsymbol{C}^\top\boldsymbol{QC}\end{bmatrix}<0\tag{4.56}$$

成立, 其中, $\boldsymbol{C}=\begin{bmatrix}1 & & \\ & \ddots & \\ & & 1\\ -\dfrac{\xi_1}{\xi_m} & \cdots & -\dfrac{\xi_{m-1}}{\xi_m}\end{bmatrix}\in\mathbb{R}^{m,m-1}$, 则耦合系统 (4.43) 全局指数同步.

**证明:** 由条件可知, 存在正数 $\epsilon>0$ 使得

$$[x-y]^\top\boldsymbol{P}[f(x,t)-f(y,t)-\alpha\boldsymbol{\Gamma}(x-y)]\leqslant-\varepsilon(x-y)^\top\boldsymbol{P}(x-y).$$

并且由 (4.56) 可知, 矩阵

$$
\boldsymbol{Z}=\begin{bmatrix} 2(c-\alpha)\Xi+\boldsymbol{Q}e^{\varepsilon\tau} & c\Xi(-\boldsymbol{L}+I_m) \\ c(-\boldsymbol{L}^{\top}+I_m)\Xi & -\boldsymbol{Q} \end{bmatrix} \tag{4.57}
$$

限制在横向子空间 $\mathcal{L}$ 上是负定的.

定义李亚普诺夫泛函数

$$
V(t)=\delta x^{\top}(t)\Big(\Xi\otimes\boldsymbol{P}\Big)\delta x(t)e^{\varepsilon t}+\int_{t-\tau}^{t}\delta e^{\varepsilon(s+\tau)}x(s)^{\top}\Big(\boldsymbol{Q}\otimes\boldsymbol{P\Gamma}\Big)\delta x(s)\mathrm{d}s
$$

并求导可得

$$
\begin{aligned}
\frac{\mathrm{d}V(t)}{\mathrm{d}t}=&\varepsilon e^{\varepsilon t}\delta x^{\top}(t)\Big(\Xi\otimes\boldsymbol{P}\Big)\delta x(t)\\
&+2e^{\varepsilon t}\delta x^{\top}(t)\Big(\Xi\otimes\boldsymbol{P}\Big)\Big\{\Big[(I_m-\Xi)\otimes I_n\Big]\delta F(t)\\
&-\Big[I_m\otimes(\alpha\boldsymbol{\Gamma})\Big]\delta x(t)-(c-\alpha)\Big(I_m\otimes\boldsymbol{\Gamma}\Big)\delta x(t)\\
&-c\Big[(-\boldsymbol{L}+I_m)\otimes\boldsymbol{\Gamma}\Big]\delta x(t-\tau)\Big\}+\delta x(t)^{\top}\Big(\boldsymbol{Q}\otimes\boldsymbol{P\Gamma}\Big)\delta x(t)\\
&-\delta x(t-\tau)^{\top}\Big(\boldsymbol{Q}\otimes\boldsymbol{P\Gamma}\Big)\delta x(t-\tau)\\
\leqslant& e^{\varepsilon t}\Big\{\delta x^{\top}[2(\Xi-(c-\alpha)I_m)+\boldsymbol{Q}e^{\varepsilon\tau}]\otimes\boldsymbol{P\Gamma}\delta x\\
&+2c\delta x^{\top}(-\boldsymbol{L}+I_m)\otimes(\boldsymbol{P\Gamma})\delta x\\
&-\delta x(t-\tau)^{\top}\boldsymbol{Q}\otimes(\boldsymbol{P\Gamma})\delta x(t-\tau)\Big\}\\
\leqslant& e^{\varepsilon t}\left[\delta x^{\top},\delta x(t-\tau)^{\top}\right]Z\begin{bmatrix}\delta x\\ \delta x(t-\tau)\end{bmatrix}
\end{aligned}
$$

因为 $\delta X\in\mathcal{L}$ 和 $\delta x(t-\tau)\in\mathcal{L}$. 由条件 (4.56) 可得

$$
\frac{\mathrm{d}V(t)}{\mathrm{d}t}\leqslant 0
$$

从而, $\delta x(t)^{\top}\delta x(t)\leqslant L(0)e^{-\varepsilon t}$. 即 $\delta x(t)=O(e^{-\frac{\varepsilon}{2}t})$. 定理得证.

**推论 4.3** 在上述定理假设下, 如果耦合拉普拉斯矩阵为 $\boldsymbol{L}=\boldsymbol{K}\bar{\boldsymbol{L}}$, 其中 $\bar{\boldsymbol{L}}$ 是对称不可约矩阵, $\boldsymbol{K}$ 是对角正定矩阵. 记 $\boldsymbol{L}$ 的特征根为 $0=\lambda_1<\lambda_2\leqslant\lambda_3\leqslant$

$\cdots \leqslant \lambda_m$, 且满足

$$\alpha - c(1 - \max_{k=2,m} |1 - \lambda_k|) < 0, \tag{4.58}$$

则耦合系统 (4.43) 全局指数稳定.

**证明:** 由定理 4.10 和引理 2.11 (Schur 互补定理) 可知, 只需证明在横向子空间 $\mathcal{L}$ 上, 下述矩阵不等式

$$N = 2(\alpha - c)\Xi - \boldsymbol{Q} - c^2(I_m + L^\top)\Xi\boldsymbol{Q}^{-1}\Xi(\boldsymbol{L} + I_m) < 0$$

成立.

由于 $\boldsymbol{L} = \boldsymbol{K}\bar{\boldsymbol{L}}$, 所以 $\Xi = \mu\boldsymbol{K}^{-1}$, $\mu > 0$ 为一正常数. 再令 $\boldsymbol{Q} = \mu\rho\boldsymbol{K}^{-1}$, 则

$$\frac{1}{\mu}N = 2(\alpha - c)\boldsymbol{K}^{-1} - \rho\boldsymbol{K}^{-1} - \rho^{-1}c^2(I_m - \boldsymbol{L}^\top)\boldsymbol{K}^{-1}(-\boldsymbol{L} + I_m)$$

显然, $(I_m - \boldsymbol{L}^\top)\boldsymbol{K}^{-1}(-\boldsymbol{L} + I_m) \leqslant \max_{k=2,m} |1 - \lambda_k|^2\boldsymbol{K}^{-1}$. 则

$$\begin{aligned}\frac{1}{\mu}N &= \left[2(\alpha - c) - \rho - \rho^{-1}c^2 \max_{k=2,m} |1 - \lambda_k|^2\right]\boldsymbol{K}^{-1} \\ &\leqslant \left[2(\alpha - c) - 2c\max_{k=2,m} |1 - \lambda_k|\right]\boldsymbol{K}^{-1}\end{aligned}$$

其中, 等号成立的充要条件是 $\rho = c\max_{k=2,m} |1-\lambda_k|$. 因此, 当 $\alpha - c(1 - \max_{k=2,m} |1-\lambda_k|) < 0$ 时, 时滞耦合系统 (4.43) 全局指数同步.

为了进一步讨论小时滞系统的同步, 引入下述定义.

**定义 4.6** 给定 $M > 0$, 称 $f \in H(M)$, 当且仅当

$$\Big[f(x,t) - f(y,t)\Big]^\top \Big[f(x,t) - f(y,t)\Big] \leqslant M^2(x - y)^\top(x - y)$$

对任意 $x, y \in \mathbb{R}^n$ 成立.

**定理 4.11** 若存在对角正定矩阵 $\boldsymbol{P}$ 和正数 $M, \alpha, \varepsilon > 0$ 使得:

(1) $f \in QUAD(\boldsymbol{P}, \alpha\boldsymbol{\Gamma}, \varepsilon)$ 且 $f \in H(M)$;

(2) $\boldsymbol{P\Gamma}$ 半正定;

(3) $\boldsymbol{C}^{\top}\{\Xi(-\boldsymbol{L}+I_m)\}^s\boldsymbol{C}<0$, 其中

$$\boldsymbol{C}=\begin{bmatrix}1 & 0 & \cdots & 0\\ 0 & 1 & \cdots & 0\\ \vdots & \vdots & & \vdots\\ -\dfrac{\xi_1}{\xi_m} & -\dfrac{\xi_2}{\xi_m} & \cdots & -\dfrac{\xi_{m-1}}{\xi_m}\end{bmatrix}\in\mathbb{R}^{m-1,m};$$

(4) $\tau<\sqrt{\dfrac{\sqrt{v^2+4wu}-v}{2u}}$;

这里

$$\begin{aligned}u&=12\varepsilon^2[\lambda_{\min}(\Xi)\lambda_{\min}(P)]^2c^2\|\boldsymbol{L}+I_m\|_2^2\|\boldsymbol{\Gamma}\|_2^2,\\ v&=3c^2\|\Xi\|_2^2\|\boldsymbol{P\Gamma}\|_2^2\|\boldsymbol{L}+I_m\|_2^2\Big[M^2\|I_m-\Xi\|_2^2-c^2\|\boldsymbol{L}\|_2^2\|\boldsymbol{\Gamma}\|_2^2\Big],\\ w&=4\varepsilon^2[\lambda_{\min}(\Xi)\lambda_{\min}(P)]^2.\end{aligned}$$

那么, 耦合系统 (4.43) 全局指数同步.

其证明过程较复杂, 读者可参看文献 [6].

**推论 4.4** 如果 $\boldsymbol{L}=\boldsymbol{K}\bar{\boldsymbol{L}}$, 这里 $\bar{\boldsymbol{L}}$ 是对称不可约拉普拉斯矩阵, $\boldsymbol{K}$ 是对角正定矩阵, $\boldsymbol{L}$ 的特征根可写为 $0=\lambda_1<\lambda_2\leqslant\lambda_3\leqslant\cdots\leqslant\lambda_m$, 前定理的条件 (1),(2) 和 (4) 都满足, 且

$$-c\lambda_2+\alpha\leqslant 0, \tag{4.59}$$

则耦合系统 (4.43) 全局指数同步.

证明从略.

对于耦合矩阵为可约的情形, 可采取与定理 4.5 类似的方法处理. 可约的耦合矩阵 $\boldsymbol{L}$ 写为如下块对角形:

$$\boldsymbol{L}=\begin{bmatrix}\boldsymbol{L}_{11} & \boldsymbol{L}_{12} & \cdots & \boldsymbol{L}_{1m}\\ 0 & \boldsymbol{L}_{22} & \cdots & \boldsymbol{L}_{2m}\\ \vdots & \vdots & & \vdots\\ 0 & 0 & \cdots & \boldsymbol{L}_{qq}\end{bmatrix} \tag{4.60}$$

并假设 $\boldsymbol{L}_{qq}$ 是不可约的, 而 $\boldsymbol{L}_{jj}, j=1,2,\cdots,q-1$, 全都是非奇异的 M-矩阵.

首先, 定义如下记号. 用 $S_l$ 来记对应耦合矩阵为 $L_{ll}$ 的子系统, $l=1,2,\cdots,q$. 其阶数 $|S_l|$ 记为 $m_l$. 注意到当定理 4.10 或定理 4.11 的条件在子系统中能满足, 子系统 $S_q$ 能全局同步; 如果其他所有子系统 $S_l, 1\leqslant l\leqslant q-1$, 也能和 $S_q$ 同步, 则整个耦合系统能同步.

(1) 子系统 $S_q$ 能全局指数同步;

(2) 若假设子系统 $S_j, j=l+1,l+2,\cdots,q$, 都能全局指数同步, 子系统 $S_l$ 亦能与 $S_q$ 全局指数同步.

由归纳法, 整个耦合系统就能全局指数同步. 所以只需要考虑子系统 $S_l$. 假设 $s(t)$ 是子系统 $S_j, j=l+1,l+2,\cdots,q$, 的同步状态, 则

$$\frac{\mathrm{d}s(t)}{\mathrm{d}t}=f(s(t))+c\boldsymbol{\Gamma}\Big[s(t-\tau)-s(t)\Big]+O(e^{-\epsilon t})$$

其中常数 $\epsilon>0$. 则

$$\begin{aligned}\frac{\mathrm{d}\Big[x^i(t)-s(t)\Big]}{\mathrm{d}t}&=f(x^i(t),t)-c\sum_{j\in N_l}l_{ij}\boldsymbol{\Gamma}[x^j(t-\tau)-x^i(t)]-f(s(t),t)\\&+c\boldsymbol{\Gamma}\Big[s(t-\tau)-s(t)\Big]+O(e^{-\epsilon t})\\&=\Big[f(x^i(t),t)-f(s(t),t)\Big]-c\sum_{j\neq N_l,j\neq i}l_{ij}\boldsymbol{\Gamma}\Big[x^j(t-\tau)-s(t-\tau)\Big]\\&+c\boldsymbol{\Gamma}\Big[x^i(t)-s(t)\Big]+O(e^{-\epsilon t})\quad i\in N_l\end{aligned}\tag{4.61}$$

再定义 $m_l\times m_l$ 矩阵 $\hat{\boldsymbol{L}}_l$:

$$(\hat{L}_l)_{ij}=\begin{cases}(L_l)_{ij} & i\neq j\\ 0 & i=j\end{cases}$$

**定理 4.12** 假设耦合矩阵 $\boldsymbol{L}$ 可写成式 (4.60). 如果以下条件满足:

(1) 存在正定矩阵 $\boldsymbol{P}$ 和正数 $\alpha,\varepsilon>0$, 使得 $f\in QUAD(\boldsymbol{P},\alpha\boldsymbol{\Gamma},\varepsilon)$;

(2) $\boldsymbol{P\Gamma}$ 是半正定的;

(3) 存在对称正定矩阵 $\boldsymbol{Q}_q$, 使得

$$\begin{bmatrix}2(\alpha-c)\boldsymbol{C}_q^\top\Lambda^q\boldsymbol{C}_q+\boldsymbol{C}_q^\top Q^q\boldsymbol{C}_q & c\boldsymbol{C}_q^\top\Lambda^q(-\hat{\boldsymbol{L}}_{qq}+I_{m_q})\boldsymbol{C}_q\\ c\boldsymbol{C}_q^\top(-\hat{\boldsymbol{L}}_{qq}^\top+I_{m_q})\Lambda^q\boldsymbol{C}_q & -\boldsymbol{C}_q^\top Q^q\boldsymbol{C}_q\end{bmatrix}<0$$

成立. 这里 $\Lambda^q = diag\{\xi_1^q, \cdots, \xi_{m_q}^q\}$ 是 $A_{qq}$ 对应特征根 0 的左特征向量,

且满足各项和为 1; $\boldsymbol{C}_q = \begin{bmatrix} 1 & & \\ & \ddots & \\ & & 1 \\ -\dfrac{\xi_1^q}{\xi_{m_q}^q} & \cdots & -\dfrac{\xi_{m_q-1}^q}{\xi_{m_q}^q} \end{bmatrix}$.

(4) 对 $l = 1, 2, \cdots, q-1$, 存在对称正定矩阵 $\boldsymbol{Q}^l$ 和正定矩阵 $\boldsymbol{G}^l$, 使得

$$\begin{bmatrix} 2(\alpha - c)\boldsymbol{G}^l + \boldsymbol{Q}^l & -c\boldsymbol{G}^l\hat{\boldsymbol{L}}_l \\ -c\hat{\boldsymbol{L}}_l^\top \boldsymbol{G}^l & -\boldsymbol{Q}^l \end{bmatrix} < 0$$

成立. 则耦合矩阵为 $\boldsymbol{L}$ 的时滞耦合系统 (4.43) 为全局指数同步.

对于子系统 $S_q$, 由定理 4.10 可直接推出条件 (1)、(2)、(3), 可保证其实现指数同步. 由前面的叙述和数学归纳法, 假设对于 $k > l$, 指数同步都能实现.

考虑第 $l$ 子系统. 设 $\Delta x^i(t) = x^i(t) - s(t)$. 需证明对系统 (4.61), $\Delta x^i(t)$ 指数收敛于 0. 忽略项 $O(e^{-\epsilon t})$ 后, 有

$$\begin{aligned} \frac{\mathrm{d}\Delta x^i(t)}{\mathrm{d}t} &= \Big[f(x^i(t), t) - f(s(t), t)\Big] - c \sum_{j \in N_l, j \neq i} l_{ij} \boldsymbol{\Gamma} \Delta x^j(t - \tau) \\ &\quad - c\boldsymbol{\Gamma}\Delta x^i(t) \quad i \in N_l \end{aligned} \tag{4.62}$$

按前面的子系统划分对 $x(t)$ 的分量作相应的划分如下:

$$\Delta\tilde{x}^l = [x^i : i \in N_l]^\top, \ l = 1, \cdots, q.$$

对于 $l < q$, 定义如下李亚普诺夫泛函数:

$$L_l(t) = e^{\epsilon t} \Delta\tilde{x}^{l\top}(t)(\boldsymbol{G}^l \otimes \boldsymbol{P})\Delta\tilde{x}^l(t) + \int_{t-\tau}^t \Delta\tilde{x}^{l\top}(s)(\boldsymbol{Q}^l \otimes \boldsymbol{P\Gamma})\Delta\tilde{x}^j(s) e^{\epsilon(s+\tau)} \mathrm{d}s$$

取充分小的 $\epsilon$ 满足 $\epsilon < 2\varepsilon$, 以及

$$Z^l = \begin{bmatrix} 2(\alpha - c)\boldsymbol{G}^l + \boldsymbol{Q}^l e^{\epsilon\tau} & -c\boldsymbol{G}^l\hat{\boldsymbol{L}}_l \\ -c\hat{\boldsymbol{L}}_l^\top \boldsymbol{G}^l & -\boldsymbol{Q}^l \end{bmatrix} < 0$$

对 $L_3(t)$ 求导可得

$$
\begin{aligned}
\frac{\mathrm{d}L_l(t)}{\mathrm{d}t} =& \epsilon e^{\epsilon t}\Delta\tilde{x}^{l\top}(t)(\boldsymbol{G}^l\otimes\boldsymbol{P})\boldsymbol{\Delta}\tilde{x}^l(t)+2e^{\epsilon t}\boldsymbol{\Delta}\tilde{x}^i(t)(\boldsymbol{G}^l\otimes\boldsymbol{P})\Big\{\big[f(\tilde{x}^l(t),t)\\
&-1_{N_l}\otimes f(s(t),t)-\alpha(I_{m_l}\otimes\boldsymbol{\Gamma})\boldsymbol{\Delta}\tilde{x}^l(t)\big]\\
&-c(\hat{\boldsymbol{L}}_l\otimes\boldsymbol{\Gamma})\boldsymbol{\Delta}\tilde{x}^l(t-\tau)+(\alpha-c)(I_{m_l}\otimes\boldsymbol{\Gamma})\boldsymbol{\Delta}\tilde{x}^l(t)\Big\}\\
&+e^{\epsilon t}\boldsymbol{\Delta}\tilde{x}^{l\top}(t)(\boldsymbol{Q}^l\otimes\boldsymbol{P\Gamma})\boldsymbol{\Delta}\tilde{x}^l(t)e^{\epsilon\tau}-\\
&e^{\epsilon t}\boldsymbol{\Delta}\tilde{x}^{l\top}(t-\tau)(\boldsymbol{Q}^l\otimes\boldsymbol{P\Gamma})\boldsymbol{\Delta}\tilde{x}^l(t-\tau)\\
\leqslant& e^{\epsilon t}\Big\{\boldsymbol{\Delta}\tilde{x}^{l\top}(t)[(\epsilon-2\varepsilon)\boldsymbol{G}^l\otimes\boldsymbol{P}]\boldsymbol{\Delta}\tilde{x}^l(t)\\
&+\boldsymbol{\Delta}\tilde{x}^{l\top}(t)\{[2(a-c)\boldsymbol{G}^l+\boldsymbol{Q}^le^{\epsilon\tau}]\otimes(\boldsymbol{P\Gamma})\}\boldsymbol{\Delta}\tilde{x}^j(t)\\
&+2\boldsymbol{\Delta}\tilde{x}^{l\top}(t)[c\boldsymbol{G}^l\hat{\boldsymbol{L}}_l\otimes(\boldsymbol{P\Gamma})]\boldsymbol{\Delta}\tilde{x}^l(t-\tau)\\
&-\boldsymbol{\Delta}\tilde{x}^{l\top}(t-\tau)[\boldsymbol{Q}^l\otimes(\boldsymbol{P\Gamma})]\boldsymbol{\Delta}\tilde{x}_j(t-\tau)\Big\}\\
\leqslant& e^{\epsilon t}[\boldsymbol{\Delta}\tilde{x}^{l\top}(t),\boldsymbol{\Delta}\tilde{x}^{l\top}(t-\tau)][Z^l\otimes(\boldsymbol{P\Gamma})]\begin{bmatrix}\boldsymbol{\Delta}\tilde{x}^l(t)\\ \boldsymbol{\Delta}\tilde{x}^l(t-\tau)\end{bmatrix}\leqslant 0
\end{aligned}
$$

同样, 把式 (4.62) 写为:

$$
\begin{aligned}
\frac{\mathrm{d}\Delta x^i(t)}{\mathrm{d}t}=&\Big[f(x^i(t),t)-f(s(t),t)\Big]-c\sum_{j\in N_l,j\neq i}a_{ij}\boldsymbol{\Gamma}\boldsymbol{\Delta}x^j(t)-c\boldsymbol{\Gamma}\boldsymbol{\Delta}x^i(t)\\
&-c\sum_{j\in N_l,j\neq i}l_{ij}\boldsymbol{\Gamma}\int_{t-\tau}^{\top}\frac{\mathrm{d}\Delta x^j(s)}{\mathrm{d}s}\mathrm{d}s\quad i\in N_l
\end{aligned}
$$

定义一个 $m_l\times m_l$ 矩阵 $\breve{\boldsymbol{L}}_l$ 如下:

$$
(\breve{L}_l)_{ij}=\begin{cases}(L_l)_{ij} & i\neq j\\ -1 & i=j\end{cases}
$$

类似定理 4.12, 可以得到

**定理 4.13** 假设耦合矩阵 $\boldsymbol{L}$ 有形式 (4.60). 如果下列条件满足:

(1) 存在对角矩阵 $\boldsymbol{P}$, $\alpha>0$ 和 $\varepsilon>0$, 使得 $f\in QUAD(\boldsymbol{P},\alpha\boldsymbol{\Gamma},\varepsilon)$;

(2) $\boldsymbol{P\Gamma}$ 是半正定;

(3) 存在正常数 $M>0$ 使得 $f\in H(M)$;

(4) $\boldsymbol{C}_q^\top\{\Lambda(-c\check{L}_{qq}+\alpha I_{m_q})\}^s\boldsymbol{C}_q<0$ 成立, 其中 $\Lambda=diag\{\xi_1^q,\cdots,\xi_{m_q}^q\}$ 是 $\hat{\boldsymbol{L}}_{qq}$ 对应特征根 0 的左特征向量, 且满足各项和为 1, $\boldsymbol{C}_q$ 和定理 4.12 所示.

(5) 而与 $l=1,2,\cdots,q-1$ 对应的存在正定矩阵 $\boldsymbol{G}^l$ 有

$$\{\boldsymbol{G}^l(-c\check{\boldsymbol{L}}_l+\alpha I_{m_l})\}^s<0$$

(6) 耦合时滞 $\tau$ 足够小.

则由耦合矩阵 $\boldsymbol{L}$ 导出可约的耦合系统 (4.43) 全局指数同步.

证明类似于定理 4.12 的证明, 并可参照定理 4.11 的证明. 这里不再赘述.

## 4.3　非线性耦合动力系统的同步

在前面的几节中, 讨论了线性耦合系统的同步问题. 在所有讨论中, 总是假设其内部耦合关系是线性的 (由内联矩阵 $\boldsymbol{\Gamma}$ 表示). 实际上, 许多网络的耦合是非线性的. 例如, 当无法直接观测到 $x_i(t)$, 而只能得到观测值 $h(x_i(t))$. 此时, 只能利用 $h(x_i(t))$ 来实现同步. 因此, 非线性耦合的同步问题就提到重要位置上来. 在本节中, 将讨论同步子空间关于一类非线性耦合网络的稳定性.

$m$ 个非线性耦合系统可表示为:

$$\dot{x}^i(t)=f(x^i(t))-c\sum_{j=1}^{m}l_{ij}h(x^j(t));\quad i=1,\cdots,m,\tag{4.63}$$

其中 $x^i(t)=[x_1^i(t),\cdots,x_n^i(t)]^\top\in\mathbb{R}^n$, 是状态变量, 耦合拉普拉斯矩阵 $\boldsymbol{L}=[l_{ij}]$ 设为不可约矩阵, $h(x^i(t))=[h_1(x_1^i(t)),\cdots,h_n(x_n^i(t))]^\top$, $i=1,\cdots,m$, 是连续的非线性耦合函数 (或称协议).

在叙述和证明主要定理之前, 首先引入如下定义.

**定义 4.7**　一个连续的非线性函数 $g(\cdot):\mathbb{R}\to\mathbb{R}$ 称为属于可接受非线性耦合函数类 (acceptable nonlinear coupling function class), 记为 $g\in NCF(\alpha,\beta)$, 如

果存在非负常数 $\alpha$ 和 $\beta$, 使得 $g(w)-\alpha w$ 满足下列利普希兹条件, 即对任何的 $w_1, w_2 \in \mathbb{R}$,

$$|g(w_1)-g(w_2)-\alpha(w_1-w_2)| \leqslant \beta|w_1-w_2| \tag{4.64}$$

可接受非线性耦合函数类刻画了非线性函数 $g(w)$ 关于某线性函数 $\alpha w$ 的振荡幅度. $\alpha$ 越大, 而 $\beta$ 越小, 非线性函数越接近于一个线性函数. 从而, 非线性函数可以分解为两部分: 线性部分 $\alpha w$ 和非线性部分 $g(w)-\alpha w$. 显然, 当一个非线性函数 $g(\cdot):\mathbb{R}\to\mathbb{R}$ 是连续可微并且满足 $g'(\cdot)\in[\alpha-\beta,\alpha+\beta]$ 时, 则 $g\in NCF(\alpha,\beta)$. 特别地, 当 $g\in NCF(\alpha,0)$ 时, $g(w)=\alpha w+c$, 其中 $w\in\mathbb{R}$, 而 $c$ 可以是任意的常数. 此时非线性函数就变为了线性函数.

继续沿用 4.2.2 节中的记号. 且记 $H(x(t))=[h(x^1(t))^\top,\cdots,h(x^m(t))^\top]^\top$. 则方程 (4.63) 可写为:

$$\dot{x}(t)=F(x(t))-c(\boldsymbol{L}\otimes I_n)H(x(t)) \tag{4.65}$$

**定理 4.14** 如果下述条件都满足

(1) $f(\cdot)\in QUAD(\boldsymbol{P},\alpha I_n,\varepsilon)$, 其中, $\boldsymbol{P}=diag\{p_1,\cdots,p_n\}$ 为正定对角阵, $\alpha>0$ 和 $\varepsilon>0$;

(2) $\boldsymbol{L}$ 是不可约的;

(3) 当 $k=1,\cdots,\varsigma$, $h_k\in NCF(\alpha_k,\beta_k)$, $\beta_k>0$; 当 $k=\varsigma+1,\cdots,n$, $h_k\in NCF(\alpha_k,0)$;

(4) 存在常数 $\theta_k>0, k=1,\cdots,\varsigma$, 使得下述不等式成立

$$\begin{cases}\alpha U-c[\alpha_k\{\Xi\boldsymbol{L}\}^s+\theta_k\Xi\boldsymbol{L}\boldsymbol{L}^\top\Xi/2+\beta_k^2\bar{U}/(2\theta_k)]\leqslant 0; & k=1,\cdots,\varsigma\\ \alpha U-c\alpha_k\{\Xi\boldsymbol{L}\}^s\leqslant 0; & k=\varsigma+1,\cdots,n\end{cases} \tag{4.66}$$

其中, $\bar{U}=I_m-\mathbf{1}\cdot\mathbf{1}^T/m$. 则非线性耦合复杂网络 (4.65) 全局指数同步.

**证明:** 令 $U=\Xi-\xi\xi^\top$. 定义下述李亚普诺夫函数

$$\begin{aligned}V(x(t))&=\frac{1}{2}\delta x(t)^\top(\boldsymbol{U}\otimes\boldsymbol{P})\delta x(t)\\&=\frac{1}{2}\sum_{i=1}^m\xi_i\delta x^i(t)^\top\boldsymbol{P}\delta x^i(t)\\&=\sum_{i>j}\xi_i\xi_j(x^i(t)-x^j(t))^\top\boldsymbol{P}(x^i(t)-x^j(t))\end{aligned}$$

注意到

$$\bar{X}(t)^{\top}(\boldsymbol{U}\otimes\boldsymbol{P})=(\boldsymbol{U}\otimes\boldsymbol{P})\bar{X}(t)=0 \tag{4.67}$$

$$F(\bar{X}(t))^{\top}(\boldsymbol{U}\otimes\boldsymbol{P})=(\boldsymbol{U}\otimes\boldsymbol{P})F(\bar{X}(t))=0 \tag{4.68}$$

$V(x(t))$ 也可表成

$$V(x(t))=\frac{1}{2}x(t)^{\top}(\boldsymbol{U}\otimes\boldsymbol{P})x(t) \tag{4.69}$$

对 $V(x)$ 求导,

$$\begin{aligned}\dot{V}(x(t))=&x(t)^{\top}(\boldsymbol{U}\otimes\boldsymbol{P})(F(x(t))-c(\boldsymbol{L}\otimes I_n)H(x(t)))\\=&x(t)^{\top}(\boldsymbol{U}\otimes\boldsymbol{P})\Big[F(x(t))-\alpha x(t)\Big]\\&+x(t)^{\top}(\boldsymbol{U}\otimes\boldsymbol{P})\Big[\alpha x(t)-c(\boldsymbol{L}\otimes I_n)H(x(t))\Big]\\=&\bar{V}_1(t)+\bar{V}_2(t)\end{aligned} \tag{4.70}$$

由式 (4.67), 式 (4.68) 以及 $f(\cdot)\in QUAD(\boldsymbol{P},\alpha I_n\varepsilon)$ 可知,

$$\begin{aligned}\bar{V}_1(t)=&x(t)^{\top}(\boldsymbol{U}\otimes\boldsymbol{P})\Big[(F(x(t))-F(\bar{X}(t)))-(\alpha(x(t)-\bar{X}(t)))\Big]\\&\leqslant-2\varepsilon x(t)^{\top}(\boldsymbol{U}\otimes I_n)x(t)\\&\leqslant-\frac{2\varepsilon}{\max_k p_k}x(t)^{\top}(\boldsymbol{U}\otimes\boldsymbol{P})x(t))\\&=-\frac{2\varepsilon}{\max_k p_k}V(x(t))\end{aligned} \tag{4.71}$$

记 $\tilde{x}_k(t)=[x_k^1(t),\cdots,x_k^m(t)]^{\top}$, $\tilde{h}_k(\tilde{x}_k(t))=[h_k(x_k^1(t)),\cdots,h_k(x_k^m(t))]^{\top}$; $k=1,\cdots,n$. 则

$$\begin{aligned}\bar{V}_2(t)=&\sum_{k=1}^{n}p_k\tilde{x}_k(t)^T\alpha\boldsymbol{U}\tilde{x}_k(t)-c\sum_{k=1}^{n}p_k\tilde{x}_k(t)^{\top}\Xi\boldsymbol{L}\tilde{h}_k(\tilde{x}_k(t))\\=&\sum_{k=1}^{n}p_k\tilde{x}_k(t)^T(\alpha\boldsymbol{U}-c\alpha_k\Xi\boldsymbol{L})\tilde{x}_k(t)\\&-c\sum_{k=1}^{n}p_k\tilde{x}_k(t)^{\top}\Xi\boldsymbol{L}(\tilde{h}_k(\tilde{x}_k(t))-\alpha_k\tilde{x}_k(t))\end{aligned} \tag{4.72}$$

当 $k=\varsigma+1,\cdots,n$ 时, 注意到 $h_k\in NCF(\alpha_k,0)$, 可得

$$\sum_{k=\varsigma+1}^{n}p_k\tilde{x}_k(t)^T\Xi L(\tilde{h}_k(\tilde{x}_k(t))-\alpha_k\tilde{x}_k(t))=0 \tag{4.73}$$

当 $1\leqslant k\leqslant\varsigma$ 时, 注意到 $(\Xi\boldsymbol{L})\bar{U}=(\Xi\boldsymbol{L})$ 和 $\bar{\boldsymbol{U}}^2=\bar{\boldsymbol{U}}$, 可得

$$\begin{aligned}&\sum_{k=1}^{\varsigma}p_k\tilde{x}_k(t)^\top\Xi\boldsymbol{L}[\tilde{h}_k(\tilde{x}_k(t))-\alpha_k\tilde{x}_k(t)]\\&=\sum_{k=1}^{\varsigma}p_k\tilde{x}_k(t)^\top\Xi\boldsymbol{L}\bar{\boldsymbol{U}}(\tilde{h}_k(\tilde{x}_k(t))-\alpha_k\tilde{x}_k(t))\\&\leqslant\frac{1}{2}\sum_{k=1}^{\varsigma}p_k\bigg\{\frac{1}{\theta_k}[\tilde{h}_k(\tilde{x}_k(t))-\alpha_k\tilde{x}_k(t)]^\top\bar{\boldsymbol{U}}[\tilde{h}_k(\tilde{x}_k(t))-\alpha_k\tilde{x}_k(t)]\\&\quad+\theta_k\tilde{x}_k(t)^\top\Xi\boldsymbol{L}\boldsymbol{L}^\top\Xi\tilde{x}_k(t)\bigg\}\end{aligned} \tag{4.74}$$

由条件 $h_k\in NCF(\alpha_k,\beta_k)$, 并注意到 $-\bar{\boldsymbol{U}}$ 是对称的拉普拉斯矩阵, 可得

$$\begin{aligned}&(\tilde{h}_k(\tilde{x}_k(t))-\alpha_k\tilde{x}_k(t))^\top\bar{\boldsymbol{U}}(\tilde{h}_k(\tilde{x}_k(t)-\alpha_k\tilde{x}_k(t))\\&=-\sum_{i>j}\bar{U}_{ij}\left[h_k(x_k^j(t))-\alpha_kx_k^j(t)-h_k(x_k^i(t))+\alpha_kx_k^i(t)\right]^2\\&\leqslant-\beta_k^2\sum_{i>j}\bar{U}_{ij}(x_k^j(t)-x_k^i(t))^2=\beta_k^2\tilde{x}_k(t)^T\bar{\boldsymbol{U}}\tilde{x}_k(t)\end{aligned} \tag{4.75}$$

从而

$$\begin{aligned}\bar{V}_2(t)\leqslant&\sum_{k=1}^{\varsigma}p_k\tilde{x}_k(t)^\top\left\{\alpha\boldsymbol{U}+c\left[-\alpha_k\Xi\boldsymbol{L}+\frac{\theta_k}{2}\Xi\boldsymbol{L}\boldsymbol{L}^\top\Xi+\frac{\beta_k^2}{2\theta_k}\bar{\boldsymbol{U}}\right]\right\}\tilde{x}_k(t)\\&+\sum_{k=\varsigma+1}^{n}p_k\tilde{x}_k(t)^\top(\alpha\boldsymbol{U}-c\alpha_k\Xi\boldsymbol{L})\tilde{x}_k(t)\leqslant0\end{aligned} \tag{4.76}$$

结合不等式 (4.66), 式 (4.72), 可得

$$\dot{V}(x(t))\leqslant-\frac{2\varepsilon}{\max_k p_k}V(x(t))$$

即非线性耦合复杂网络 (4.65) 全局指数同步. 定理证明完毕.

如果所有的 $h_k$, $k=1,\cdots,n$, 都是单调上升函数, $\boldsymbol{L}$ 是对称的 (此时, $\xi=$

$[1,\cdots,1]^T/m$, $\Xi\boldsymbol{L}=\boldsymbol{L}/m$ 为对称矩阵). 则

$$\begin{aligned}-\sum_{k=1}^{n}p_k\tilde{x}_k(t)^T\boldsymbol{L}\tilde{h}_k(\tilde{x}_k(t))&=\sum_{k=1}^{n}p_k\sum_{i>j}a_{ij}(x_k^i-x_k^j)(h_k(x_k^i)-h_k(x_k^j))\\&\leqslant\underline{\alpha}_k\sum_{k=1}^{n}p_k\sum_{i>j}a_{ij}(x_k^i-x_k^j)^2=\underline{\alpha}_k\sum_{k=1}^{n}p_k\tilde{x}_k(t)^T\boldsymbol{L}\tilde{x}_k(t)\end{aligned}$$

其中

$$\underline{\alpha}_k=\inf_{w_1\neq w_2}\frac{h_k(w_1)-h_k(w_2)}{w_1-w_2},\quad w_1,w_2\in\mathbb{R}$$

从而当 $c$ 充分大时, 即有

$$\begin{aligned}\bar{V}_2(t)&=\sum_{k=1}^{n}p_k\tilde{x}_k(t)^T\boldsymbol{U}\tilde{x}_k(t)+\frac{c}{m}\sum_{k=1}^{n}p_k\tilde{x}_k(t)^T\boldsymbol{L}\tilde{h}_k(\tilde{x}_k(t))\\&\leqslant\sum_{k=1}^{n}p_k\tilde{x}_k(t)^T(\boldsymbol{U}-\frac{c}{m}\underline{\alpha}_k\boldsymbol{L})\tilde{x}_k(t)\leqslant 0\end{aligned}$$

因此, 系统能实现同步.

下面, 考虑更一般非线性耦合网络, 即所有 $h_i(\cdot)$, $i=1,\cdots,n$, 都是非线性的.

$$\dot{x}^i(t)=f(x^i(t))-c\sum_{j=1}^{m}l_{ij}h(x^j(t));\quad i=1,\cdots,m,\tag{4.77}$$

**定义 4.8** 若 $h_k\in NCF(\alpha_k,\beta_k)$, $\beta_k>0$, $k=1,\cdots,n$. 则称复杂网络 (4.65) 是完全非线性耦合的复杂网络 (completely nonlinearly coupled systems).

关于完全非线性耦合的复杂网络, 可以给出下述两个推论.

**推论 4.5** 假设 $f\in QUAD(\boldsymbol{P},\alpha I_n,\varepsilon)$, 如果下述不等式成立

$$\alpha U+c\left[-\alpha_k\{\Xi\boldsymbol{L}\}^s+\frac{\theta_k}{2}\Xi\boldsymbol{L}\boldsymbol{L}^\top\Xi+\beta_j^2\bar{\boldsymbol{U}}/(2\theta_k)\right]\leqslant 0,\ \ k=1,\cdots,n\tag{4.78}$$

则完全非线性耦合的复杂网络 (4.65) 能够达到全局指数同步.

**推论 4.6** 假设 $f\in QUAD(\boldsymbol{P},\alpha I_n,\varepsilon)$, 如果并且对任意的 $k$, $\alpha\boldsymbol{U}-(c/2)\alpha_k(\Xi\boldsymbol{L})^s\leqslant 0$, 且 $\alpha_k>\dfrac{2\|\Xi\boldsymbol{L}\|_2}{c|\lambda_2[(\Xi\boldsymbol{L})^s]|}\beta_k$, 则完全非线性耦合的复杂网络 (4.65) 能够达到全局指数同步.

**证明:** 注意到

$$\theta_k[(\Xi \boldsymbol{L})^s]^2 + \beta_k^2 \bar{\boldsymbol{U}}/(\theta_k) \leqslant \left(\theta_k \|(\Xi \boldsymbol{L})^s\|_2^2 + \beta_k^2/\theta_k\right)\bar{\boldsymbol{U}},$$

当 $\theta_k = \dfrac{\beta_k}{\|\Xi \boldsymbol{L}\|_2}$ 时, 有

$$\frac{\theta_k}{2}\Xi \boldsymbol{L}\boldsymbol{L}^s\Xi + \frac{1}{2}\beta_k^2\bar{\boldsymbol{U}}/(\theta_k) \leqslant \beta_k\|\Xi \boldsymbol{L}\|_2\bar{\boldsymbol{U}}.$$

因此, 当 $k = 1, \cdots, n$,

$$\begin{aligned}&\alpha U - \alpha_k\{\Xi \boldsymbol{L}\}^s + \frac{\theta_k}{2}\Xi \boldsymbol{L}\boldsymbol{L}^\top\Xi + \beta_j^2\bar{\boldsymbol{U}}/(2\theta_k)\\ &\leqslant \alpha \boldsymbol{U} - \frac{1}{2}\alpha_k\{\Xi \boldsymbol{L}\}^s - \frac{1}{2}\alpha_k\{\Xi \boldsymbol{L}\}^s + \beta_k\|\Xi \boldsymbol{L}\|_2\bar{U} \leqslant 0\end{aligned} \tag{4.79}$$

本推论可由定理 4.14 直接得到.

希望更详细了解本部分内容的读者可参阅文献 [7].

## 参考文献


[1] Chua L O. Special issue on nonlinear wave, pattern, and spatiotemporal chaos in dynamical arrays [C]. IEEE Trans. Circ. Syst. 1995, 42.

[2] Winfree A T. The geometry of biological time [M]. New York: Springer-Verlag, 1980.

[3] Lu W L and Chen T P. New approach to synchronization analysis of linearly coupled ordinary differential systems [J]. Physica D, 2006, 213: 214-230.

[4] Wu C W and Chua L O. Synchronization in an Array of Linearly Coupled Dynamical Systems [J]. IEEE Transactions on Circuit Systems-I, 1995, 42(8):430-447.

[5] Lu W L, Chen T P. Synchronization of Coupled Connected Neural Networks With Delays. IEEE Transactions on Circuits and Systems-I, Regular Papers, 2004, 51(12): 2491-2503.

[6] Lu W, Chen T P, Chen G R. Synchronization analysis of linearly coupled systems described by differential equations with a coupling delay [J]. Physica D, 2006, 221: 118-134.

[7] Liu X W, Chen T P. Synchronization analysis for nonlinearly coupled complex networks with an asymmetric coupling matrix [J]. Physica A, 2008, 387(16-17): 4429-4439.

# 第五章 耦合映射网络的同步

具有离散时间和离散空间的耦合系统 —— 线性耦合映射网络是一类受到广泛关注的模型, 在非线性时空混沌和计算问题上都有很高的理论价值和实用价值 (参见文献 [1–3]). 它的动力学机制也是由两部分决定: 个体系统自身的动力学特征和连接节点间的相互扩散.

线性耦合映射网络可用下述方程描述 (即第二章式 (2.13)):

$$x^i(t+1) = f(x^i(t)) - \epsilon \sum_{j=1}^{m} l_{ij} f(x^j(t)) \quad i = 1, \cdots, m \tag{5.1}$$

其中 $x^i(t) = [x_1^i(t), x_2^i(t), \cdots, x_n^i(t)]^\top \in \mathbb{R}^n$ 定义了节点 $i$ 的状态变量, 非负整数 $t \in Z_{\geqslant 0}$ 表示离散时间, $f: \mathbb{R}^n \to \mathbb{R}^n$ 是连续 (可微) 映射, $\boldsymbol{L} = [l_{ij}] \in \mathbb{R}^{m,m}$ 是耦合网络的拉普拉斯矩阵, 决定了网络的连接机制.

本章将系统地介绍线性耦合映射网络的局部指数同步和全局指数同步问题.

**定义 5.1**　如果存在常数 $\delta > 0$, $M > 0$ 和 $0 < \gamma < 1$, 使得当初始值满足 $\|x^i(0) - x_0\| \leqslant \delta$ 时, 方程 (5.1) 的解满足

$$\|x^i(t) - x^j(t)\| \leqslant M\gamma^t \quad i, j = 1, \cdots, m, \quad t > 0$$

称耦合系统 (5.1) 是局部指数同步的.

**定义 5.2**　如果对任何 $x^i(0) \in \mathbb{R}^{n\times m}$, 存在 $M > 0$ 和 $0 < \gamma < 1$, 使得对于任何初始值, 方程 (5.1) 的解满足

$$\|x^i(t) - x^j(t)\| \leqslant M\gamma^t \quad i, j = 1, \cdots, m, \quad t > 0$$

成立, 称耦合系统 (5.1) 是全局指数同步的.

对于耦合的映射 $f$, 定义一类函数集合 $F(\kappa)$ 如下.

**定义 5.3**　设 $f: \mathbb{R}^n \to \mathbb{R}^n$. 如果存在常数 $\kappa > 0$, 使得

$$[f(x) - f(y)]^\top [f(x) - f(y)] \leqslant \kappa^2 (x-y)^\top (x-y)$$

对任何 $x \neq y \in \mathbb{R}^n$ 成立, 则称 $f(x) \in F(\kappa)$.

和第四章的方法一样, 定义如下同步子空间

$$\mathcal{S} = \{[(x^1)^\top, \cdots, (x^m)^\top]^\top \in \mathbb{R}: \ x^i = x^j \in \mathbb{R}^n, \ \forall\, i, j = 1, \cdots, m\}.$$

由此, 局部和全局同步性分别等价于流形 $\mathcal{S}$ 的局部和全局稳定性.

沿用第四章中的记号, 记

$$
\begin{aligned}
&x(t)=[(x^1(t))^\top,\cdots,(x^m(t))^\top]^\top,\quad \bar{x}(t)=\sum_{k=1}^{m}\xi_k x^k(t),\quad \delta x^i(t)=x^i(t)-\bar{x}(t)\\
&\bar{X}(t)=[(\bar{x}(t))^\top,\cdots,(\bar{x}(t))^\top]^\top,\\
&\delta x(t)=[(\delta x^1(t))^\top,\cdots,(\delta x^m(t))^\top]^\top=x(t)-\bar{X}(t).
\end{aligned}
$$

这里 $\xi=[\xi_1,\cdots,\xi_m]$ 是矩阵 $\boldsymbol{L}$ 对应 0 特征根的左特征向量, 满足: (1) $\sum_{k=1}^{m}\xi_k=1$; (2) $\xi_i\geqslant 0$. 由引理 2.3, 如果对应图具有生成树, 则满足该条件的 $\xi$ 是唯一的. 加之, 当图是强连通时, $\xi$ 所有分量皆为正. 定义 $\mathbf{1}_m$ 是 $m$-维各个分量为 1 的列向量.

## 5.1 耦合映射网络的同步分析

首先讨论方程 (5.1) 的局部同步问题. 直接计算可以得到

$$
\begin{aligned}
\delta x^i(t+1)&=x^i(t+1)-\bar{x}(t+1)\\
&=f(x^i(t))-f(\bar{x}(t))-\sum_{k=1}^{m}\xi_k[f(x^k(t))-f(\bar{x}(t))]\\
&\quad-\epsilon\sum_{j=1}^{m}l_{ij}[f(x^j(t))-f(\bar{x}(t))]
\end{aligned}
\tag{5.2}
$$

在 $\bar{x}$ 邻近作变分 (忽略 $\delta x_i$ 中的高阶项), 可得

$$
\delta x^i(t+1)=\boldsymbol{D}f(\bar{x}(t))\left[\delta x^i(t)-\epsilon\sum_{j=1}^{m}l_{ij}\delta x^j(t)\right]
$$

因此,

$$
\delta x(t+1)=[(I_m-\epsilon\boldsymbol{L})\otimes\boldsymbol{D}f(\bar{x}(t))]\,\delta x(t).
$$

再设 $\boldsymbol{L}=\boldsymbol{S}^{-1}\boldsymbol{J}\boldsymbol{S}$ 为 $\boldsymbol{L}$ 的若当分解, 而

$$\boldsymbol{J}=\begin{bmatrix} 0 & & & & & \\ & \lambda_2 & e_2 & & & \\ & & \ddots & & & \\ & & & & & \\ & & & \lambda_{m-1} & e_{m-1} & \\ & & & & \lambda_m & \end{bmatrix}$$

为若当块矩阵, 其中, $0=\lambda_1,\lambda_2,\cdots,\lambda_m$ 是 $\boldsymbol{L}$ 的特征值, 当 $i=2,\cdots,m$, $e_i=0$ 或 1. 再设 $\delta y(t)=[S\otimes I_n]\delta X(t)=[(\delta y^1(t))^\top,\cdots,(\delta y^m(t))^\top]^\top$, 则

$$\delta y(t+1)=[(I_m-\epsilon\boldsymbol{J})\otimes\boldsymbol{D}f(\bar{x}(t))]\,\delta y(t) \tag{5.3}$$

注意到 $S$ 的第一行为对应 $\boldsymbol{L}$ 的零特征根的左特征向量, 有

$$\delta y^1(t)=\sum_{i=1}^{m}\xi_i[x^i(t)-\sum_{k=1}^{m}\xi_k x^k(t)]=0.$$

因此, 变分方程 (5.3) 等价于下述一系列方程:

$$\begin{aligned}&\delta y^1(t)=0\\&\delta y^k(t+1)=\boldsymbol{D}f(\bar{x}(t))[\delta y^k(t)(1-\epsilon\lambda_k)+e_{k-1}\delta y^{k-1}(t)]\\&k=2,\cdots,m.\end{aligned} \tag{5.4}$$

由此, 可得

**定理 5.1**　如果存在常数 $0<\gamma_0<\gamma<1$ 和正整数 $t_0$, 使得

$$\max_{k=2,m}|1-\epsilon\lambda_k|\|\boldsymbol{D}f(\bar{x}(t))\|_2\leqslant\gamma_0\quad t>t_0 \tag{5.5}$$

那么, 耦合系统 (5.1) 局部指数同步.

**证明:**　首先假设 $e_{k-1}=0$, 即所有特征值为单重的. 此时由变分方程 (5.4) 可得

$$\begin{aligned}\|\delta y^k(t+1)\|_2&\leqslant\|\boldsymbol{D}f(\bar{x}(t))\|_2\|\delta y^k\||1-\epsilon\lambda_k|\\&\leqslant\gamma_0\|\delta y^k(t)\|_2\end{aligned}$$

因此, 对于任意 $k=1,\cdots,m$, $\delta y^k(t)=O(\gamma_0^{-t})$.

如果 $e_{k-1}=1$. 记 $z^k(t+1)=\boldsymbol{D}f(\bar{x}(t))[\delta y^k(t)(1+\lambda_k)]$ $\epsilon^k(t+1)=\boldsymbol{D}f(\bar{x}(t))[e_{k-1}\delta y^{k-1}(t)]$. 则

$$\delta y^k(t+1)=z^k(t+1)+\epsilon^k(t+1)\quad k=1,\cdots,m$$

由归纳法和若当分解, 通过一些运算, 可以得到

$$\delta y^k(t)=O(\gamma^{-t}),\quad for\ k=2,\cdots,m$$

结合 $\delta y^1(t)=0$, 可以得到 $\delta x(t)=O(\gamma^t)$. 定理得证.

由上定理可知, 同步同样也是由两个因素决定. 一个是每个节点的动力学特性, 由雅科比矩阵 $\|\boldsymbol{D}f(\bar{x}(t))\|$ 决定. 另一个是耦合机制, 由 $\max\{|1-\epsilon\lambda_2|,|1-\epsilon\lambda_m|\}$ 决定.

现在再讨论同步子空间的全局指数稳定性. 把方程 (5.1) 写成如下矩阵形式:

$$x(t+1)=[(I_m-\epsilon\boldsymbol{L})\otimes I_n]F(x(t)),\tag{5.6}$$

其中 $F(x(t))=[f(x^1(t))^\top,\cdots,f(x^m(t))^\top]^\top$.

**定理 5.2** 假设 $f\in F(\kappa)$, $\kappa>0$. 如果存在正数 $b>\kappa$ 和对角正定矩阵 $\boldsymbol{P}=diag\{p_1,\cdots,p_m\}$, 使得

$$(I_m-\tilde{\Xi}^\top-\epsilon\boldsymbol{L}^\top)\boldsymbol{P}(I_m-\tilde{\Xi}-\epsilon\boldsymbol{L})\leqslant\frac{1}{b^2}\boldsymbol{P}\tag{5.7}$$

其中

$$\tilde{\Xi}=\boldsymbol{1}_m\otimes\xi,$$

则耦合系统 (5.1) 全局指数同步.

**证明:** 已知

$$\delta x(t+1)=\Big\{I_{m\times n}-\tilde{\Xi}\otimes I_n-\epsilon\boldsymbol{L}\otimes I_n\Big\}\Big[F(x(t))-F(\bar{x}(t))\Big]\tag{5.8}$$

令 $V(t)=\delta x^\top(t)(\boldsymbol{P}\otimes I_m)\delta x(t)$. 则

$$V(t+1)=\delta x^\top(t+1)(\boldsymbol{P}\otimes I_m)\,\delta x(t+1)$$

$$
\begin{aligned}
&=\Big[F(x(t))-F(\bar{x}(t))\Big]^{\top}\Big\{[I_m-(\Xi-\epsilon\boldsymbol{L})]\otimes I_n\Big\}^{\top}(\boldsymbol{P}\otimes I_n)\\
&\quad\Big\{[I_m-\tilde{\Xi}-\epsilon\boldsymbol{L}]\otimes I_n\Big\}\Big[F(x(t))-F(\bar{x}(t))\Big]\\
&=\Big[F(x(t))-F(\bar{x}(t))\Big]^{\top}\Big\{\Big\{[I_m-(\Xi-\epsilon\boldsymbol{L})]^{\top}\boldsymbol{P}[I_m-\tilde{\Xi}-\epsilon\boldsymbol{L}]\Big\}\otimes I_n\Big\}\\
&\quad\Big[F(x(t))-F(\bar{x}(t))\Big]\\
&\leqslant\frac{1}{b^2}\Big[F(x(t))-F(\bar{x}(t))\Big]^{\top}\boldsymbol{P}\Big[F(x(t))-F(\bar{x}(t))\Big]\\
&\leqslant\frac{\kappa^2}{b^2}\delta x^{\top}(t)\boldsymbol{P}\delta x(t)=\frac{\kappa^2}{b^2}V(t)
\end{aligned}
$$

即 $\delta x^{\top}(t)=O\Big(\Big(\dfrac{\kappa}{b}\Big)^t\Big)$.

如果拉普拉斯矩阵可写为 $\boldsymbol{L}=C\boldsymbol{A}$, 这里 $C=diag[c_i]_{i=1}^m$, $c_i>0$, $\boldsymbol{A}$ 是对称不可约的拉普拉斯矩阵. 特别是,

$$
x^i(t+1)=f(x^i(t))-\frac{\epsilon}{k_i}\sum_{j=1}^{m}a_{ij}f(x^j(t))\quad i=1,\cdots,m \tag{5.9}
$$

其中, 当 $i$ 和 $j$ 有连接时, $a_{ij}=a_{ji}=-1$, 反之, $a_{ij}=a_{ji}=0$, $-a_{ii}=k_i=\sum_{j\neq i}a_{ij}$ 是节点 $i$ 的连接度, $\epsilon>0$ 是耦合强度. 则有如下结果

**定理 5.3**　设 $f\in F(\kappa)$. 记 $C=diag\{c_1,c_2,\cdots,c_m\}$. 实数 $0=\lambda_1\leqslant\lambda_2\leqslant\cdots\leqslant\lambda_m$ 是矩阵 $\boldsymbol{L}$ 特征值. 如果

$$
\max\{|1-\epsilon\lambda_2|,|1-\epsilon\lambda_m|\}<\frac{1}{\kappa} \tag{5.10}
$$

则耦合系统 (5.1) 全局指数同步.

**证明:**　记 $\bar{\boldsymbol{L}}=C^{\frac{1}{2}}\boldsymbol{L}C^{\frac{1}{2}}$. 显见, $\bar{\boldsymbol{L}}$ 是一个对称阵. 记其特征分解为 $\bar{\boldsymbol{L}}=\boldsymbol{Q}\wedge\boldsymbol{Q}^{-1}$. 则有

$$
C\boldsymbol{L}=C^{\frac{1}{2}}\bar{\boldsymbol{L}}C^{-\frac{1}{2}}=\{C^{\frac{1}{2}}\boldsymbol{Q}\}\wedge\{C^{\frac{1}{2}}\boldsymbol{Q}\}^{-1}
$$

这里 $C^{\frac{1}{2}}\boldsymbol{Q}=[v_1,\cdots,v_m]$. 记 $\xi=[\xi_1,\cdots,\xi_m]$ 是 $C\boldsymbol{L}$ 对应特征值 0 的左特征向量, 即满足 $\xi^{\top}v_1=1$, $\xi^{\top}v_i=0$, $i=2,\cdots,m$. 则

$$
\{C^{\frac{1}{2}}\boldsymbol{Q}\}^{-1}\Xi\{C^{\frac{1}{2}}\boldsymbol{Q}\}=E_m^1
$$

这里 $E_m^1$ 定义了矩阵满足: 除了 $E_m^1(1,1)=1$ 外, $E_m^1(i,j)=0$. 因此,

$$\begin{aligned}
&(I_m-\tilde{\Xi}-\epsilon C\boldsymbol{L})^\top C^{-1}(I_m-\tilde{\Xi}-\epsilon C\boldsymbol{L})\\
&=\boldsymbol{Q}C^{\frac{1}{2}}(I_m-E_m^1-\epsilon\Lambda)^\top\boldsymbol{Q}^\top C^{\frac{1}{2}}C^{-1}C^{\frac{1}{2}}\boldsymbol{Q}(I_m-E_m^1-\epsilon\Lambda)\{C^{\frac{1}{2}}\boldsymbol{Q}\}^{-1}\\
&=C^{-\frac{1}{2}}\boldsymbol{Q}(I_m-E_m^1-\epsilon\Lambda)^\top(I_m-E_m^1-\epsilon\Lambda)\boldsymbol{Q}^\top C^{-\frac{1}{2}}\\
&\leqslant\max_{i=2,\cdots,m}(1-\epsilon\lambda_i)^2C^{-\frac{1}{2}}\boldsymbol{Q}\boldsymbol{Q}^\top C^{-\frac{1}{2}}\leqslant\max_{i=2,\cdots,m}(1-\epsilon\lambda_i)^2C^{-1}
\end{aligned}$$

本定理是上一定理的直接推论.

**定理 5.4** 设 $f\in F(\kappa)$, $0=\lambda_1\leqslant\lambda_2\leqslant\cdots\leqslant\lambda_m$ 是矩阵 $\boldsymbol{L}$ 的特征根. 如果

$$\max\{|1-\epsilon\lambda_2|,|1-\epsilon\lambda_m|\}<\frac{1}{\kappa}\tag{5.11}$$

那么耦合系统 (5.1) 全局指数同步.

更加详细的内容, 可参看文献 [4].

## 5.2 时变切换映射网络的同步

在现实世界中, 网络结构经常会随时间而变化. 例如, 在移动通信网络中, 由于通信主体处在不停的移动状态, 某些节点间会因出现障碍而丧失连接, 也可能由于进入有效通信区域而出现新的连接. 需要强调的是, 这种随时连接的丢失和出现, 经常具有随机性. 因此, 不应局限于研究常态耦合网络. 必须研究随时间变化的耦合系统. 如文献 [5–7] 利用随时间变化的耦合矩阵序列来描述这种时变耦合拓扑结构的变化.

在本节中, $L(t)$ 表示时变网络的拉普拉斯矩阵序列. 记

$$G(t)=I_m-\epsilon L(t).$$

具有时变拓扑的耦合映射网络可以表示成

$$x^i(t+1)=\sum_{j=1}^m G_{ij}(t)f(x^j(t)),\ i=1,2,\cdots,m\tag{5.12}$$

这里, $[G_{ij}(t)]_{i,j=1}^m$, $t\in\mathbb{Z}^+$ 是随机矩阵序列. 此时, 耦合系统可写成

$$x(t+1)=G(\theta^{(t)}\omega)F(x(t)). \tag{5.13}$$

而 $\theta^{(t)}$ 代表一个度量动力系统 $\{\Omega,\mathcal{F},P,\theta^{(t)}\}$. 其中, $\Omega$ 表示状态空间, $\mathcal{F}$ 表示 $\sigma$-代数, $P$ 为对应的概率测度, 而 $\theta^{(t)}$ 是定义在 $\Omega$ 上的半流 (即满足 $\theta^{(t+s)}=\theta^{(t)}\circ\theta^{(s)}$), $\theta^{(0)}$ 是恒等映射, $G(\theta^{(t)}\omega)=[G_{ij}(\theta^{(t)}\omega)]_{i,j=1}^m\in\mathbb{R}^{m\times m}$ 是由 $\theta^{(t)}$ 诱导的随机矩阵序列, 且在 $(\Omega,\mathcal{F})$ 上可测, $F(x)=[f(x_1),\cdots,f(x_n)]^\top$ 是向量值的可微函数.

相应的, 可以定义时变图拓扑序列如下: 当 $t=1,2,\cdots,$ 时, $\{\Gamma(\theta^{(t)}\omega)\}_{t\in\mathbb{Z}^+}$, 而当 $t\in\mathbb{R}$ 时, $\Gamma(\theta^{(t)}\omega)=[\mathcal{V},\mathcal{E}(\theta^{(t)}\omega)]$, 其中 $\mathcal{V}=\{1,2,\cdots,m\}$ 为节点集合, $\mathcal{E}(\theta^{(t)}\omega)=\{e_{ij}(\theta^{(t)}\omega)\}$ 表示在 $t$ 时刻的边集合, 也就是说, 边 $e_{ij}(\theta^{(t)}\omega)$ 的存在等价于 $G_{ij}(\theta^{(t)}\omega)>0$.

系统 (5.13) 可理解为一个随机动力系统. 它还可写成更一般的形式

$$x(t+1)=H(x(t),\theta^{(t)}\omega),\ t\in\mathbb{Z}^+,\ \omega\in\Omega. \tag{5.14}$$

其中, $H(x(t),\theta^{(t)}\omega)=G(\theta^{(t)}\omega)F(x(t))$.

同样, 系统 (5.13) 也可视作如下的斜乘积半流系统

$$\Theta:\mathbb{Z}^+\times\Omega\times\mathbb{R}^m\to\Omega\times\mathbb{R}^m$$
$$\Theta^{(t)}(\omega,x)=(\theta^{(t)}\omega,x(t))$$

局部 (完全) 同步定义如下: 当初值充分接近于 (无耦合) 点动力系统的吸引子时, 成立着

$$\lim_{t\to\infty}\|x^i(t)-x^j(t)\|=0,\ i,j=1,2,\cdots,m. \tag{5.15}$$

应用 3.2 节的定义, 假设点动力系统 $s(t+1)=f(s(t))$ 有一个吸引子 $A$. 定义

$$\mathcal{S}=\{[x^1,x^2,\cdots,x^m]^\top\in\mathbb{R}^m:\ x^i=x^j,\ i,j=1,2,\cdots,m\}.$$

显见, 它是随机动力系统 (5.14) 的 (向前) 不变子集. 定义一个笛卡尔乘积 $A^m=A\times\cdots\times A$ ($m$ 阶乘积), 并定义同步流形如下

$$\mathcal{A}=\mathcal{S}\cap A^m=\{[x,\cdots,x]:x\in A\}$$

此时, 同步等价于随机动力系统 (5.13) 具有吸引子 $\mathcal{A}$.

不同于前面章节中的主要工具为耦合矩阵的特征分解, 本节中, 研究同步问题的工具是 Hajnal 直径 (定义 2.4). 可知, 耦合系统的同步等价于

$$\lim_{t\to\infty} diam([x_1(t),\cdots,x_m(t)]^\top)=0 \tag{5.16}$$

为了下面讨论需要, 将此概念拓展到矩阵序列的乘积.

设 $\mathcal{G}(\omega)=\{G(\theta^{(t)}\omega)\}_{t\geqslant 0}:\Omega\to 2^{\mathbb{R}^{m,m}}$ 是 $\omega$ 到所有 $\mathbb{R}^{m,m}$ 的矩阵集合的一个映射. 给定初始值 $\omega\in\Omega$, 其 Hajnal 直径定义为

$$diam(\mathcal{G}(\omega))=\overline{\lim_{t\to\infty}}\left\{diam\left[\prod_{k=0}^{t-1}G(\theta^{(k)}\omega)\right]\right\}^{\frac{1}{t}}, \tag{5.17}$$

这里, $\prod_{k=1}^{n}A_k=A_n\times A_{n-1}\times\cdots\times A_1$. 显见, $diam(\mathcal{G}(\omega))<0$ 意味着无限矩阵乘积 $\prod_{t=0}^{\infty}G(\theta^{(t)}\omega)$ 的各行向量之差等于零.

设 $s(t)$ 是点动力系统 $s(t+1)=f(s(t))$ 的一个解. 定义变分 $\delta x(t)=x(t)-s(t)$. 在 $s(t)$ 附近线性化 (5.13) 可得

$$\delta x(t+1)=f'(s(t))G(\theta^{(t)}\omega)\delta x(t) \tag{5.18}$$

并用式 (5.19) 定义点动力系统吸引子 $\mathcal{A}$ 的最大李亚普诺夫指数

$$\mu=\max_{s_0\in A}\overline{\lim_{t\to\infty}}\frac{1}{t}\sum_{k=0}^{t-1}\log|f'(f^{(k)}(s_0))| \tag{5.19}$$

注意到

$$\begin{aligned}&diam\left[\prod_{k=0}^{t-1}G(\theta^{(k)}\omega)f'(f^{(k)}(s_0))\right]\\&=diam\left[\prod_{k=0}^{t-1}G(\theta^{(k)}\omega)\right]\left|\prod_{l=0}^{t-1}f'(f^{(l)}(s_0))\right|.\end{aligned} \tag{5.20}$$

则变分系统的 Hajnal 直径为 $diam(\mathcal{G}(\omega))e^{\mu}$. 类似文献 [8] 中定理 4.1 的证明可得

**定理 5.5** 假设 $G(\theta^{(t)}\omega)$ 满足大偏差性质, 且

$$diam(\mathcal{G}(\omega))e^{\mu}<1, \tag{5.21}$$

则随机动力系统 (5.13) 同步.

当然, 由定理 3.3, 也可用横向李亚普诺夫指数来描述同步稳定性. 定义矩阵序列 $\mathcal{G}$ 的关于方向 $v$ 的李亚普诺夫指数为

$$\sigma(\mathcal{G},\omega,v)=\overline{\lim_{t\to\infty}}\frac{1}{t}\log\left\|\prod_{k=0}^{t-1}G(\theta^{(k)}\omega)v\right\| \tag{5.22}$$

因为 $G(\cdot)$ 每行和都为 1, 易得 $\sigma(\mathcal{G},\omega,e_0)=0$. 这里, $e_0=[1,1,\cdots,1]^\top$ 为同步方向. 设 $0=\sigma_0\geqslant\sigma_1\geqslant\sigma_2\geqslant\cdots\geqslant\sigma_m$ 表示所有 (可重复) 的李亚普诺夫指数. 可以证明 (见文献 [8] 引理 2.7)

$$\sigma_1(\omega)=\log diam(\mathcal{G}(\omega)) \tag{5.23}$$

因此, (5.21) 可写成

$$\sigma_1(\omega)+\mu<0 \tag{5.24}$$

从而可得

**定理 5.6** 假设 $G(\theta^{(t)}\omega)$ 满足大偏差性质, 且

$$\sigma_1(\omega)+\mu<0. \tag{5.25}$$

则耦合系统 (5.13) 能实现同步.

下面通过数值模拟来验证时变耦合映射网络 (5.13) 的同步行为. 这里映射取成二次映射 $f=ax(1-x)$. 参数为 $a=3.90$. 对应的点动力系统的最大李亚普诺夫指数 $\mu\approx0.5$. 耦合系统为

$$x^i(t+1)=\begin{cases}f(x^i(t))+\dfrac{\epsilon}{k_i(t)}\displaystyle\sum_{j=1}^{m}A_{ij}(t)[f(x^j(t))-f(x^i(t))], & k_i(t)>0,\\ f(x^i(t)), & k_i(t)=0,\end{cases} \tag{5.26}$$

$i=1,2,\cdots,m$, $\epsilon\geqslant0$ 是耦合强度, $A(t)$ 是在时刻 $t$ 耦合拓扑的连接矩阵, $k_i(t)=\sum_{j\neq i}A_{ij}(t)$ 是节点 $i$ 在时刻 $t$ 的 (入) 度.

下列变差用来度量同步状态

$$K=\left\langle\frac{1}{m-1}\sum_{i=1}^{m}[x^i(t)-\bar{x}(t)]^2\right\rangle,$$

这里, $\bar{x}=(1/m)\sum_{i=1}^{m}x^i(t)$. 记号 $\langle\cdot\rangle$ 表示关于时间取平均. 量 $K$ 可以视为耦合强度 $\epsilon$ 的函数. 如果 $k_i(t)>0$, 定义 $[G(t)]_{ij}=\delta_{ij}(1-\epsilon)+\epsilon k_i^{-1}(t)[A(t)]_{ij}$; 否则, 定义 $[G(t)]_{ij}=\delta_{ij}$($\delta_{ij}$ 表示单位矩阵 $I_m$ 的 $i,j$ 元素). 则随机矩阵序列 $\{G(t)\}_{t\in\mathcal{Z}^+}$ 关于同步流形的最大横向李亚普诺夫指数 $\sigma_1$ 也可看成 $\epsilon$ 的函数. 定义 $W=\sigma_1+\mu$, 它便是系统 (5.26) 最大横向李亚普诺夫指数.

考虑四种时变拓扑耦合模型. 在每个模型中, 节点数目是不变的, 而连接边是由一个马氏链确定. 通过此四个模型, 可以验证前述理论结果.

(1) 独立同分布的随机图序列: 在每个时刻 $t$, 任意两个节点按同一概率 $p$ 连接, 且与时间是相互独立的 (见文献 [6]).

(2) 随机切换拓扑 (见文献 [5]): 在每个时刻 $t$, 图在有限个图集合中随机选取, 而在每一时刻选取的概率服从独立同分布. 这里考虑两个图集合 $\{\Gamma_1,\Gamma_2\}$ 和 $\{\Gamma_3,\Gamma_4\}$ (如图 5.1 所示). 随机切换发生在对应的两个图之间, 由一个服从贝努里分布的随机数 $v$ 确定. 对于一个常数 $p\in(0,1)$, 当 $v<p$, 选取第一个图. 反之, 则选第二个图.

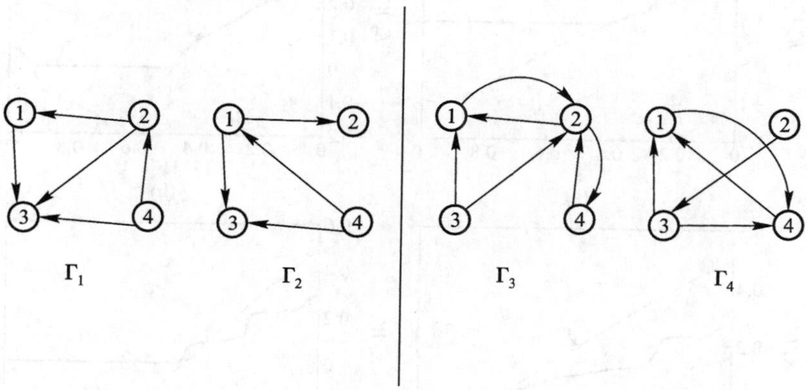


图 5.1 两个图集合 $\{\Gamma_1,\Gamma_2\}$ 和 $\{\Gamma_3,\Gamma_4\}$. 在每个图集合中, 每个时刻以概率 $p$ 选择 $\Gamma_1$ (对应的 $\Gamma_3$) 和概率 $1-p$ 取 $\Gamma_2$ (对应的 $\Gamma_4$).

(3) 随机错误的无尺度网络: 当某一节点随机发生错误, 该节点与所有节点的连接都会消失. 而错误又分为两种: 一种称之为*失误*, 错误发生的概率对于所有节点服从一致分布; 另一种称为*攻击*, 当节点遭受攻击时, 其连接边都会消失, 其发生概率具有趋向性. 利用文献 [9] 的方式定义攻击, 节点遭受攻击的概率正比于其连接度. 另一方面, 当一个节点发生错误或者遭受攻击后, 经过固定的时间 $T$, 所有连接又重新出现. 定义 $p$ 为错误节点率, 也就是说, 一共有 $[N \times p]$ 错误节点 ($[\cdot]$ 是取整函数, $N$ 是网络尺寸).

(4) 聚会讨论模型 (见文献 [10]): 一群朋友决定聚会地点. 由于无法让所有人同时一起讨论, 就通过多次分组讨论来决定. 每次会议由一部分讨论. 通过不断的讨论和更新信息以达到所有人的一致意见. 设一共有 $N$ 个成员. 在每个时间段, 随机等分为若干小组, 每个小组有 $n$ 个成员 (若不能等分, 则将剩余成员放入最后一个小组). 每个小组构成一个完全图, 且每次分组变化都是相互统计独立的.

从图 5.2(a)~(d) 中可看出, 与 $K(\epsilon) \sim 0$ 和 $W(\epsilon) < 0$ 对应的耦合强度 $\epsilon$ 区域

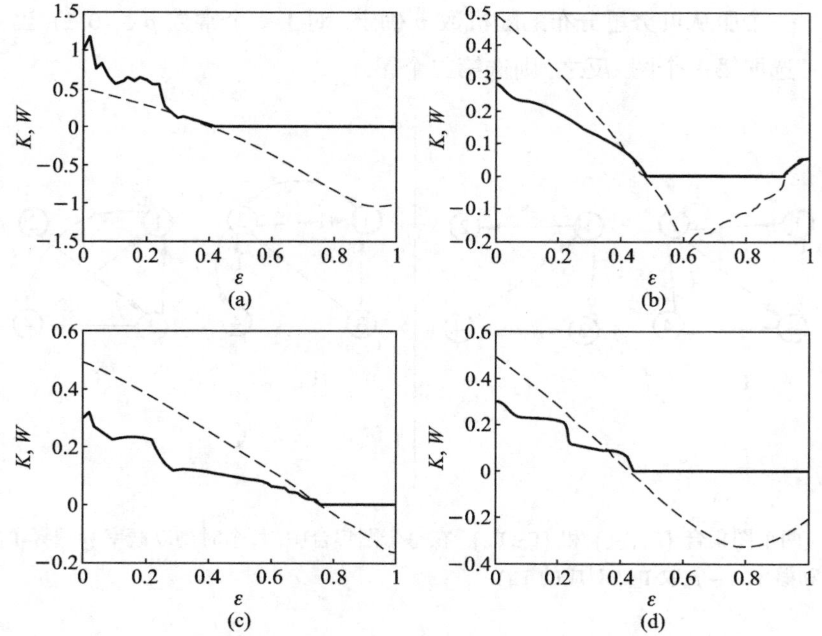


图 5.2 $K(\epsilon)$ 和 $W(\epsilon)$ 随 $\epsilon$ 的变化. (a) 独立同分布的随机图序列 (200 个节点, $p = 0.1$); (b) 随机切换拓扑 (在 $\Gamma_3$ 和 $\Gamma_4$ 间切换, 切换概率 $p = 0.5$); (c) 随机错误的无尺度网络[11]. 200 个节点, 平均度为 20, 失误率 $p = 0.01$, 恢复时间 $T = 3$; (d) 聚会讨论模型, $N = 200$ 个成员, 分组会议为 $n = 5$ 名成员. 实线 (–) 表示 $K$, 点线 (– · –) 表示 $W$.

完全重合. 这验证了定理 5.6 的结果. 需要说明的是, 在图 5.2 (d) 中, 似乎在少许区域 ($\epsilon \approx 0.45$ 附近), 二者不一致. 这是由于数据点有限造成的. 实际上, 二者的耦合强度区域完全一致. 值得注意的是, 在聚会讨论模型中, 在每个时刻, 整体图都不是连通的. 但仍然能同步一个混沌的二次映射. 关于时变耦合拓扑结构的同步能力, 将在之后的章节作阐述.

更加详细的内容, 可以参看文献 [12].

## 参考文献


[1] Bohr T, Christensen O B. Size dependence, coherence, and scaling in turbulent coupled map lattices [J]. Phys. Rev. Lett., 1989, 63: 2161-2164.

[2] Kaneko K. Spatio-temporal intermittency in coupled map lattices [J]. Prog. Theor. Phys., 1985, 74:1033.

[3] Kaneko K. Theory and applications of coupled map lattices [M]. New York: Wiley, 1993.

[4] Lu W L, Chen T P. Synchronization analysis of linearly coupled networks of discrete time systems [J]. Physica D, 2004, 198: 148-168.

[5] Olfati R, Murray R M. Consensus problems in networks of agents with switching topology and time delays [J]. IEEE Trans. Automat. Contr. , 2004, 49: 1520-1533.

[6] Hatano Y, Mesbahi M. [J]. IEEE Trans. Autom. Control, 2004, 50(11): 1867.

[7] Moreau L. Stability of multi-agent systems with time-dependent communication links [J]. IEEE Trans. Autom. Control, 2005, 50(2): 169-182.

[8] Lu W L, Atay F M, Jost J. Synchronization of Discrete-Time Dynamical Networks with Time-Varying Couplings [J]. SIAM Journal on Math. Anal. 2007, 39(4): 1231-1259.

[9] Albert R, Jeong H, Barabási A L. Error and attack tolerance of complex networks [J]. Nature, 2000, 406(27): 378-382.

[10] Ren W, Beard R W. Consensus seeking in multi-agent systems under dynamically changing interaction topologies [J]. IEEE Trans. Autom. Control, 2005, 50(5): 655-661.

[11] Barabási A L, Albert R. Emergence of scaling in random networks [J]. Science, 1999,

286:509-512.

[12] Lu W L, Atay F M, Jürgen J. Chaos synchronization in networks of coupled maps with time-varying topologies [J]. Eur. Phys. J. B, 2008, 63: 399-406.

# 第六章 复杂网络的同步能力

前面章节讨论了耦合网络 (离散和连续时间模型) 的同步问题. 其判据由两部分组成: 点动力系统的动力行为和网络的拉普拉斯矩阵的代数特征. 因此, 在给定网络的点动力行为和耦合机制后, 可以用代数图理论方法来研究网络拓扑结构和耦合系数对于同步能力的影响.

在本章第 6.1 节中, 依据不同耦合模型及其设定来定义各类网络同步能力. 特别是, 对于对称图, 其同步能力常可以用其对应拉普拉斯矩阵的特征根来描述. 因此, 对于复杂网络, 尤其对于具有随机图的网络, 其拉普拉斯矩阵特征根的分布在研究网络同步能力时至关重要.

在第 6.2 节中, 介绍已有的关于随机网络拉普拉斯矩阵特征根分布的结果. 讨论网络的拓扑结构如何影响相应拉普拉斯特征根, 以及如何通过图的拓扑统计量来预测网络的同步能力. 这是研究复杂网络同步问题的一个热点. 大量文献对此进行了研究.

第 6.3 节介绍的内容将从严格数学意义上否定这种可能性. 尽管对于某些图, 其拓扑统计量与拉普拉斯矩阵的特征根分布有很强的相关性. 但是, 不存在一个统计量能精确预测所有图的同步能力.

第 6.4 节着重于利用时变网络的同步分析的相关结论, 将网络的同步能力从静态结构推广到时变结构.

第 6.5 节利用一类耦合权重反馈自适应算法来提高网络的同步能力.

## 6.1 定义复杂网络的同步能力

网络同步能力与耦合系统的结构密切相关. 关于网络的局部同步, 已有大量文献描述各种模型的同步能力. 有用拉普拉斯矩阵的最小非零特征根来描述其同步能力. 也有用最大与最小非零特征根之间的比值来描述其同步能力.

与许多文献关注网络实现局部同步的能力不同, 本节将关注网络实现全局同步性的同步能力.

由第 4.1.2 节的结果可知, 在定理 4.4 的假设下, 系统 (4.17) 实现同步的充分条件由矩阵 $U(\alpha I - c\boldsymbol{L})$ 的半负定性给出. 这里 $\boldsymbol{L}$ 是网络的拉普拉斯矩阵, $c$ 是耦合强度.

当 $\boldsymbol{L}$ 为可约时, 最大连通块 $L_p$ (根节点) 对应的 $U(\alpha I - cL_p)$ 的半负定性起着关键作用. 由定理 4.6 可以给出下述耦合系统 (4.17) 实现同步的充要条件 (也可见文献 [1]).

**定理 6.1** 在定理 4.6 的假设下, 对于任何 $\alpha > 0$, 存在常数 $c$ 使得其条件 (1) 中的不等式 (4.38) 和条件 (2) 中的不等式 (4.39) 成立的充要条件是耦合的网络拓扑具有生成树.

需强调的是, 当 $f(x(t),t) \in QUAD\,(P, \alpha\Gamma, \varepsilon), \alpha \leqslant 0$, 则对于点动力系统 $\dot{s}(t) = f(s(t),t)$ 的任意两个解 $x(t)$ 和 $y(t)$ 成立着

$$(x-y)^{\top} P\left\{[f(x,t) - f(y,t)] - \alpha\Gamma[x-y]\right\} \leqslant -\epsilon(x-y)^{\top}(x-y) \tag{6.1}$$

令

$$W(t) = \frac{1}{2}(x(t)-y(t))^{\top} P(x(t)-y(t))$$

微分得

$$\begin{aligned}\dot{W}(t) &= (x(t)-y(t))^{\top} P(f(x,t) - f(y,t)) \\ &\leqslant (x(t)-y(t))^{\top}(-\epsilon I_n + \alpha P\Gamma)(x(t)-y(t))\end{aligned}$$

当 $P\Gamma$ 正定且 $\alpha \leqslant 0$ 时,

$$W(t) = O(e^{-\epsilon t})$$

这表明, 点动力系统 $\dot{s}(t) = f(s(t),t)$ 的任意两个解都能同步. 此时, 不需要引入耦合系统.

只有当 $\alpha > 0$ (混沌系统) 时, 才有必要讨论耦合系统 (4.17). 此时, 通过耦合项的负反馈实现系统的同步. 定理 4.6 表明, 当网络具有生成树, 耦合强度足够大时, 耦合系统能实现同步. 具有生成树可视为模型 (4.17) 实现混沌同步网络的必要条件. 事实上, 如果网络不具有生成树, 则至少两个子图是在网络中孤立的 (不

受其他子图的影响). 即使这两个子图内部能实现同步, 如果同步轨道是不稳定的 ($\alpha > 0$), 它们之间却由于无法通信无法实现同步. 因此, 生成树结构作为混沌同步的充要条件是容易理解的.

进一步, 在文献 [2] 中给出了非对称拉普拉斯矩阵耦合网络 (4.1) 同步能力的刻画. 对于不可约网络, 在定理 4.3 中, 令 $\Delta = \Gamma$, 则实现同步的条件为

$$c \geqslant \alpha \max_{u^\top \xi = 0} \frac{u^\top \Xi u}{u^\top (\Xi \boldsymbol{L})^s u} \tag{6.2}$$

定义如下内积

$$\langle u, v \rangle_\Xi = u^\top \Xi v.$$

以及 Rayleigh-Ritz 熵

$$\lambda_2^\Xi = \min_{u^\top \xi = 0} \frac{\langle Lu, u \rangle_\Xi}{\langle u, u \rangle_\Xi}$$

则上述不等式 (6.2) 可写为

$$c \geqslant \frac{\alpha}{\lambda_2^\Xi}. \tag{6.3}$$

当 $\alpha > 0$ 给定时, $\lambda_2^\Xi$ 越大, 所需的耦合强度越小. 因此, $\lambda_2^\Xi$ 可作为度量网络同步能力的指标. $\lambda_2^\Xi$ 越大, 网络的同步能力越强. 当 $\boldsymbol{L}$ 是对称矩阵时, $\Xi = \frac{1}{m} I_m$, 此时, $\lambda_2^\Xi$ 即 $\boldsymbol{L}$ 的最小非零特征根. 对称的拉普拉斯矩阵 $\boldsymbol{L}$ 的最小非零特征根被称为图的**代数连接度**. 对于非对称的不可约图, $\lambda_2^\Xi$ 被定义为其**广义代数连接度**.

当耦合系统为可约 (且具有生成树) 时, 其拉普拉斯矩阵可以写成如下的块上三角形 (Perron-Frobenius 形式):

$$\boldsymbol{L} = \begin{bmatrix} \boldsymbol{L}_{11} & \boldsymbol{L}_{12} & \boldsymbol{L}_{13} & \cdots & \boldsymbol{L}_{1p} \\ 0 & \boldsymbol{L}_{22} & \boldsymbol{L}_{23} & \cdots & \boldsymbol{L}_{2p} \\ 0 & 0 & \boldsymbol{L}_{33} & \cdots & \boldsymbol{L}_{3p} \\ \vdots & \vdots & \vdots & & \vdots \\ 0 & 0 & 0 & \cdots & \boldsymbol{L}_{pp} \end{bmatrix}$$

其中, $\boldsymbol{L}_{pp}$ 是不可约的维数为 $m_p$ 的拉普拉斯矩阵. 令 $\xi_p=[\xi_p^l,\cdots,\xi_{m_p}^l]$ 为其零特征根对应的左特征向量. $\Xi_p=diag\{\xi_p^l,\cdots,\xi_{m_p}^l\}$. 其广义代数连接度

$$\lambda^p=\min_{u^\top\xi_p=0}\frac{\langle Lu,u\rangle_{\Xi_p}}{\langle u,u\rangle_{\Xi_p}}$$

而 $\boldsymbol{L}_{ll}, l=1,\cdots,p-1$, 都是不可约的维数为 $m_l$ 的非奇异 M-矩阵 (定义 2.1). 由引理 2.1 可知, 存在 $\Xi_l=diag\{\xi_1^l,\cdots,\xi_{m_l}^l\}$, 使得 $(\Xi_l\boldsymbol{L}_{ll})^s$ $l=1,\cdots,p-1$, 都是正定阵.

定义如下 Rayleigh-Ritz 熵

$$\lambda^l=\min_{u\in\mathbb{R}^{m_l}}\frac{\langle L_{ll}u,u\rangle_{\Xi_l}}{\langle u,u\rangle_{\Xi_l}}\quad l=1,\cdots,p-1$$

此时, 定理 4.5 的条件 (2) 转化为:

$$c>\frac{\alpha}{\min\{\lambda^1,\cdots,\lambda^{p-1},\lambda^p\}}.$$

因此, $\min\{\lambda^1,\cdots,\lambda^{p-1},\lambda_2^p\}$ 可视为可约拉普拉斯矩阵 $\boldsymbol{L}$ 对应的耦合网络同步能力的一个度量. 此值越大, 实现该条件所需的耦合强度 $c$ 就越小. 即可约网络的同步能力越强.

当耦合函数是非线性的时候, 上述同步能力的刻画未必成立. 考虑完全非线性耦合的复杂网络

$$\dot{x}^i(t)=f(x^i(t))-c\sum_{j=1}^{m}l_{ij}h(x^j(t));\quad i=1,2,\cdots,m,\tag{6.4}$$

其中, $h_k\in NCF(\alpha_k,\beta_k)$, $\beta_k>0$, $k=1,2,\cdots,n$.

由推论 4.6 可知, 对于不可约拉普拉斯矩阵 $\boldsymbol{L}$, 当

$$\frac{\|\Xi\boldsymbol{L}\|_2}{\lambda_2^\Xi}<\frac{\alpha_k}{2\beta_k},\ \forall\ k.$$

且耦合强度 $c$ 充分大时, 非线性耦合系统 (6.4) 可实现同步. 可见 $\dfrac{\|\Xi\boldsymbol{L}\|_2}{\lambda_2^\Xi}$ 越小, 则在充分大的 $c$ 情况下, 能对更大范围的 $NCF(\alpha_k,\beta_k)$ 类耦合函数实现全局同步. 注意到, 当 $\boldsymbol{L}$ 为对称矩阵时, $0=\lambda_1<\lambda_2\leqslant\cdots\leqslant\lambda_m$ 是 $\boldsymbol{L}$ 的特征根 (考虑重数), $\dfrac{\|\Xi\boldsymbol{L}\|_2}{\lambda_2^\Xi}=\dfrac{\lambda_m}{\lambda_2}$, 即 $\boldsymbol{L}$ 的最大特征值与最小非零特征值之比. 比值越小, 同步能力越强.

对于离散时间耦合映射网络 (5.1), 令 $\boldsymbol{PD}$ 为所有 $m$ 维正定对角矩阵. 定义如下 Rayleigh-Ritz 熵

$$\gamma(\epsilon, \boldsymbol{L}) = \max_{\boldsymbol{P}\in\boldsymbol{PD}} \min_{x\in\mathbb{R}^m, x\neq 0} \frac{\langle x, x\rangle}{\langle y(x), y(x)\rangle}$$

其中, $y(x) = (I_m - \tilde{\Xi} - \epsilon\boldsymbol{L})x$. 由定理 5.5, 如果 $\gamma(\epsilon, \boldsymbol{L}) > \kappa$ ($\kappa$ 为映射 $f(\cdot)$ 的 Lipschitz 常数), 则耦合系统 (5.1) 可实现全局同步. 由此, 给定拉普拉斯矩阵 $\boldsymbol{L}$, 定义

$$\eta(\boldsymbol{L}) = \sup_{\epsilon>0} \gamma(\epsilon, \boldsymbol{L})$$

对一定的耦合强度 $\epsilon$, $\eta(\boldsymbol{L})$ 越大, 意味着系统 (5.1) 能对更大范围的映射 $f(\cdot)$ 实现全局同步. 当点动力系统 $s^{t+1} = f(s^t)$ 具有混沌吸引子时, $\kappa > 1$ (不然, 点动力系统是稳定的). 因此要实现混沌同步, $\eta(\boldsymbol{L}) > 1$ 是必要条件. 对于耦合映射网络, 有

**定理 6.2** 拉普拉斯矩阵 $\boldsymbol{L}$ 对应的图具有生成树的充要条件是 $\eta(\boldsymbol{L}) > 1$.

其证明请参看文献 [4]. 也就是说在耦合映射网络中, 实现混沌同步的基本条件仍然是网络具有生成树. 当 $\boldsymbol{L}$ 是对称或者可对角对称时, 文献 [4] 指出 $\eta(\boldsymbol{L})$ 与 $\boldsymbol{L}$ 的最大特征根和最小非零特征根的比值有关.

**命题 6.1** 当 $\boldsymbol{L}$ 是对称的, 可对角对称化 (可通过乘以正定对角阵变成对称矩阵) 或者三角阵时,

$$\gamma(\epsilon, \boldsymbol{L}) = \frac{1}{\max\limits_{i\geqslant 2} |1 + \epsilon\lambda_i|}, \quad \eta(\boldsymbol{L}) = \frac{\lambda_m + \lambda_2}{\lambda_m - \lambda_2}.$$

其中 $0 = \lambda_1 \leqslant \lambda_2 \leqslant \cdots \leqslant \lambda_m$ 是 $\boldsymbol{L}$ 的特征根按大小排序 (考虑重根的情形).

其证明也可参见文献 [4]. 由 $\eta(\boldsymbol{L})$ 的表达式可知, 特征根比 $\lambda_m/\lambda_2$ 越小, $\eta(\boldsymbol{L})$ 越大, 那么在适当的耦合强度 $\epsilon$ 情况下, 网络系统能够全局同步的映射 $f(\cdot)$ 的范围也越大. 也就是说该耦合系统对应的网络同步能力越强.

## 6.2 网络拉普拉斯矩阵谱的分析

对于具有对称结构网络的拉普拉斯矩阵, 对应网络的同步能力 (局部同步或全局同步) 可视为拉普拉斯矩阵的特征根的函数. 具体而言, 对于线性耦合微分动力系统 (4.1), 同步能力可由 (除开对应同步子空间的 0 特征根) 最小的特征根 $\lambda_2$ 来描述; 而对于非线性 (NCF 函数类) 耦合微分动力系统 (4.63), 网络的同步能力可由最大特征值与最小特征根之比 $\dfrac{\lambda_m}{\lambda_2}$ 来描述; 在耦合映射网络中, 网络的同步能力也由 $\dfrac{\lambda_m}{\lambda_2}$ 来描述. 因此, 对于这些网络, 分析拉普拉斯矩阵的特征根的分布, 特别是最大和最小 (除零特征根) 特征值的分析, 对于分析网络的同步能力尤其重要. 近年来, 很多文献讨论复杂网络的同步能力 (包含 $\lambda_2$ 和 $\lambda_2/\lambda_m$) 时, 都致力于挖掘同步能力与网络拓扑结构的关系. 希望利用描述网络拓扑结构的统计量来预测其同步能力. 这些统计量包括: 平均度 [7-11], 平均直径 [7, 12, 13], 节点平均最短路径数 [11] 等.

正如文献 [5, 6] 中指出的, 对于一般的图拓扑结构, 任何统计量都无法刻画网络的同步能力. 在本节中, 将介绍文献 [5, 6] 中给出的分析. 为此, 首先定义两类拉普拉斯矩阵. 第一类称为**对称拉普拉斯矩阵**: 设 $\boldsymbol{A}=[a_{ij}]_{i,j=1}^m$ 是图对应的连接矩阵 (假设没有多重连接和自连接), $\boldsymbol{D}=diag[d_1,\cdots,d_m]$ 是一个对角阵其对角元等于对应节点的度 ($d_i=\sum\limits_{j=1}^m a_{ij}$), 对称拉普拉斯矩阵定义为 $\boldsymbol{L}=\boldsymbol{D}-\boldsymbol{A}$; 而第二类**正则拉普拉斯矩阵**定义为 $\tilde{\boldsymbol{L}}=I_m-\boldsymbol{D}^{-1}\boldsymbol{A}$. 分别定义其最小非零特征根为 $\lambda_2$ 和 $\tilde{\lambda}_2$, 最大特征根为 $\lambda_m$ 和 $\tilde{\lambda}_m$. 对于一个图的拓扑结构 $\mathcal{G}$, 定义某个网络统计量 $T(\mathcal{G})$. $\Omega_T$ 是统计量 $T$ 在无限大的图其取值的极限空间

$$\Omega_T=\{\lim_{k\to\infty}T(\mathcal{G}_k):\ \mathcal{G}_k's\ size\ goes\ to\ +\infty, T(\mathcal{G})_k\ converges,\ as\ k\to\infty\}.$$

文献 [5, 6] 通过构造例子证明如下命题.

**命题 6.2**　对于任何 $t \in \Omega_T$, 总存在一个对称的联通图序列 $\mathcal{G}_k, k = 1, 2, \cdots$, 其对应的 (对称或者正则) 拉普拉斯矩阵非零最小特征根 $\lambda_2^k$ ($\tilde{\lambda}_2^k$) 和统计量 $T(\mathcal{G}_k)$ 满足:

(1) $\lim_{k\to\infty} T(\mathcal{G}_k) = t$;

(2) $\lim_{k\to\infty} \lambda_2^k = 0$ 和 $\lim_{k\to\infty} \tilde{\lambda}_2^k = 0$.

为了阐述 (非严格证明) 此命题, 需引入相关代数图理论. 令 $\mathcal{G} = (\mathcal{V}, \mathcal{E})$, 这里 $\mathcal{V}$ 是节点集合, $\mathcal{E}$ 是边的结合. 设 $S \subset \mathcal{V}$, $\mathcal{V} - S$ 是其补节点集. 定义 $\partial S$ 包含所有连接 $S$ 与 $\mathcal{V} - S$ 的边, **等周数** (isoperimetric number) 定义为

$$i(\mathcal{G}) = \min\left\{\frac{|\partial S|}{|S|}, S \subset \mathcal{V}, 0 < |S| \leqslant \frac{|\mathcal{V}|}{2}\right\}. \tag{6.5}$$

**齐格常数** (Cheeger 常数), 定义如下:

$$h(\mathcal{G}) = \min_{S\subset\mathcal{V}} \frac{|\partial S|}{\min\left(\sum_{v\in S} d_v, \sum_{u\notin S} d_u\right)}$$

在许多文献, 诸如文献 [14, 15] 中, 利用这两个指标分别给出 $\tilde{\lambda}_2$ 和 $\lambda_2$ 的上界估计. 这里举下述两种:

$$\lambda_2 \leqslant 2i(\mathcal{G}), \quad \tilde{\lambda}_2 \leqslant 2h(\mathcal{G}).$$

文献 [5, 6] 分别利用上述两个不等式构造网络使之同步能力趋于零. 具体构造如下: 假设图 $\mathcal{G} = (\mathcal{V}, \mathcal{E})$ 的节点 $\mathcal{V}$ 包含两个部分: $\mathcal{V} = \mathcal{V}_1 + \mathcal{V}_2$, 其中 $|\mathcal{V}_2| = q$, $|\mathcal{V}_1| = nq$, $n, q$ 为正整数. 只有一条 (无向) 边连接 $\mathcal{V}_1$ 和 $\mathcal{V}_2$, $|\partial\mathcal{V}_1| = |\partial\mathcal{V}_2| = 1$. 如果 $k \gg 1$, 则图 $\mathcal{G}$ 的统计量由 $\mathcal{V}_1$ 构成的子图 ($\mathcal{G}_1$) 确定. 如图 6.1 所示. 不妨设 $\lim\limits_{|\mathcal{V}_1|\to\infty} T(\mathcal{G}_1) = t$. 此时,

$$\lim_{n\to\infty} T(\mathcal{G}) = t.$$

而由于不等式 (6.5) 可知, 在 $q \to \infty$ 情况下, 很容易构造 $\mathcal{V}_2$ 对应的子图 $\mathcal{G}_2$, 使得 $\lim\limits_{q\to\infty} h(G) = \lim\limits_{q\to\infty} i(\mathcal{G}) = 0$. 因此, $\lim\limits_{n,q\to\infty} \lambda_2 = 0$ 和 $\lim\limits_{n,q\to\infty} \tilde{\lambda}_2 = 0$.

注意到 $\lambda_m \geqslant \dfrac{n}{n-1}\max_v d_v$ 和 $\tilde{\lambda}_m \geqslant 1 - \dfrac{1}{\max_v d_v}$, 很容易给出最大特征值的非零下界. 因此, 可以得到 $\lim\limits_{n,q\to\infty} \lambda_2/\lambda_m = 0$ 和 $\lim\limits_{n,q\to\infty} \tilde{\lambda}_2/\tilde{\lambda}_m = 0$.

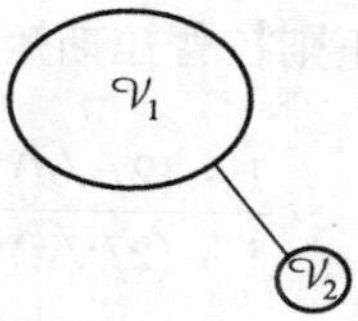


图 6.1 为命题 6.2 所构造的例子

当然, 对于一类特殊网络 (例如随机网络), 这些统计量对于同步能力有一定的预测能力. 因为人们可以通过图的度分布来获得拉普拉斯矩阵的非零最大和最小特征根的 (网络尺寸区域无穷大) 渐近分布 (半圆律). 文献 [16] 对于**给定期望度分布的随机图**, 证明了其正则拉普拉斯矩阵特征根分布也满足半圆律[17]. 给定期望分布的随机图是 ER 随机图的一个推广.

设 $(d_1, \cdots, d_m)$ 是期望的度分布 (可满足任何性质, 诸如幂分布或者泊松分布), 节点 $i$ 和 $j$ 的连接概率

$$p_{ij} = \frac{d_i d_j}{\sum\limits_{k=1}^{m} d_k}$$

不同节点对的连接是相互独立的. 令 $\bar{d} = \langle d_k \rangle$, $d_{\min} = \min_k d_k$. 为记号方便, 此时允许自连接并且假设 $d_i^2 > \sum\limits_k d_k$.

设

$$W(x) = \begin{cases} \dfrac{2}{\pi}\sqrt{1-x^2} & |x| \leqslant 1 \\ 0 & |x| > 1 \end{cases}$$

定义 $W_m(x)$ 是矩阵 $\boldsymbol{C} = [I_m - \tilde{\boldsymbol{L}}]/(2/\sqrt{\bar{d}})^{-1}$ 特征根的分布函数. 即 $W_m(x) = N(x)/m$, 其中 $N(x) = \#\{\lambda < x :\ \lambda \in \lambda(C)\}$. 文献 [16] 证明了

**定理 6.3** 假设 $d_{\min} \gg \sqrt{\bar{d}}$, 则当 $m \to \infty$, $W_m(x)$ 渐近趋于半圆函数 $W(x)$.

由此, 在网络规模充分大时, 正则拉普拉斯矩阵的最大和最小特征根可以分别渐近近似为

$$\tilde{\lambda}_m \sim 1 + (2/\sqrt{\bar{d}})^{-1}, \quad \tilde{\lambda}_2 \sim 1 - (2/\sqrt{\bar{d}})^{-1}$$

从而, 对于耦合映射网络 (5.1), 正则拉普拉斯矩阵的同步能力可近似为

$$\frac{\lambda_2}{\lambda_m} \sim \frac{1-(2/\sqrt{\bar{d}})^{-1}}{1+(2/\sqrt{\bar{d}})^{-1}}$$

随着平均度增加, 同步能力增强. 当然, 这个结论是有条件的. 即给定期望度分布的随机图模型的最小度需足够大.

## 6.3　时变耦合拓扑结构的同步能力

本节讨论时变耦合映射网络 (5.12) 中时变拓扑结构序列的 (局部) 同步能力. 而对于具有时变结构线性耦合常微分系统模型, 可关注作者近期的论文.

为叙述方便, 重写 5.2 节的模型如下

$$x^i(t+1) = \sum_{j=1}^{m} G_{ij}(t) f(x^j(t)),\ i=1,\cdots,m, \tag{6.6}$$

这里, $[G_{ij}(t)]_{i,j=1}^m$, $t \in \mathbb{Z}^+$ 是随机矩阵序列. 此时, 耦合系统可写成如下形式:

$$x(t+1) = G(\theta^{(t)}\omega)F(x(t)). \tag{6.7}$$

在第 5.2 节中的定理 5.5 和 5.6 给出了实现同步的条件

$$\mu + \sigma_1(\omega) < 0$$

这里 $\sigma_1(\omega)$ 是最大横向李亚普诺夫指数 (参看 5.2 节式 (5.23)). 它也可表成

$$\sigma_1(\omega) = \log diam(\mathcal{G}(\omega)).$$

作为应用, 考虑如下具有马氏过程切换结构的耦合映射网络

$$x^i(t+1) = \sum_{j=1}^{m} G_{ij}(\sigma^t) f(x^j(t)),\ i=1,2,\cdots,m \tag{6.8}$$

其中, $\{\sigma^t\}_{t\in\mathbb{Z}^+}$ 是一个齐次有限状态不可约转移概率的马氏链. 它也可写成如下矩阵形式

$$x(t+1) = G(\sigma^t)F(x(t)). \tag{6.9}$$

文献 [18] 的附录指出, 该系统可以转化成随机动力系统 (5.13). 所以, 其同步条件为

$$\sigma_1 + \mu < 0. \tag{6.10}$$

因此, 网络序列 (等价的耦合矩阵序列 $G(t)$) 的同步能力可由

$$\sigma(G) = \sigma_1$$

决定. 当点动力系统 $s(t+1) = f(s(t))$ 具有混沌吸引子时, 其最大 Lyapunov 指数 $\mu > 0$. 因此, 为实现同步, 必需 $\sigma_1 < 0$. 即 $diam(\mathcal{G}) < 1$. 这是实现同步基本条件. 下面的定理来自于文献 [19] 的定理 4.2 和马氏链理论[20].

**定理 6.4** 假设 $G(\cdot)$ 的所有对角元为正, 齐次有限状态马氏链的概率转移矩阵不可约. 则 $diam(\mathcal{G}) < 1$ 的充要条件是所有状态空间上图的并 (对应边集合的并集) 具有生成树.

设 $\Gamma = \{\mathcal{G}_1, \cdots, \mathcal{G}_K\}$ 为马氏链的 (有限的) 图结构空间, 其中 $\mathcal{G}_k = (\mathcal{V}, \mathcal{E}_k)$. 图的并 $\bigcup_{k=1}^K \mathcal{G}_k$ 是指图 $(\mathcal{V}, \bigcup_{k=1}^K \mathcal{E}_k)$. 由此定理可知, 在该马氏链所驱动的图拓扑结构序列中, 可能在某些时刻 (甚至所有时刻), 网络结构是不连通 (不具有生成树), 但是由于其状态空间所有图的边的并集具有生成树, 该网络序列仍然能同步某些混沌动力系统.

作为例证和应用, 考虑在 5.2 节中讨论的四类图拓扑序列 (独立同分布的随机图序列; 随机切换拓扑; 随机错误的无尺度网络和聚会讨论模型) 的同步能力. 耦合矩阵的定义也参看 5.2 节. 通过计算 $\sigma_1$ 来刻划其同步能力.

由图 6.2(a) 可知, 独立同分布的随机图序列的同步能力随耦合概率 $p$ 的增加而增大, 并且大于同样参数情况下的静态网络. 也就是说, 在某些情况下, 随机改变网络结构可以增加网络的同步能力.

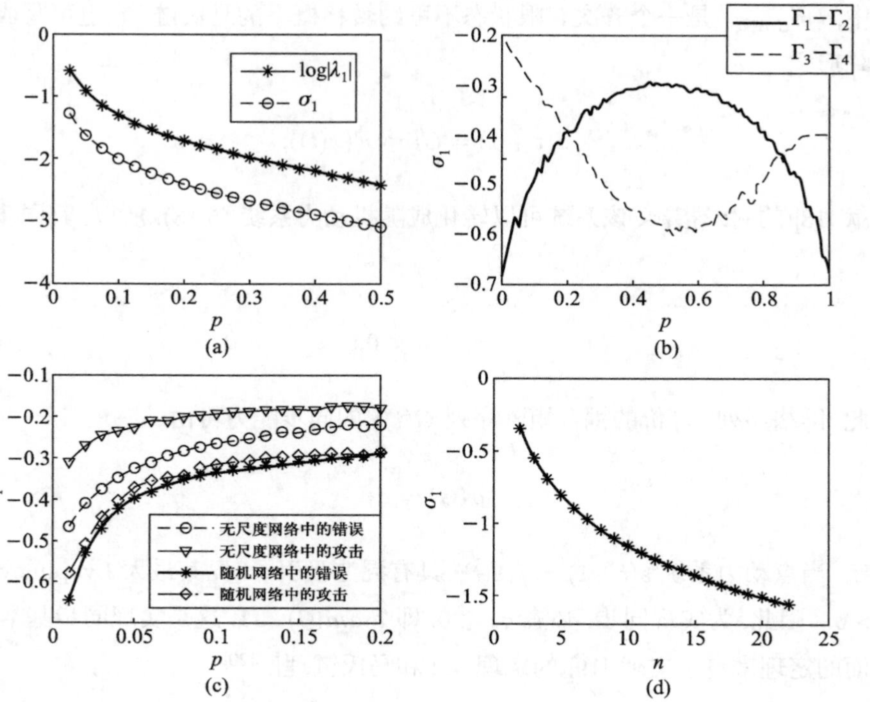


图 6.2 四类时变网络模型的同步能力, $\sigma_1$ 随四类模型参数的变化情况. (a)(独立同分布的随机图序列) $\sigma_1$ 随耦合概率参数 $p$ 的变化, 以及对应的 $\log|\lambda_1|$ 随 $p$ 的变化, 这里 $\lambda_1$ 是静态随机图对应的耦合矩阵对应除去 1 的 (按绝对值) 最大特征根. 网络尺寸均为 1024. (b)(随机切换拓扑) $\sigma_1$ 随切换概率参数 $p$ 的变化, 切换子图分别在 $\{\Gamma_1,\Gamma_2\}$ 和 $\{\Gamma_3,\Gamma_4\}$ 中选取 (参看图 5.1). (c)(随机错误的无尺度网络) $\sigma_1$ 随错误率参数 $p$ 的变化, 这里恢复时间设为 $T=5$. 被攻击的初始网络分别是无尺度网络 (节点数目 1024, 平均度 20) 和随机网络 (节点数目 1024, 平均度 152). (d)(聚会讨论模型) $\sigma_1$ 随子群尺寸参数 $n$ 的变化, 网络尺寸为 $N=1024$

图 6.2(b) 表明, 在不同随机切换子图集合中, 切换网络的同步能力有不同的变化形态. 在 $\{\Gamma_1,\Gamma_2\}$ 中, 同步能力比二者任意一个图的同步能力都要差 (每个图的同步能力可视为切换概率 $p=0,1$ 的极端情况). 与此对照, 在 $\{\Gamma_3,\Gamma_4\}$ 中, 切换网络的同步能力明显优于各个子图. 所以, 随机改变网络结构既可能增强也可能减弱网络的同步能力.

图 6.2(c) 对不同初始网络 (无尺度网络, 来自文献 [12], 以及 ER 随机网络) 比较了不同出错节点的选取方式对同步能力 $(\sigma_1)$ 的影响. 这里考虑两种出错节

点选取方式: ① 随机选取, 即等概率在所有节点中选取出错节点; ② 节点度趋向性选取, 即按与节点度正比的概率选取错误节点. 由图 6.2 可见, 由于网络平均度较大以及度分布的同质性, 两种错误节点选取方式对同步能力的影响没有明显区别. 与之相应的是, 对于无尺度网络, 其节点合乎幂律分布, 这种度分布的异质性导致两类错误节点选取方式对同步能力的影响有明显差别: 如果攻击概率与节点度成正比, 其同步能力的下降明显大于等概率的攻击. 因此, 在具有度幂律分布的无尺度网络中, 度更高的节点在模型中对网络同步能力的影响更大.

图 6.2(d) 展示了聚会讨论模型的同步能力随子群尺寸增加而增大. 并且注意到在每个时刻, 该模型的图都是不连通的, 但仍可具有一定的同步能力.

## 6.4 自适应反馈算法

对于同步能力较弱的网络拓扑结构, 经常需要调整耦合强度才能实现期望的网络同步. 而在实际中, 可以用来确定耦合强度的合适值. 为此, 本节介绍一类自适应方法, 来使得具有弱同步能力的网络结构实现同步, 从而提高了网络的同步能力.

自适应方法在现代科学研究和工程技术有着广泛的应用. 如在现代通信中, 通信收发双方的跳频图案是事先约定的, 同步地按照约定跳频图案进行跳变, 这种跳频方式称为常规跳频 (normal FH). 随着现代战争中的电子对抗越演越烈, 在常规跳频的基础上又出现了自适应跳频. 它增加了频率自适应控制和功率自适应控制两方面. 近年来, 复杂网络的自适应同步控制也引起了越来越多的关注, 见文献 [22, 23]. 如果希望一个耗散耦合的复杂网络收敛到某个指定的解时, 只需要在网络上加上自适应反馈控制即可.

考虑下述自适应线性耦合复杂网络:

$$\dot{x}^i(t) = f(x^i(t)) - c(t)\sum_{j=1}^{m} l_{ij}\boldsymbol{\Gamma} x^j(t) \tag{6.11}$$

其中拉普拉斯矩阵 $\boldsymbol{L}=(l_{ij})$ 可以是非对称的和未知的, 而内联矩阵 $\boldsymbol{\Gamma}=diag(\gamma_1,\cdots,\gamma_n)$ 是对角阵.

在本节中, 讨论如何通过自适应方法控制耦合强度使上述复杂网络同步. 网络的拉普拉斯矩阵 $\boldsymbol{L}$ 是不可约的, 但可以是未知的或是随时间变化的.

沿用记号 $X(t)=[x^1(t)^\top,\cdots,x^m(t)^\top]^\top, F(X(t))=[f(x^1(t))^\top,\cdots,f(x^m(t))^\top]^\top$ 和 $\mathbf{L}_\Gamma=\boldsymbol{L}\otimes\boldsymbol{\Gamma}$. 则上述网络可另写为

$$\dot{X}(t)=F(X(t))-c(t)\mathbf{L}_\Gamma X(t) \tag{6.12}$$

**定理 6.5** 假设 $f\in QUAD(P,\Delta,\varepsilon)$ (见定义 4.2), 矩阵 $\boldsymbol{\Delta}=diag(\delta_1,\cdots,\delta_n)$ 满足: 对任何 $j=1,\cdots,n$, 当 $\gamma_j=0$ 时, $\delta_j=0$. 则在下述自适应规则 (adaptive rule)

$$\dot{c}(t)=\frac{\alpha}{2}X^\top(t)\bar{\mathbf{L}}X(t) \tag{6.13}$$

下, 复杂网络 (6.12) 可以达到同步, 其中 $\alpha>0, c(0)=0, \bar{\mathbf{L}}=\bar{\boldsymbol{L}}\otimes\boldsymbol{\Gamma}$. 而 $\bar{\boldsymbol{L}}\in\mathbb{R}^{m\times m}$ 是任何一个不可约拉普拉斯矩阵.

**证明:** 类前, 记 $x^\xi(t)=\sum\limits_{l=1}^{m}\xi^l x^l(t)$, 其中 $\xi=[\xi^1,\cdots,\xi^m]^\top$ 是对应于矩阵 $\boldsymbol{L}$ 的特征值 0 的规范化后的左特征向量. $\Xi=diag(\xi^1,\cdots,\xi^m), U=\Xi-\xi\xi^\top=(u_{ij})$, $\boldsymbol{\Delta}=I_m\otimes\Delta, \boldsymbol{\Xi}=\Xi\otimes\boldsymbol{P}$ 和 $\mathbf{U}=\boldsymbol{U}\otimes\boldsymbol{P}$.

直接验证可得下述关系式:

$$\mathbf{U}\mathbf{L}_\Gamma=(\boldsymbol{U}\otimes\boldsymbol{P})(\boldsymbol{L}\otimes\boldsymbol{\Gamma})=(\boldsymbol{U}\boldsymbol{L})\otimes(\boldsymbol{P}\boldsymbol{\Gamma})=(\Xi\boldsymbol{L})\otimes(\boldsymbol{P}\boldsymbol{\Gamma})=\boldsymbol{\Xi}\mathbf{L}_\Gamma; \tag{6.14}$$

由 $f\in QUAD(P,\Delta,\varepsilon)$ 可得

$$\begin{aligned}
&X(t)^\top\mathbf{U}[F(X(t))-\boldsymbol{\Delta}X(t)]\\
&=-\sum_{i>j}u_{ij}(x^j(t)-x^i(t))^\top P(f(x^j(t))-\Delta x^j(t)-f(x^i(t))+\Delta x^i(t))\\
&\leqslant\varepsilon\sum_{i>j}u_{ij}(x^j(t)-x^i(t))^\top(x^j(t)-x^i(t))\\
&\leqslant-\frac{2\varepsilon}{\max_k p_k}X(t)^\top\mathbf{U}X(t)
\end{aligned} \tag{6.15}$$

另一方面, 对任意的 $j=1,\cdots,n$,

(1) 如果 $\gamma_j > 0$, 则选取充分小的常数 $\eta > 0$, 使得

$$\gamma_j(p_j\lambda_2(\{\Xi \boldsymbol{L}\}^s) - \eta\lambda_m(\bar{\boldsymbol{L}})) \geqslant 0 \tag{6.16}$$

并且对于上述选定的 $\eta$, 选取充分大的常数 $c^\star > 0$, 使得

$$\eta c^\star \gamma_j \lambda_2(\bar{\boldsymbol{L}}) - p_j\delta_j\lambda_m(\boldsymbol{U}) \geqslant 0 \tag{6.17}$$

(2) 如果 $\gamma_j = 0$, 则根据假设, $\delta_j = 0$. 从而上述两个不等式 (6.16) 和 (6.17) 也成立.

现在, 利用上述参数 $c^*$ , $\eta$, 定义如下李亚普诺夫函数:

$$\begin{aligned} V(X(t)) &= \frac{1}{2}\sum_{i=1}^m \xi^i(x^i(t) - x^\xi(t))^T P(x^i(t) - x^\xi(t)) + \frac{\eta}{\alpha}(c^\star - c(t))^2 \\ &= \frac{1}{2}X(t)^\top \mathbf{U} X(t) + \frac{\eta}{\alpha}(c^\star - c(t))^2 \end{aligned} \tag{6.18}$$

另记 $\tilde{x}_j(t) = [x_j^1(t), \cdots, x_j^m(t)]^\top$, $j = 1, \cdots, n$. 则

$$X^\top(t)(\{\mathbf{\Xi L_\Gamma}\}^s - \eta\bar{\mathbf{L}})X(t) = \sum_{j=1}^n \gamma_j\tilde{x}_j(t)^\top(p_j\{\Xi \boldsymbol{L}\}^s - \eta\bar{\boldsymbol{L}})\tilde{x}_j(t) \tag{6.19}$$

$$X^\top(t)(\mathbf{U\Delta} - \eta c^\star\bar{\mathbf{L}})X(t) = \sum_{j=1}^n \tilde{x}_j(t)^\top(p_j\delta_j\boldsymbol{U} - \eta c^\star\gamma_j\bar{\boldsymbol{L}})\tilde{x}_j(t) \tag{6.20}$$

对李亚普诺夫函数求导, 并且结合不等式 (6.15) ~ (6.20), 可得

$$\begin{aligned} \dot{V}(X(t)) &= X(t)^\top\mathbf{U}[F(X(t)) - c(t)\mathbf{L_\Gamma}X(t)] - \eta(c^\star - c(t))X^\top(t)\bar{\mathbf{L}}X(t) \\ &= X(t)^\top\mathbf{U}[F(X(t)) - \mathbf{\Delta}X(t)] - c(t)X^\top(t)(\{\mathbf{\Xi L_\Gamma}\}^s - \eta\bar{\mathbf{L}})X(t) \\ &\quad + X^\top(t)(\mathbf{U\Delta} - \eta c^\star\bar{\mathbf{L}})X(t) \\ &\leqslant -\frac{2\varepsilon}{\max_k p_k}X(t)^\top\mathbf{U}X(t) \leqslant 0 \end{aligned}$$

从而

$$\begin{aligned} \int_0^t X(s)^\top\mathbf{U}X(s)ds &\leqslant \frac{\max_k p_k}{2\varepsilon}(V(X(0)) - V(X(t))) \\ &\leqslant \frac{\max_k p_k}{2\varepsilon}V(X(0)) < +\infty \end{aligned}$$

又因为 $\dot{V}(\bar{X}(t)) \leqslant 0$, $\dot{c}(t) \geqslant 0$, 和

$$0 \leqslant \frac{\eta}{\alpha}(c^\star - c(t))^2 \leqslant V(X(t)) \leqslant V(X(0))$$

从而,

$$\lim_{t\to+\infty} \frac{\eta}{\alpha}(c^\star - c(t))^2 = 0$$

和

$$\lim_{t\to+\infty} X(t)^\top \mathbf{U} X(t) = 0$$

即对任何的 $i = 1, \cdots, m$,

$$\lim_{t\to+\infty} \|x^i(t) - x^\xi(t)\| = 0$$

定理证明完毕.

考虑耦合矩阵 $\boldsymbol{L}(t)$ 随时间变化的非线性耦合复杂网络. 当耦合强度 $c$ 自适应变化时, 可表示如下

$$\dot{x}^i(t) = f(x^i(t)) - c(t)\sum_{j=1}^{m} l_{ij}(t)h(x^j(t))$$

其中 $h(x^i(t)) = [h_1(x_1^i(t)), \cdots, h_n(x_n^i(t))]^T$.

记 $H(X(t)) = [h(x^1(t))^\top, \cdots, h(x^m(t))^\top]^\top$ 和 $\mathbf{L}(t) = \boldsymbol{L}(t) \otimes I_n$, 则

$$\dot{X}(t) = F(X(t)) - c(t)\mathbf{L}(t)H(X(t)) \tag{6.21}$$

**定理 6.6** 假设 $f \in QUAD(P, \Delta, \varepsilon)$, 当 $k = 1, \cdots, m$ 时, $(h_k(u) - h_k(v))/(u - v) \geqslant 1$, $u \neq v \in \mathbb{R}$; 若 $k = m+1, \cdots, n$ 时, $h_k = 0$. $\Delta = diag[\delta_1, \cdots, \delta_n]$, 其中, $\delta_{m+1} = \cdots = \delta_n = 0$. 如果存在一个常数 $\lambda^\star$, 使得对所有的 $t \geqslant 0$, $\boldsymbol{L}(t)$ 都是对称不可约, 并且 $\lambda_2(\boldsymbol{L}(t)) \geqslant \lambda^\star > 0$. 则在下述自适应规则下:

$$\dot{c}(t) = \frac{\alpha}{2} X^\top(t)\bar{\mathbf{L}}X(t) \tag{6.22}$$

复杂网络 (6.21) 能够达到同步, 其中 $\alpha > 0$, $c(0) = 0$ 和 $\bar{\mathbf{L}} = \bar{\boldsymbol{L}} \otimes \bar{\boldsymbol{\Gamma}}$, 而 $\bar{\boldsymbol{L}}$ 是一个不可约的拉普拉斯矩阵, 且 $\bar{\boldsymbol{\Gamma}} = diag(\underbrace{1, \cdots, 1}_{m}, \underbrace{0, \cdots, 0}_{n-m}) \in \mathbb{R}^{n\times n}$.

**证明:** 因为所有 $\boldsymbol{L}(t)$ 对称不可约. 此时 $\xi = \frac{1}{m}[1, \cdots, 1]^T$, $U = I_m - \xi\xi^T$. 采用上一个定理相同的李亚普诺夫函数 (6.18), 求导得

$$\begin{aligned}\dot{V}(X(t)) = & X(t)^\top \mathbf{U}[F(X(t)) - \boldsymbol{\Delta} X(t)] X^\top(t)(\mathbf{U}\boldsymbol{\Delta} - \eta c^\star \bar{\mathbf{L}})X(t) \\ & - c(t)X^\top(t)\mathbf{U}\mathbf{L}(\mathbf{t})H(X(t)) + c(t)\eta X^\top(t)\bar{\mathbf{L}}X(t)\end{aligned} \tag{6.23}$$

因为

$$\begin{aligned}& X^\top(t)\mathbf{U}\mathbf{L}(\mathbf{t})H(X(t)) \\ = & -\frac{1}{m}\sum_{k=1}^{m} p_k \sum_{i>j} l_{ij}(t)(x_k^i(t) - x_k^j(t))^\top (h_k(x_k^i(t)) - h_k(x_k^j(t))) \\ \geqslant & -\frac{1}{m}\sum_{k=1}^{m} p_k \sum_{i>j} l_{ij}(t)(x_k^i(t) - x_k^j(t))^\top (x_k^i(t) - x_k^j(t)) \\ = & \frac{1}{m}X(t)^T(\boldsymbol{L}(t)\otimes \boldsymbol{P}\bar{\boldsymbol{\Gamma}})X(t)\end{aligned} \tag{6.24}$$

所以

$$\begin{aligned}\dot{V}(X(t)) \leqslant & X(t)^\top \mathbf{U}[F(X(t)) - \boldsymbol{\Delta} X(t)] X^\top(t)(\mathbf{U}\boldsymbol{\Delta} - \eta c^\star \bar{\mathbf{L}})X(t) \\ & - c(t)X^\top(t)\left(\frac{1}{m}\boldsymbol{L}(t)\otimes \boldsymbol{P}\bar{\boldsymbol{\Gamma}} - \eta\bar{\boldsymbol{L}}\otimes\bar{\boldsymbol{\Gamma}}\right)X(t)\end{aligned}$$

余下的论证同定理 6.5. 此处省略. 证毕.

**注 6.1** 在上面的定理中, 假设条件 $\lambda_2(\boldsymbol{L}(t)) \geqslant \lambda^\star > 0$ 发挥关键的作用. 但是, 对任何的 $t$ 都计算 $\lambda_2(\boldsymbol{L}(t))$ 是不可能的. 然而, 如果所有的 $\boldsymbol{L}(t)$ 都被一个常数拉普拉斯矩阵 $\boldsymbol{L}^\star$ 控制, 即 $\boldsymbol{L}(t) - \boldsymbol{L}^\star$ 都是拉普拉斯矩阵, 则对具有时变耦合矩阵的复杂网络可用自适应的方法来实现同步.

## 参考文献


[1] Wu C W. Synchronization in Networks of Nonlinear Dynamical Systems Coupled via a Directed Graph [J]. Nonlinearity, 2005, 18: 1057-1064.

[2] Lu W L, Chen T P. Synchronisation in complex networks of coupled systems with directed topologies [J]. International Journal of Systems Science, 2009, 40(9): 909-921.

[3] Godsil C, Royle G. Algebraic Graph Theory [M]. New York: Springer-Verlag, 2001.

[4] Lu W L, Chen T P. Global Synchronization of Discrete-Time Dynamical Network with a Directed Graph [J]. IEEE Transactions on Circuits and Systems II: Express Briefs, 54(2): 136-140.

[5] Atay F M, Biyikoglu T, Jost J. Synchronization of networks with prescribed degree distributions [J]. IEEE Transactions on Circuits and Systems I: Regular Papers, 2006, 53(1): 92-98.

[6] Atay F M, Biyikoglu T, Jost J. Network synchronization: Spectral versus statistical properties [J]. Physica D, 2006, 224: 35-41.

[7] Nishikawa T, Motter A E, Lai Y C, Hoppensteadt F C. Heterogeneity in oscillator networks: Are smaller worlds easier to synchronize [J]. Phys. Rev. Lett., 2003, 91: 014101.

[8] Motter A E, Zhou C, Kurths J. Enhancing complex-network synchronization [J]. Europhys. Lett., 2005, 69: 334.

[9] Motter A E, Zhou C, Kurths J. Network synchronization, diffusion, and the paradox of heterogeneity [J]. Phys. Rev. E, 2005, 71: 016116.

[10] Bernardo M di, Garofalo, F., Sorrentino, F. Synchronization in weighted scale-free networks with degree-degree correlation [J]. Physica D, 2006, 224(1-2): 123-129.

[11] Hong H, Kim B J, Choi M Y, Park H. Factors that predict better synchronizability on complex networks [J]. Phys. Rev. E, 2002, 65: 067105.

[12] Barahona M, Pecora L M. Synchronization in small-world systems [J]. Phys. Rev. Lett., 2002, 89(5): 054101.

[13] Hong H, Choi M Y, Kim B J. Synchronization on small-world networks [J]. Phys. Rev. E, 2004, 69: 026139.

[14] Chung F R K. Spectral Graph Theory [M]. Providence, RI: American Math. Soc., 1997, vol. 92.

[15] Benerke L W, Wilson R J, Cameron P J. Topics in Algebraic Graph Theory [M]. Cambridge: Cambridge University Press, 2004, 113-136.

[16] Chung F R K, Lu L, Vu V. Spectra of random graphs with given expected degrees [J]. PNAS, 2003,100(11): 6313-6318.

[17] Wigner E P. On the distribution of the roots of certain symmetric matrices [J]. Ann.

Math., 1958, 67: 325-327.

[18] Lu W L, Atay F M, Jürgen J. Chaos synchronization in networks of coupled maps with time-varying topologies [J]. Eur. Phys. J. B, 2008, 63: 399-406.

[19] Lu W L, Atay F M, Jost J. Synchronization of Discrete-Time Dynamical Networks with Time-Varying Couplings [J]. SIAM Journal on Math. Anal. 2007, 39(4): 1231-1259.

[20] Fang Y. Stability analysis of linear control systems with uncertain parameters [T]. Cleveland: Case Western Reserve University, 1994.

[21] Barabási A L and Albert R. Emergence of scaling in random networks [J]. Science, 1999, 286:509-512.

[22] Huang D B. Stabilizing near-nonhyperbolic chaotic systems with applications [J]. Phys. Rev. Lett., 2004, 93(21): 214101.

[23] Xiao Y Z, Xu W, Li X C, and Tang S. Adaptive complete synchronization of chaotic dynamical network with unknown and mismatched parameters [J]. Chaos, 2007, 17(3): 033118.

# 第七章 分群同步

前面几章中所讨论的完全同步问题是指随着时间的推移，所有节点的差异趋于零. 然而在现实世界中，有一种同步现象"分群同步"更值得研究. 与完全同步相比较，分群同步在脑科学、工程控制、环境科学、信息通信和社会科学中更具有普遍性，从而更具有研究意义. 分群同步可有如下描述：网络中节点分为多个群 (cluster); 在每个群的内部，各个节点的动力学行为趋于一致; 而在不同群之间，动力学行为却有不同. 近来，分群同步已成为复杂网络同步性研究的一个热点. 特别需要指出，文献 [1, 2] 提出两种方式实现分群同步：一种称之为自组织 (self-organization)，是指通过群内部占有支配地位的内部连接实现分群同步; 另一种称之为驱动 (driving)，是指通过群之间的连接实现分群同步.

本章将详细讨论无向图的复杂网络的分群同步问题，着重讨论自组织和驱动这两种方式在实现分群同步所起的作用. 沿用第三章的思想，首先引入分群同步子空间，对网络图的拓扑结构加以限制使得分群同步子空间为耦合系统的一个不变子空间. 然后，利用横向稳定的方法研究起局部分群同步稳定性; 再引入恰当的李亚普诺夫函数，给出了这一不变子空间全局渐近稳定的条件. 对于耦合微分动力系统和耦合映射网络系统，都可以分别讨论起局部分群同步 (横向稳定性方法) 和全局分群同步 (李亚普诺夫方法). 其分析方法非常类似. 而差别可类比第四章和第五章的区别. 因此，本章对于前者讨论其全局稳定，而对于后者讨论其局部稳定性. 并且，本章仅关注无向图 (对应拉普拉斯矩阵可为非对称的). 一般的有向图实际可类似处理，在此不再赘述. 有兴趣的读者可自行推导.

## 7.1 耦合微分方程的全局分群同步

一个双向 (无向) 的无权图用一个二元集 $\{\mathcal{V},\mathcal{E}\}$ 来表示. 其中 $\mathcal{V}$ 为节点集，用编号 $\{1,\cdots,m\}$ 表示，而 $\mathcal{E}$ 表示边的集合，且 $e(i,j)\in\mathcal{E}$ 当且仅当存在一条连接节点 $j$ 和 $i$ 的边. $\mathcal{N}(i)=\{j\in\mathcal{V}:\ e(i,j)\in\mathcal{E}\}$ 表示节点 $i$ 的邻居组成的集合. 在本章中只考虑简单的无向图，即图中不存在自连接和多重边. 一个分群 $\mathcal{C}$ 是指

节点集 $\mathcal{V}$ 的一个划分: $\mathcal{C}=\{\mathcal{C}_1,\mathcal{C}_2,\cdots,\mathcal{C}_K\}$, 它满足

(1) $\bigcup_{k=1}^{K}\mathcal{C}_k=\mathcal{V}$;

(2) $\mathcal{C}_k\bigcap\mathcal{C}_l=\emptyset$ 对所有 $k\neq l$ 都成立.

当网络不存在耦合时, 每一个节点 $i\in\mathcal{C}_k$ 上的系统是同一个由 $n$ 维的常微分方程 $\dot{x}^i=f_k(x^i)$ 表示的动力系统, 其中 $x^i=[x_1^i,\cdots,x_n^i]^\top$ 为节点 $i$ 上的状态向量, 而 $f_k(\cdot):\mathbb{R}^n\to\mathbb{R}^n$ 是一个连续的向量值函数. 也就是说, 同一群中的节点具有相同的动力学方程. 节点之间的相互作用是用线性耗散项来表示的. 需要强调的一点是不同的群的 $f_k$ 是不同的. 这一点保证了当分群同步实现以后, 不同群之间的动力学行为是不相同的.

考虑如下的由线性耦合的动力系统构成的网络[3]:

$$\dot{x}^i=f_k(x^i)+\sum_{j\in\mathcal{N}(i)}w_{ij}\boldsymbol{\Gamma}(x^j-x^i),\ i\in\mathcal{C}_k,\ k=1,\cdots,K. \tag{7.1}$$

其中, $\mathcal{N}(i)$ 指节点 $i$ 的邻居节点集合, $w_{ij}$ 是从节点 $j$ 到节点 $i$ 的耦合权重, $\boldsymbol{\Gamma}=[\gamma_{uv}]_{u,v=1}^n$ 是内部连接矩阵, $\gamma_{uv}\neq0$ 表示节点的第 $u$ 个分量会受到其他节点的第 $v$ 个分量的影响. 在这里, 连接图 $\mathcal{G}$ 是无向的, 权重可以是非对称的. 即并不要求 $w_{ij}=w_{ji}$.

本章中的分群同步定义如下.

(1) (群内同步性) 同一群内部的各个节点的轨道之间的距离随着时间趋于无穷而趋向于零, 即

$$\lim_{t\to\infty}[x^i(t)-x^j(t)]=0,\ \forall\, i,j\in\mathcal{C}_k,\ k=1,\cdots,K; \tag{7.2}$$

(2) (群间分离性) 不同群中节点的轨道之间的差距不会趋于零, 即对每一个 $i'\in\mathcal{C}_k$, $j'\in\mathcal{C}_l$ 且 $k\neq l$, 有 $\overline{\lim}_{t\to\infty}|x^{i'}(t)-x^{j'}(t)|>0$.

如上所说, 群间分离性可以由不同群的不同本征函数 $f_k(\cdot)$ 来保证. 在此假定下, 分群同步等价于相应的分群同步子空间

$$\mathcal{S}_{\mathcal{C}}(n)=\{[x^{1\top},\cdots,x^{m\top}]^\top:\ x^i=x^j\in\mathbb{R}^n,\ \forall\, i,j\in\mathcal{C}_k,\ k=1,\cdots,K\} \tag{7.3}$$

的渐近稳定性.

为了保证分群同步的稳定性, 分群同步子空间 $\mathcal{S}_{\mathcal{C}}(n)$ 必须是方程 (7.1) 的不变子空间.

假定 $x^i(t)=s^k(t), i\in\mathcal{C}_k$, 是群 $\mathcal{C}_k, k=1,\cdots,K$ 的同步解. 则

$$\dot{s}^k=f_k(s^k)+\sum_{k'=1,k'\neq k}^{K}\alpha_{i,k'}\boldsymbol{\Gamma}(s^{k'}-s^k),\quad \forall\, i\in\mathcal{C}_k, \tag{7.4}$$

其中, $\alpha_{i,k'}=\sum\limits_{j\in\mathcal{C}_{k'}}w_{ij}$. 这要求对于任意 $i_1\in\mathcal{C}_k, i_2\in\mathcal{C}_k$, 都有 $\alpha_{i_1,k'}=\alpha_{i_2,k'}$. 也就是说, $\alpha_{i,k'}$ 是独立于 $i$ 的. 因此有

$$\alpha_{i,k'}=\alpha(k,k'),\ i\in\mathcal{C}_k,\ k\neq k'. \tag{7.5}$$

这是分群同步子空间 $\mathcal{S}_{\mathcal{C}}(n)$ 对于一般映射 $f_k(\cdot)$ 为耦合系统 (7.1) 的不变子空间的充分必要条件.

记 $\mathcal{N}_{k'}(i)=\mathcal{N}(i)\bigcap\mathcal{C}_{k'}$, 且定义指标集 $\mathcal{L}_k^i=\{k':\ k'\neq k,\ \mathcal{N}_{k'}(i)\neq\emptyset\}$. 集合 $\mathcal{L}_k^i$ 表示群 $\mathcal{C}_k$ 之外与节点 $i$ 有连接的那些节点所在的群的集合. 为了满足条件 (7.5), 需要满足下述在无权重图上的**共同的群间耦合条件**: 对于 $k=1,\cdots,K$,

$$\mathcal{L}_k^i=\mathcal{L}_k^{i'},\ \forall\, i,i'\in\mathcal{C}_k. \tag{7.6}$$

而当共同的群间耦合条件满足时, 可以用 $\mathcal{L}_k$ 表示所有 $i\in\mathcal{C}_k$ 的 $\mathcal{L}_k^i$.

在本章中, 总是假定存在某个常数 $\alpha\in\mathbb{R}$ 和 $\delta>0$ 使得

$$(\xi-\zeta)^\top\Big[f_k(\xi)-f_k(\zeta)-\alpha\boldsymbol{\Gamma}(\xi-\zeta)\Big]\leqslant-\delta(\xi-\zeta)^\top(\xi-\zeta). \tag{7.7}$$

对所有的 $\xi,\zeta\in\mathbb{R}^n$ 都成立. 即 $f_k\in\mathrm{QUAD}(\alpha\Gamma,I_n,\delta)$. 显然, 当 $f_k$ 是利普希茨连续函数时, 对于足够大的 $\alpha>0$ 和 $\boldsymbol{\Gamma}=I_n$ 上述 QUAD 条件都能满足. 然而, 即使 $f_k(\cdot)$ 只是局部利普希茨的, 如果耦合系统 (7.1) 的解是本性有界的, 则限制在一有界区域上, 当 $\boldsymbol{\Gamma}=I_n$, $\alpha$ 足够大时, 条件 (7.7) 也是成立的. 而在本章中, 总假定耦合系统 (7.1) 的解是本性有界的.

考查由不同的动力系统耦合而成的复杂网络上的分群同步. 首先, 用 $d_{i,k'}=\#\mathcal{N}_{k'}(i)$ 记 $N_{k'}(i)$ 中的元素个数. 权重 $w_{ij}$ 选取如下:

$$w_{ij}=\begin{cases}\dfrac{c}{d_{i,k'}}, & j\in\mathcal{N}_{k'}(i)\ 且\ \mathcal{N}_{k'}(i)\neq\emptyset\\ 0, & 其他情形,\end{cases} \tag{7.8}$$

其中 $c$ 表示耦合强度. 由是, 耦合系统 (7.1) 可写成

$$\dot{x}^i = f_k(x^i) + c\left[\sum_{\mathcal{N}_{k'}(i)\neq\emptyset}\frac{1}{d_{i,k'}}\sum_{j\in\mathcal{N}_{k'}(i)}\boldsymbol{\Gamma}(x^j - x^i)\right],\ i\in\mathcal{C}_k,\ k=1,\cdots,K \quad (7.9)$$

可以看出在方程 (7.9) 中, 对于每个 $i\in\mathcal{C}_k$, 在共同群间耦合条件下, 对于所有的 $k'\in\mathcal{L}_k$, 相应的 $\alpha_{i,k'}=c$. 至于更一般的情况, 可以用同样的方法处理. 细节将在后面给出.

用如下的方式来定义带权重图的拉普拉斯矩阵. 对于每一对满足 $i\neq j$ 的 $(i,j)$, 如果对于某个 $k\in\{1,\cdots,K\}$, 有 $j\in\mathcal{N}_k(i)$ 且 $\mathcal{N}_k(i)\neq\emptyset$, 令 $l_{ij}=-\dfrac{1}{d_{i,k}}$. 否则, $l_{ij}=0$; 而 $l_{ii}=-\sum\limits_{j=1}^{m} l_{ij}$. 因此, 方程 (7.9) 可以重新写成

$$\dot{x}^i = f_k(x^i) - c\sum_{j=1}^{m} l_{ij}\boldsymbol{\Gamma}x^j,\ i\in\mathcal{C}_k,\ k=1,\cdots,K. \quad (7.10)$$

下面, 讨论一般的系统 (7.10) $\left(\text{不再要求 } l_{ij}=-\dfrac{1}{d_{i,k}}\right)$.

任选 $d_i>0$, $i=1,\cdots,m$, $d=[d_1,\cdots,d_m]^\top$, 定义群 $\mathcal{C}_k$ 关于 $d$ 的平均状态

$$\bar{x}_d^k = \frac{1}{\sum\limits_{i\in\mathcal{C}_k} d_i}\sum_{i\in\mathcal{C}_k} d_i x^i.$$

并令

$$\tilde{x}^i = \bar{x}_d^k,\ \ i\in\mathcal{C}_k,\ \ k=1,\cdots,K.$$

此处, $\bar{x}_d=[\tilde{x}^{1\top},\cdots,\tilde{x}^{m\top}]^\top$ 可理解成 $x$ 在分群同步子空间 $\mathcal{S}_{\mathcal{C}}(n)$ 上的一个 (非正交) 投影. $x^i-\bar{x}_d^k$ 构成了分群同步子空间的横截子空间

$$\mathcal{T}_{\mathcal{C}}^d(n)=\left\{u=[u^{1\top},\cdots,u^{m\top}]^\top\in\mathbb{R}^{mn}:\ u^i\in\mathbb{R}^n,\sum_{i\in\mathcal{C}_k} d_i u^i=0,\right.$$
$$\left.\forall\ k=1,\cdots,K\right\}.$$

当 $n=1$ 时,

$$\mathcal{T}_{\mathcal{C}}^d(1)=\left\{u=[u^1,\cdots,u^m]^\top\in\mathbb{R}^m:\ \sum_{i\in\mathcal{C}_k} d_i u^i=0,\ \forall\ k=1,\cdots,K\right\}.$$

下述引理在后面论证中会反复用到.

**引理 7.1** 对于每个 $k \in 1, \cdots, K$, 下式成立

$$\sum_{i \in \mathcal{C}_k} d_i (x^i - \bar{x}_d^k) = 0.$$

事实上, 注意到

$$\begin{aligned}\sum_{i \in \mathcal{C}_k} d_i (x^i - \bar{x}_d^k) &= \sum_{i \in \mathcal{C}_k} d_i x^i - \sum_{i \in \mathcal{C}_k} d_i \left( \frac{1}{\sum\limits_{j \in \mathcal{C}_k} d_j} \right) \sum_{i' \in \mathcal{C}_k} d_{i'} x^{i'} \\ &= \sum_{i \in \mathcal{C}_k} d_i x^i - \sum_{i' \in \mathcal{C}_k} d_{i'} x^{i'} = 0.\end{aligned}$$

可以直接得到上面的引理.

作为引理 7.1 的一个直接的推论, 有

$$\sum_{i \in \mathcal{C}_k} d_i (x^i - \bar{x}_d^k)^\top J_k = \left[ \sum_{i \in \mathcal{C}_k} d_i (x^i - \bar{x}_d^k) \right]^\top J_k = 0$$

对于任意具有适当维数且独立于 $i$ 的 $J_k$ 都成立.

易知, $\mathcal{T}_{\mathcal{C}}^d(n)$ 的维数是 $n(m-K)$, $\mathcal{S}_{\mathcal{C}}$ 的维数是 $nK$. 且 $\mathcal{S}_{\mathcal{C}}(n)$ 与 $\mathcal{T}_{\mathcal{C}}^d(n)$ 除了原点之外是不相交的. 因此, $\mathbb{R}^{mn}$ 可写成 $\mathbb{R}^{mn} = \mathcal{S}_{\mathcal{C}}(n) \bigoplus \mathcal{T}_{\mathcal{C}}^d(n)$, 其中, $\bigoplus$ 表示线性子空间的直和. 基于上述分析, 分群同步问题等价于分群同步子空间 $\mathcal{S}_{\mathcal{C}}(n)$ 的横向稳定性. 即 $x$ 在分群同步的横截子空间 $\mathcal{T}_{\mathcal{C}}^d(n)$ 上的投影随着时间趋向无穷而趋于零.

现在, 可以给出下述定理.

**定理 7.1** 假设

(1) 共同群间耦合条件 (7.6) 满足;

(2) $\boldsymbol{\Gamma}$ 是非负定对称的;

(3) 每一个向量值函数 $f_k$ 都满足条件 (7.7).

如果存在一个正定对角阵 $\boldsymbol{D}$ 使得 $[\boldsymbol{D}(-c\boldsymbol{L}+\alpha I_m)]^s$ 限制在横截子空间 $\mathcal{T}_{\mathcal{C}}^d(1)$ 上是非正定的, 即

$$\left[ \boldsymbol{D}(-c\boldsymbol{L}+\alpha I_m) \right]^s \Big|_{\mathcal{T}_{\mathcal{C}}^d(1)} \leqslant 0 \qquad (7.11)$$

成立. 则耦合系统 (7.10) 能够按照给定的群 $\mathcal{C}$ 实现分群同步.

**证明：** 定义一个 $x(t)$ 到分群同步子空间的距离

$$V(x)(t)=\sum_{k=1}^{K}V_k(t).$$

其中

$$V_k(t)=\frac{1}{2}\sum_{i\in\mathcal{C}_k}d_i(x^i(t)-\bar{x}_d^k(t))^\top(x_i(t)-\bar{x}_d^k(t)),$$

对 $V_k$ 沿方程 (7.10) 求导

$$\dot{V}_k(t)=\sum_{i\in\mathcal{C}_k}d_i(x^i(t)-\bar{x}_d^k(t))^\top\left[f_k(x^i(t))-c\sum_{j=1}^{m}l_{ij}\boldsymbol{\Gamma}x^j(t)-\dot{\bar{x}}_d^k(t)\right].$$

由 $l_{ij}$ 的定义以及共同群间耦合条件 (7.6) 可得

$$\sum_{j\in\mathcal{C}_{k'}}l_{ij}=\sum_{j\in\mathcal{C}_{k'}}l_{i'j},\ \forall\, i,i'\in\mathcal{C}_k,\ k\neq k',\tag{7.12}$$

从而,

$$\sum_{j\in\mathcal{C}_k}l_{ij}=\sum_{j\in\mathcal{C}_k}l_{i'j},\ \forall\, i,i'\in\mathcal{C}_k.\tag{7.13}$$

根据引理 7.1, 以及式 (7.12), 式 (7.13), 易证

$$\begin{aligned}&\sum_{i\in\mathcal{C}_k}d_i(x^i-\bar{x}_d^k)^\top\dot{\bar{x}}_d^k=0,\ \sum_{i\in\mathcal{C}_k}d_i(x^i-\bar{x}_d^k)^\top f_k(\bar{x}_d^k)=0,\\&\sum_{i\in\mathcal{C}_k}d_i(x^i-\bar{x}_d^k)^\top\left(\sum_{j\in\mathcal{C}_{k'}}l_{ij}\Gamma\bar{x}_d^{k'}\right)=0,\ k'=1,\cdots,K,\end{aligned}$$

从而,

$$\begin{aligned}\dot{V}_k=&\sum_{i\in\mathcal{C}_k}d_i(x^i-\bar{x}_d^k)^\top\Bigg[f_k(x^i)-f_k(\bar{x}_d^k)+f_k(\bar{x}_d^k)\\&-c\sum_{j=1}^{m}l_{ij}\boldsymbol{\Gamma}(x^j-\bar{x}_d^{k'})-\dot{\bar{x}}_d^k+c\sum_{k'=1}^{K}\sum_{j\in\mathcal{C}_{k'}}l_{ij}\boldsymbol{\Gamma}\bar{x}_d^{k'}\Bigg]\\=&\sum_{i\in\mathcal{C}_k}d_i(x^i-\bar{x}_d^k)^\top\left[f_k(x^i)-f_k(\bar{x}_d^k)-c\sum_{k'=1}^{K}\sum_{j\in\mathcal{C}_{k'}}l_{ij}\boldsymbol{\Gamma}(x^j-\bar{x}_d^{k'})\right]\end{aligned}$$

结合条件 (7.7)

$$(w-v)^\top[f_k(w)-f_k(v)-\alpha\Gamma(w-v)]\leqslant-\delta(w-v)^\top(w-v),$$

可得

$$\begin{aligned}\dot V_k\leqslant&-\delta\sum_{i\in\mathcal{C}_k}d_i(x^i-\bar x_d^k)^\top(x^i-\bar x_d^k)\\&-c\sum_{i\in\mathcal{C}_k}d_i(x^i-\bar x_d^k)^\top\left[\sum_{k'=1}^{K}\sum_{j\in\mathcal{C}_{k'}}l_{ij}\Gamma(x^j-\bar x_d^{k'})+\alpha\Gamma(x^i-\bar x_d^k)\right].\end{aligned}$$

因此,

$$\begin{aligned}\dot V\leqslant&-\delta\sum_{k=1}^{K}\sum_{i\in\mathcal{C}_k}d_i(x^i-\bar x_d^k)^\top(x^i-\bar x_d^k)\\&-c\sum_{k=1}^{K}\sum_{i\in\mathcal{C}_k}d_i(x^i-\bar x_d^k)^\top\left[\sum_{k'=1}^{K}\sum_{j\in\mathcal{C}_{k'}}l_{ij}\boldsymbol{\Gamma}(x^j-\bar x_d^{k'})+\alpha\boldsymbol{\Gamma}(x^i-\bar x_d^k)\right]\\=&-\delta\sum_{k=1}^{K}\sum_{i\in\mathcal{C}_k}d_i(x^i-\bar x_d^k)^\top(x^i-\bar x_d^k)\\&+(x-\bar x_d)^\top\Big\{\big[\boldsymbol{D}(-c\boldsymbol{L}+\alpha I_m)\big]^s\otimes\boldsymbol{\Gamma}\Big\}(x-\bar x_d)\end{aligned}$$

其中 $\boldsymbol{D}=\mathrm{diag}[d_1,\cdots,d_m]$.

显然, 由 $[\boldsymbol{D}(-c\boldsymbol{L}+\alpha I_m)]^s\Big|_{\mathcal{T}_{\mathcal{C}}^d(1)}\leqslant 0$ 可得 $\{[\boldsymbol{D}(-c\boldsymbol{L}+\alpha I_m)]^s\otimes I_n\}\Big|_{\mathcal{T}_{\mathcal{C}}^d(n)}\leqslant 0$. 令 $\Gamma=C^\top C$ 是正定阵 $\boldsymbol{\Gamma}$ 的一个特征分解, 且记 $y^i=C(x^i-\bar x_d^k)$, $i\in\mathcal{C}_k$ 以及 $y=[y^{1\top},\cdots,y^{m\top}]^\top$. 则 $y=(I_m\otimes C)(x-\bar x_d)$. 由引理 7.1 可知,

$$\sum_{i\in\mathcal{C}_k}d_iy^i=\sum_{i\in\mathcal{C}_k}d_iC(x^i-\bar x_d^k)=0$$

即 $y\in\mathcal{T}_{\mathcal{C}}^d(n)$. 从而,

$$\begin{aligned}&(x-\bar x_d)^\top\Big\{\big[\boldsymbol{D}(c\boldsymbol{L}+\alpha I_m)\big]^s\otimes\boldsymbol{\Gamma}\Big\}(x-\bar x_d)\\=&(x-\bar x_d)^\top\Big(I_m\otimes C^\top\Big)\Big\{\big[\boldsymbol{D}(c\boldsymbol{L}+\alpha I_m)\big]^s\otimes I_n\Big\}\Big(I_m\otimes C\Big)(x-\bar x_d)\\=&y^\top\Big\{\big[\boldsymbol{D}(c\boldsymbol{L}+\alpha I_m)\big]^s\otimes I_n\Big\}y\leqslant 0.\end{aligned}\tag{7.14}$$

因此, 有

$$\dot{V}(t) \leqslant -\delta(x-\bar{x}_d(t))^\top(\boldsymbol{D}\otimes I_n)(x-\bar{x}_d(t)) = -2\delta\times V(t)$$

这表明, $\lim_{t\to\infty} V(t)=0$. 即 $\lim_{t\to\infty}[x(t)-\bar{x}_d(t)]=0$. 从而, 对于任意 $i\in\mathcal{C}_k$, $k=1,\cdots,K$, $\lim_{t\to\infty}[x^i-\bar{x}_d^k]=0$. 由假定, 当 $j\neq k$ 时, $f_j\neq f_k$. 因此, 耦合系统 (7.10) 可以实现分群同步.

如果每个系统 $\dot{x}^i=f_k(x^i)$ 都是不稳定的 (混沌的). 则满足不等式 (7.7) 中的 $\alpha$ 必定是正的. 自然会提出下述问题: 能否找到正定对角阵 $\boldsymbol{D}$ 和某个 $\alpha>0$, 使得当 $c$ 足够大时, 式 (7.11) 成立? 换句话说, 对于耦合系统 (7.9), 什么样的满足共同群间耦合条件 (7.6) 的无权图 $\mathcal{G}$, 可以成为一个给定的分群 $\mathcal{C}$ 的一个混沌分群同步吸引子? 可以看出, 如果 $(\boldsymbol{DL}+\boldsymbol{L}^\top\boldsymbol{D})$ 限制在横截空间 $\mathcal{T}_{\mathcal{C}}^d(1)$ 上是正定的, 即

$$(\boldsymbol{DL}+\boldsymbol{L}^\top\boldsymbol{D})|_{\mathcal{T}_{\mathcal{C}}^d(1)}>0 \tag{7.15}$$

成立. 则当 $c$ 充分大时, 不等式 (7.11) 成立.

基于上述分析, 可以证明下述结论.

**定理 7.2** 假定耦合系统 (7.10) 满足共同群间耦合条件 (7.6), $\alpha>0$. 则存在一个正定对角阵 $\boldsymbol{D}$ 和足够大的常数 $c$ 使得不等式 (7.11) 成立, 当且仅当同一群中的所有节点属于图 $\mathcal{G}$ 的同一个最大连通分支.

**证明:**

1. 充分性

首先假定图 $\mathcal{G}$ 是连通的. 此时 $\boldsymbol{L}$ 是不可约的. $\boldsymbol{L}$ 的对应于特征根 0 的左特征向量 $[\xi_1,\cdots,\xi_m]^T$ 的所有分量 $\xi_i>0$. $[\boldsymbol{DL}]^s=(\boldsymbol{DL}+\boldsymbol{L}^\top\boldsymbol{D})/2$ 的所有行和为零, 且不可约. 其特征值 $\lambda_1([\boldsymbol{DL}]^s)=0$ 对应的特征向量为 $e=[1,\cdots,1]^\top$, 且 $\lambda_2([\boldsymbol{DL}]^s)>0$. 因此, 对于任意满足 $u^\top e=0$ 的非零向量 $u$, $u^\top(\boldsymbol{DL})u\geqslant\lambda_2(\boldsymbol{DL})^s u^\top u>0$.

取 $d_i=\xi_i$, $i=1,\cdots,m$. 对于任意满足 $u^\top d=0$ 的 $u=[u_1,\cdots,u_m]^\top\in\mathbb{R}^m$, 定义 $\bar{u}=\dfrac{1}{m}\sum\limits_{i=1}^m u_i$ 和 $\tilde{u}=[\bar{u},\cdots,\bar{u}]^\top$. 显然, $\boldsymbol{DL}\tilde{u}=0$, $\tilde{u}^\top\boldsymbol{DL}=0$, 以及

$(u-\tilde{u})^\top e=0$. 因此,

$$u^\top(\boldsymbol{DL}+\boldsymbol{L}^\top\boldsymbol{D})u=(u-\tilde{u})^\top(\boldsymbol{DL}+\boldsymbol{L}^\top\boldsymbol{D})(u-\tilde{u})>0$$

即 (7.15) 成立.

当图 $\mathcal{G}$ 是不连通时, 可以把图 $\mathcal{G}$ 分成几个连通分支. 由假定可知, 同一群的所有节点属于同一个连通分支. 则用上述同样的推理, 可以找到某个正定对角阵 $\boldsymbol{D}$ , 使得不等式 (7.15) 成立.

2. 必要性

假设图 $\mathcal{G}$ 是不连通的. 且至少有一群中的某些节点不属于图 $\mathcal{G}$ 的同一个最大连通分支. 不失一般性, 假设它的拉普拉斯矩阵 $\boldsymbol{L}$ 可写成

$$\boldsymbol{L}=\begin{bmatrix}\boldsymbol{L}_1 & 0\\ 0 & \boldsymbol{L}_2\end{bmatrix}$$

令 $\mathcal{V}_1$ 和 $\mathcal{V}_2$ 分别是对应于子矩阵 $\boldsymbol{L}_1$ 和 $\boldsymbol{L}_2$ 的节点集. 假定存在一个群 $\mathcal{C}_1$ 满足 $\mathcal{C}_1\bigcap\mathcal{V}_1\neq\emptyset$ 和 $\mathcal{C}_1\bigcap\mathcal{V}_2\neq\emptyset$. 即至少存在一对 $\mathcal{C}_1$ 中的节点它们彼此不能互达的. 对于任意 $d=[d_1,\cdots,d_m]^\top$, $d_i>0$, 记 $\boldsymbol{D}=diag[d_1,\cdots,d_m]$. 如果可以找到一个非零向量 $u\in\mathcal{T}_{\mathcal{C}}^d(1)$ 使得 $u^\top\boldsymbol{DL}u=0$, 则不等式 (7.15) 不再成立. 从而, 对任意 $\alpha>0$, 不等式 (7.11) 都不再成立.

下面给出寻找这样的非零向量 $u$ 的方法.

对于选取的 $u$, 直接验证可知,

$$u^\top d=\alpha\sum_{j\in\mathcal{V}_1}d_j+\beta\sum_{j\in\mathcal{V}_2}d_j=\alpha a+\beta b=0.$$

这表明 $u\in\mathcal{T}_{\mathcal{C}}^d(1)$. 另一方面, $\boldsymbol{L}u=0$, 从而 $u^\top\boldsymbol{DL}u=0$.

**情形 1**: 群 $\mathcal{C}_1$ 是一个孤立群, 它自身构成一个最大强连通块, 且与其他群都没有连接. 此时, 记 $a=\sum\limits_{j\in\mathcal{C}_1\bigcap\mathcal{V}_1}d_j$, $b=\sum\limits_{j\in\mathcal{C}_1\bigcap\mathcal{V}_2}d_j$. 取两常数 $\alpha\neq0$ 和 $\beta\neq0$ 满足 $\alpha a+\beta b=0$.

令

$$u_i=\begin{cases}\alpha & i\in\mathcal{C}_1\bigcap\mathcal{V}_1\\ \beta & i\in\mathcal{C}_1\bigcap\mathcal{V}_2\\ 0 & \text{其他情形}\end{cases}.$$

对于选取的 $u$, 直接验证可知,

$$u^\top d = \alpha \sum_{j \in \mathcal{C}_1 \bigcap \mathcal{V}_1} d_j + \beta \sum_{j \in \mathcal{C}_1 \bigcap \mathcal{V}_2} d_j = \alpha a + \beta b = 0.$$

这表明 $u \in \mathcal{T}_{\mathcal{C}}^d(1)$. 另一方面, $\boldsymbol{L}u = 0$, 从而 $u^\top \boldsymbol{D}\boldsymbol{L}u = 0$.

**情形 2**: 群 $\mathcal{C}_1$ 不是孤立的. 不失一般性, 子矩阵 $\boldsymbol{L}_1$ 和 $\boldsymbol{L}_2$ 本身都是连通的. 否则, 只需要考虑在 $\boldsymbol{L}_1$ 和 $\boldsymbol{L}_2$ 中分别只取一个连通分支即可. 由于共同的群间耦合条件, 以及不存在孤立的群 (否则按情形 1 考虑), 只需考虑对所有 $i = 1, \cdots, K$ 以及 $j = 1, 2$, $\mathcal{C}_i \bigcap \mathcal{V}_j \neq \emptyset$ 的情形.

对于任何给定的正定对角阵 $\boldsymbol{D} = diag[d_i]_{i=1}^m$, 记 $d_k^1 = \sum_{i \in \mathcal{C}_k \bigcap \mathcal{V}_1} d_i$, $d_k^2 = \sum_{i \in \mathcal{C}_k \bigcap \mathcal{V}_2} d_i$, $\bar{\boldsymbol{D}}_1 = diag[d_1^1, \cdots, d_K^1]$, $\bar{\boldsymbol{D}}_2 = diag[d_1^2, \cdots, d_K^2]$, $\bar{\boldsymbol{D}} = diag[\bar{D}_1, \bar{D}_2]$. $d = [d_1, \cdots, d_m]^\top$.

定义矩阵 $\boldsymbol{W}^1 \in \mathbb{R}^{K \times K}$ 如下: $\boldsymbol{W}_{pq}^1 = \sum_{j \in \mathcal{C}_k} [L_1]_{ij}$, $i \in \mathcal{C}_p$. 由共同的群间耦合条件, $\boldsymbol{W}_{pq}^1$ 与 $i \in \mathcal{C}_p$ 的选择无关. 特别的, 如果在两个不同群 $\mathcal{C}_p$ 和 $\mathcal{C}_q$ 之间不存在连接, 则 $\boldsymbol{W}_{ij}^1 = 0$. 而且 $\boldsymbol{W}_{pp}^1 = -\sum_{q \neq p}^{K} \boldsymbol{W}_{pq}^1$ 成立. 用同样的方法根据 $\boldsymbol{L}_2$ 定义一个类似的 $K \times K$ 的矩阵 $\boldsymbol{W}^2$. 由于共同的群间耦合条件, 容易看出 $\boldsymbol{W}^1 = \boldsymbol{W}^2$. 记 $\boldsymbol{W} = diag[\boldsymbol{W}^1, \boldsymbol{W}^2]$.

现在, 定义一类向量 $u = [u_1, \cdots, u_m]^\top$ 如下:

$$u_i = \begin{cases} \alpha_k & i \in \mathcal{C}_k \bigcap \mathcal{V}_1 \\ \beta_k & i \in \mathcal{C}_k \bigcap \mathcal{V}_2, \end{cases}$$

其中 $\alpha_k$ 和 $\beta_k$ 之后确定. 通过说明 $u^\top d = 0$ 和 $u^\top \boldsymbol{D}\boldsymbol{L}u = 0$ 同时成立来证明必要性. 为此目的, 定义 $\bar{u}_1 = [\alpha_1, \cdots, \alpha_K]^\top$, $\bar{u}_2 = [\beta_1, \cdots, \beta_K]^\top$, $\bar{u} = [\bar{u}_1^\top, \bar{u}_2^\top]^\top$.

经过计算, 容易得到 $u^\top \boldsymbol{D}\boldsymbol{L}u = \bar{u}^\top \bar{\boldsymbol{D}}\boldsymbol{W}\bar{u}$. 由于 $u \in \mathcal{T}_{\mathcal{C}}^d(1)$, 即 $u^\top d = 0$, 有 $\bar{\boldsymbol{D}}_1\bar{u}_1 + \bar{\boldsymbol{D}}_2\bar{u}_2 = 0$, 所以, $\bar{u}_2 = -\bar{\boldsymbol{D}}_1\bar{\boldsymbol{D}}_2^{-1}\bar{u}_1$. 记 $v = \bar{\boldsymbol{D}}_1\bar{u}_1$, 有 $\bar{u}_1 = \bar{\boldsymbol{D}}_1^{-1}v$ 和 $\bar{u}_2 = \bar{\boldsymbol{D}}_2^{-1}v$. 由此, $\bar{u}^\top \bar{\boldsymbol{D}}\boldsymbol{W}\bar{u} = [v^\top v^\top]\boldsymbol{W}\bar{\boldsymbol{D}}^{-1}[v^\top v^\top]^\top = v^\top \boldsymbol{W}^1(\bar{\boldsymbol{D}}_1^{-1} + \bar{\boldsymbol{D}}_2^{-1})v$. 这样如果能够找到满足 $v^\top \boldsymbol{W}^1(\bar{\boldsymbol{D}}_1^{-1} + \bar{\boldsymbol{D}}_2^{-1})v = 0$ 的 $v$, 那么就存在 $u \in \mathcal{T}_{\mathcal{C}}^d(1)$ 使得 $u^\top \boldsymbol{D}\boldsymbol{L}u = 0$. 由于 $\boldsymbol{W}^1(\bar{\boldsymbol{D}}_1^{-1} + \bar{\boldsymbol{D}}_2^{-1})$ 的秩不大于 $K - 1$, 可以将 $v$ 取成对应于 $\boldsymbol{W}^1(\bar{\boldsymbol{D}}_1^{-1} + \bar{\boldsymbol{D}}_2^{-1})$ 的零特征根的特征向量.

总之, 在两种情形下, 都可以在横截空间 $\mathcal{T}_{\mathcal{C}}^d(1)$ 中找到一个非零向量 $u$ 使得 $u^\top \boldsymbol{D}\boldsymbol{L}u = 0$. 证毕.

当分群同步的轨道是混沌 ( $\alpha > 0$) 时, 由定理 7.2, 当且仅当同一群中的所有节点属于图 $\mathcal{G}$ 的同一个连通分支, 耦合强度足够大时能实现混沌分群同步.

总结上述的讨论可知, 下述的三点在分群同步中扮演着关键角色.

(1) 对于同一群中的节点, 有着共同分群集合与之直接连接 (共同的群间耦合条件);

(2) 同一群内部任意节点间可通过全局图的互相达到 (群内互达性, 参看定理 7.2);

(3) 当 $k \neq k'$ 时, $f_k(\cdot) \neq f_{k'}(\cdot)$.

第一点保证了经过适当地选取权重, 分群同步子空间是不变子空间. 第二点保证了当耦合强度足够大时, 可以实现混沌分群同步. 第三点保证同步时, 各群之间是分离的.

**注 7.1** 如果上述第三个条件不满足, 特别是, 当 $f_k(\cdot) = f(\cdot)$ 时, 可能达到完全同步而不是分群同步. 详情可参阅文献 [4].

## 7.2 分群同步方案

第 7.1 节的理论分析结果表明, 同一群内部的节点之间的互达性是耦合混沌系统实现分群同步的一个重要前提. 如果群中的任意两个节点都存在一条在整个图中连接它们的路径, 则此群称为是可互达的. 需要强调的是, 此路径**不必**完全落在该群内. 组成这条路径的边可能部分在群内部, 另外一部分可能在群外部. 文献 [1, 2] 列举了不同形式的路径导致了不同的分群机制. 一种机制是自组织的分群同步. 在这种机制下, 同一群内部的节点之间的通信主要是通过群内部的边组成的路径. 另一种是由于驱动导致的分群同步. 在这种机制下, 同一群内部的节点之间的通信主要是通过群外部的边组成的路径. 可以有各种各样的方法来描述这种 “主导性”.

接下来将考虑无权图并且根据上面的结果来研究这两种同步机制. 第一种机

制表明, 群内部的边对于整个群的互达性是不可或缺的. 而第二种机制则表明群之间和群外部的边对于整个群的互达性是不可或缺的. 据此, 提出如下的关于互达群的分类 (表 7.1):

**表 7.1** 一个互达群在移除边后的互达性

| | 移除群内部的边 | 移除群外部的边 |
|---|---|---|
| **A** 类群 | 不能互达 | 能互达 |
| **B** 类群 | 能互达 | 不能互达 |
| **C** 类群 | 能互达 | 能互达 |
| **D**类群 | 不能互达 | 不能互达 |

(1) **A** 类群: 限制在该群的子图是连通的. 但如果把这个子图中所有的边移去, 则此群就不再是互达的了. 即至少存在一对节点, 它们之间没有路径相连;

(2) **B** 类群: 限制在该群的子图是不连通的. 但是, 即使把这个子图中所有的边都移去, 这个群通过群外部的边仍然是互达的;

(3) **C** 类群: 限制在该群的子图是连通的. 而且, 即使把这个子图中所有的边都移去, 这个群通过群外部的边仍然是互达的;

(4) **D** 类群: 限制在该群的子图是不连通的. 而且, 如果把这个子图中所有的边都移去, 这个群通过群之间和群外部的边仍然是不连通的.

图 7.1、图 7.2、图 7.3 给出了这四类群的例子. 在上述四类中, 有些类中的群在同一个连通的网络中是能共存的, 而有些则不能. 例如, 一个 **A** 类群和另外一个 **A** 类群是不能共存于一连通网络中的. 又如, 一个 **C** 类群和一个 **D** 类群也不能共存于同一个连通网络中. 表 7.2 给出了不同类型的群在同一个连通网络中的共存情况.

下面的数值例子可以用来验证上述的理论. 在这些例子中, 群的个数 $K = 3$. 网络的连接拓扑结构如图 7.1、图 7.2、图 7.3 所示. 耦合系统的动力学方程如下:

$$\dot{x}^i = f_k(x^i) + c\left[\sum_{\mathcal{N}_{k'}(i)\neq\emptyset} \frac{1}{d_{i,k'}} \sum_{j\in\mathcal{N}_{k'}(i)} \Gamma(x^j - x^i)\right],\ i \in \mathcal{C}_k,\ k = 1, 2, 3. \quad (7.16)$$

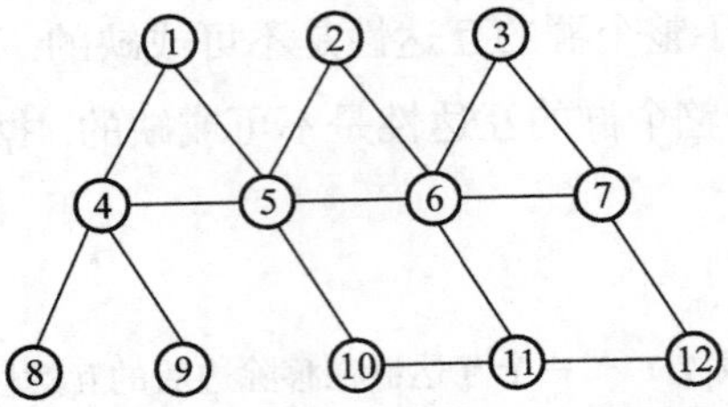


图 7.1　图拓扑结构的例子. 群 1 (节点 1-3) 是 B 类型, 不含任何群内部边. 群 2 (节点 4-7) 是 C 类型, 仅通过内部边或者仅通过外部边可实现节点间的连通. 群 3 (节点 8-12) 也是 B 类型, 只通过外部可实现节点间的连通, 但只通过内部边无法实现节点间的连通

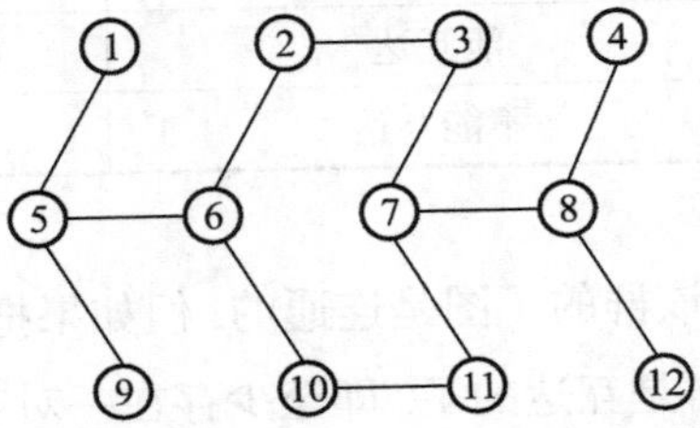


图 7.2　图拓扑结构的例子. 群 1 和 3 (节点 1-4, 9-12) 都是 B 类型, 可通过外部边实现节点间的连通, 而都只有一条内部边. 群 2 (节点 5-8) 是 D 类型, 实现群内节点间的连通无论内部边和外部边均不可缺

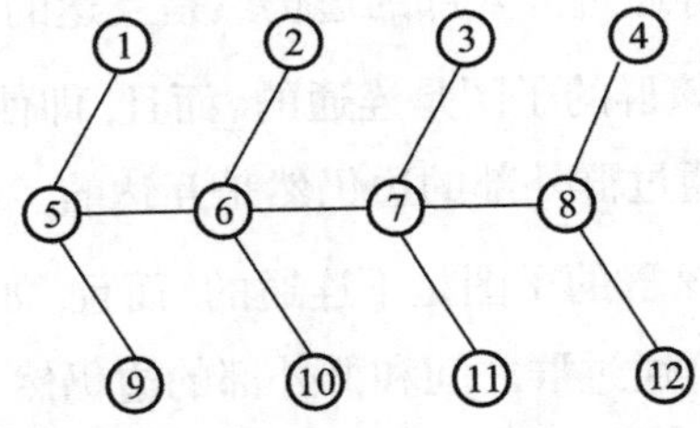


图 7.3　图拓扑结构的例子. 群 2 和 3 (节点 5-8, 9-12) 都是 B 类型, 不含有内部边. 群 1 (节点 1-4) 是 A 类型, 仅通过内部边可实现群内节点的连通. 然而, 如果删除内部边, 无法实现所有节点对间的连通性

**表 7.2**　两种类型的群在同一个连通网络上共存的可能性

| | **A** 类群 | **B** 类群 | **C** 类群 | **D** 类群 |
|---|---|---|---|---|
| **A** 类群 | × | √ | × | × |
| **B** 类群 | √ | √ | √ | √ |
| **C** 类群 | × | √ | × | √ |
| **D** 类群 | × | √ | √ | × |

其中 $\Gamma = \mathrm{diag}[1,1,0]$, 每个 $f_k(\cdot)$ 选自不同参数的蔡氏电路

$$f_k(x) = \begin{cases} p_k[-x_1 + x_2 + g(x_1)] \\ x_1 - x_2 + x_3 \\ -q_k x_2 \end{cases} \tag{7.17}$$

其中, $g(x_1) = m_0 x_1 + \frac{1}{2}(m_1 - m_0)(|x_1 + 1| - |x_1 - 1|)$. 对所有 $k$, 令 $m_0 = -0.68$, $m_1 = -1.27$, $(p_1, q_1) = (10.0, 14.87)$, $(p_2, q_2) = (9.0, 14.87)$, $(p_3, q_3) = (9.0, 12.87)$.

蔡氏电路是全局利普希兹连续的, 因此可以选取任意一个大于所有 $f_k$ 的利普希兹常数的 $\alpha$ 来使得 $f_k$ 满足 QUAD 条件.

采用下述的量来度量同一群内部的节点之间的差别

$$\mathrm{var} = \left\langle \sum_{k=1}^{K} \frac{1}{\#\mathcal{C}_k - 1} \sum_{i \in \mathcal{C}_k} [x^i - \bar{x}_k]^\top [x^i - \bar{x}_k] \right\rangle$$

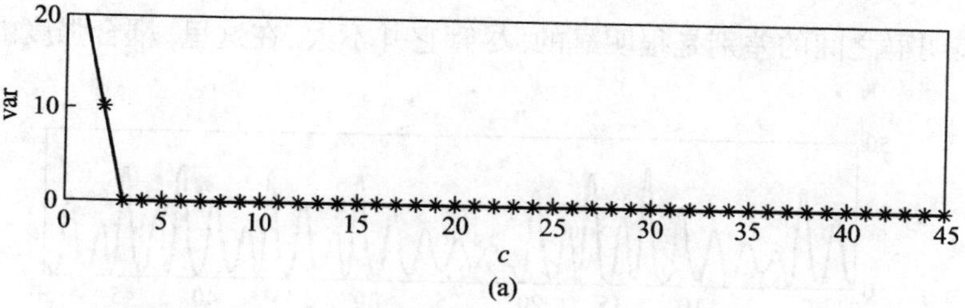

(a)

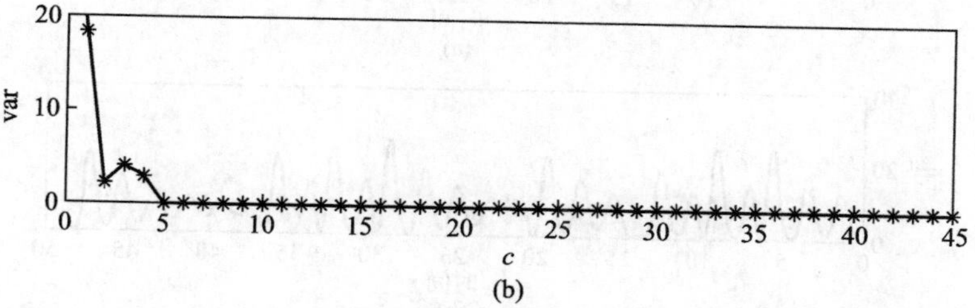

(b)

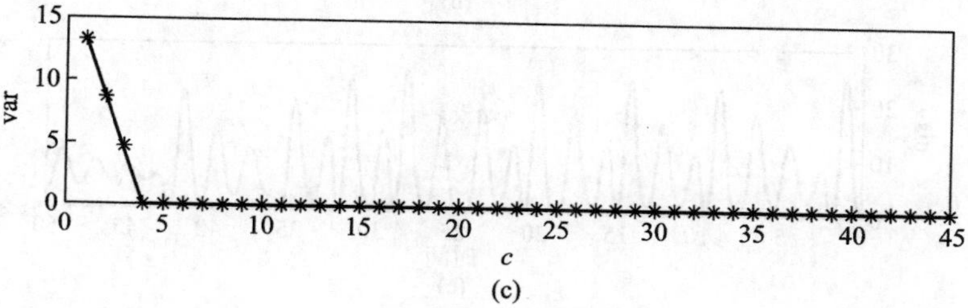

(c)

图 7.4 var 随 $c$ 的变化图. (a)、(b)、(c) 分别对应于图 7.1、图 7.2、图 7.3

其中 $\bar{x}_k = \dfrac{1}{\#\mathcal{C}_k} \sum_{i \in \mathcal{C}_k} x^i$, 而 $\langle \cdot \rangle$ 表示时间平均. 用龙格 – 库塔四步法来解微分方程 (7.16), 其中的步长根据耦合强度的不同选取 0.001 或 0.01. 用来计算平均误差的时间区间选取为 [50, 100]. 图 7.4 中给出了数值模拟的结果. 它表明, 当耦合强度大于某个阈值的时候, 耦合系统 (7.16) 在三个图上都可以实现分群同步. 需要指出, 模拟得出的阈值可以远小于理论上的估计值 (理论值的具体估算将在后节中给出). 这一点并不奇怪, 因为理论结果只是给出了耦合系统可以分群同步的一个充分而非必要条件, 并不能排除在这一充分条件不满足的时候耦合系统仍然能够实现分群同步的可能性. 也就是说, 在耦合强度 $c$ 小于理论上的阈值的情况下系统仍然可以实现分群同步.

另一方面, 用下面的量来度量不同群之间的差别

$$\mathrm{dis}(t) = \min_{i \neq j} [\bar{x}_i(t) - \bar{x}_j(t)]^\top [\bar{x}_i(t) - \bar{x}_j(t)].$$

图 7.5 表明群之间的差别是很明显的, 尽管它并不大. 在这里, 耦合强度的选取是

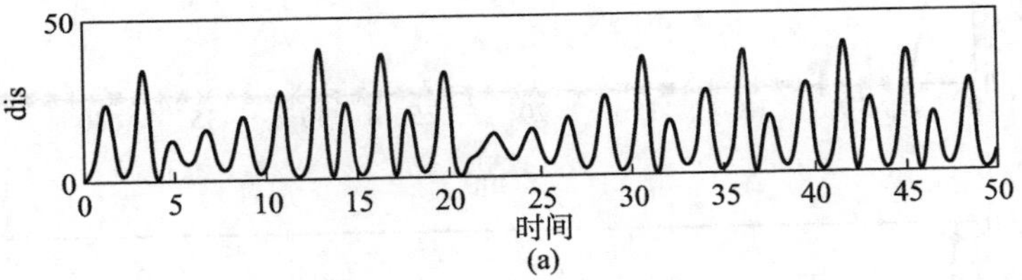

(a)

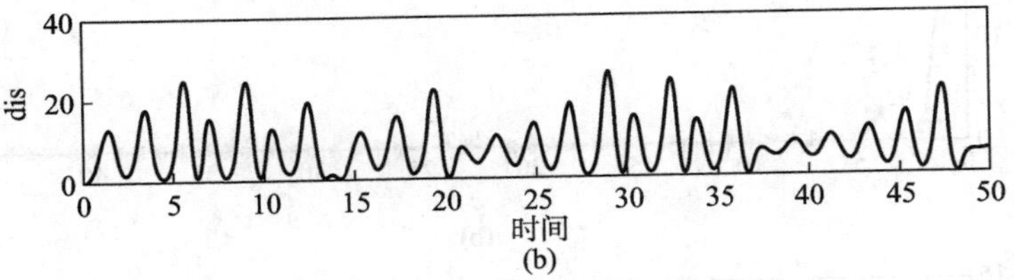

(b)

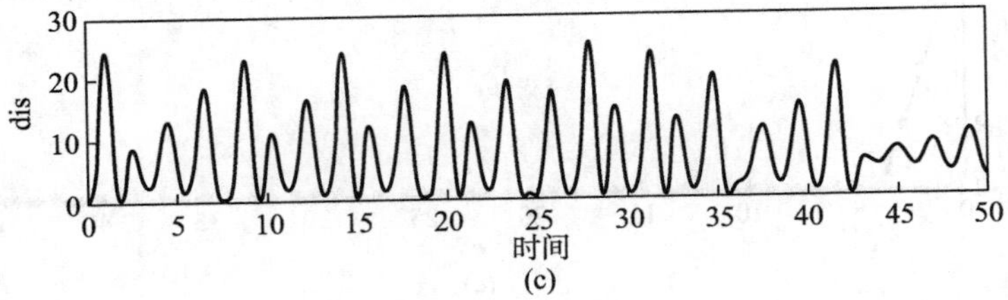

(c)

图 7.5　方程 (7.16) 中各自的动力学行为, (a)、(b)、(c) 分别对应于图 7.1、图 7.2、图 7.3

在理论上估算的阈值之上的. 这一差别是由于对不同的群选取了不同的参数造成的. 这一结果验证了网络确实实现了分群同步.

## 7.3 基于自适应反馈的分群同步算法

由前面的分析可知, 网络的分群同步能力取决于网络的拓扑结构. 如果网络分群同步能力较弱, 确保实现分群同步的耦合强度的理论阈值就会比较大 (关于这一问题会在后面进一步具体讨论). 很自然地提出下面的问题: 无论网络的拓扑结构 (相应的分群同步能力) “好” 还是 “坏”, 能否通过一种统一的方法实现分群同步, 而又能使得耦合强度尽可能不要太大? 关于这一问题, 最近提出的一种方法是增加节点和边上的权重. 另一方面, 作为一种更有效的通过调整权重来增强完全同步的手段, 自适应算法是一个有效的方法.

本节考虑如下的耦合系统

$$\dot{x}^i = f_k(x^i) - c\sum_{j=1}^{m} l_{ij}\Gamma x^j,\ i \in \mathcal{C}_k,\ k = 1, 2, \cdots, K. \tag{7.18}$$

并且对于预先给定的图提出一种可以实现分群同步的自适应算法.

假定共同的群间耦合条件和群的互达性条件都满足. 不失一般性, 假定图 $\mathcal{G}$ 是无向连通图. 考虑耦合系统 (7.18), 它的拉普拉斯矩阵 $\boldsymbol{L}$ 如 (7.10) 所定义, 且记 $\boldsymbol{L}$ 的对应于 0 特征根的特征向量为 $d^\top = [d_1, \cdots, d_m]$.

在上述前提下, 相应的自适应分群同步算法如下

$$\begin{cases} \dot{x}^i(t) = f_k(x^i(t)) + \sum\limits_{j=1}^{m} w_{ij}(t)\Gamma[x^j(t) - x^i(t)],\ i \in \mathcal{C}_k,\ k = 1, 2, \cdots, K, \\ \dot{w}_{ij}(t) = \rho_{ij} d_i [x^i(t) - \bar{x}_d^k(t)]^\top \Gamma [x^i(t) - x^j(t)], \\ \text{对每一个 } e_{ij} \in \mathcal{E} \text{ 以及} i \in \mathcal{C}_k,\ k = 1, 2, \cdots, K. \end{cases} \tag{7.19}$$

其中 $\rho_{ij} > 0$ 为正常数.

**定理 7.3** 假定图 $\mathcal{G}$ 是连通的，定理 7.1 中的条件都满足，而且系统 (7.19) 是本性有界的. 则系统 (7.19) 对任意初值都可以实现分群同步.

**证明:** 由于 $\mathcal{G}$ 是连通的，由前节的定理 7.2 可知，选取一个足够大的 $c$，使得

$$\left[D(-c\boldsymbol{L}+\alpha I_m)\right]^s\Big|_{\mathcal{T}_{\mathcal{C}}^d(1)}<0. \tag{7.20}$$

定义如下的李亚普诺夫函数

$$Q(x,W)=\sum_{k=1}^{K}Q_k(x,W),$$

其中，

$$Q_k(x,W)=\sum_{i\in\mathcal{C}_k}\left[\frac{d_i}{2}(x^i-\bar{x}_d^k)^\top(x^i-\bar{x}_d^k)+\frac{1}{2\rho_{ij}}(w_{ij}-cl_{ij})^2\right],$$

对 $Q_k(x,W)$ 求导，得

$$\begin{aligned}\dot{Q}_k(x,W)=&\sum_{i\in\mathcal{C}_k}d_i(x^i-\bar{x}_d^k)^\top\left\{f_k(x^i)+\sum_{j=1}^{m}w_{ij}\boldsymbol{\Gamma}(x^j-\bar{x}^j)-\dot{\bar{x}}_d^k\right\}\\&+\sum_{i\in\mathcal{C}_k}\sum_{k'=1}^{K}\sum_{j\in\mathcal{N}_{k'}(i)}(w_{ij}-cl_{ij})d_i(x^i-\bar{x}_d^k)^\top\boldsymbol{\Gamma}(x^i-x^j)\\=&\sum_{i\in\mathcal{C}_k}d_i(x^i-\bar{x}_d^k)^\top\left\{f_k(x^i)-c\sum_{j=1}^{m}l_{ij}\boldsymbol{\Gamma}(x^j-x^i)-\dot{\bar{x}}_d^k\right\}\end{aligned}$$

类似于定理 7.11 的证明可知

$$\sum_{i\in\mathcal{C}_i}\dot{Q}_i(x,W)=\sum_{i\in\mathcal{C}_i}d_i(x^i-\bar{x}_d^k)^\top\left\{f_k(x^i)-f(\bar{x}_d^k)-c\sum_{j=1}^{m}l_{ij}\boldsymbol{\Gamma}(x^j-\bar{x}_d^j)\right\}$$

并且

$$\begin{aligned}\dot{Q}(x,W)\leqslant&-\delta\sum_{k=1}^{K}\sum_{i\in\mathcal{C}_k}d_i(x^i-\bar{x}_d^k)^\top(x_i-\bar{x}_d^k)\\&+\sum_{k=1}^{K}\sum_{i\in\mathcal{C}_k}d_i(x^i-\bar{x}_d^k)^\top\left[\alpha\boldsymbol{\Gamma}(x^i-\bar{x}_d^k)-c\sum_{j=1}^{m}l_{ij}\boldsymbol{\Gamma}(x^j-\bar{x}_d^j)\right]\\=&-\delta(x-\bar{x}_d)^\top(\boldsymbol{D}\otimes I)(x-\bar{x}_d)\\&+(x-\bar{x}_d)^\top\left\{[\boldsymbol{D}(-c\boldsymbol{L}+\alpha I_m)]^s\otimes\boldsymbol{\Gamma}\right\}(x-\bar{x}_d)\end{aligned}$$

由不等式 (7.20) 可得

$$\dot{Q} \leqslant -\delta(x-\bar{x}_d)^\top(\boldsymbol{D}\otimes I)(x-\bar{x}_d) \leqslant 0.$$

这意味着

$$\begin{aligned}&\int_0^t \delta(x(s)-\bar{x}_d(s))^\top(\boldsymbol{D}\otimes I)(x(s)-\bar{x}_d(s))\mathrm{d}s\\&\leqslant Q(0)-Q(t)\leqslant Q(0)<\infty\end{aligned} \tag{7.21}$$

由于 $x(t)$ 是有界且一致连续的, 则

$$\lim_{t\to\infty}[x(t)-\bar{x}_d(t)]=0$$

对于不连通图的情形, 可以把图分解为它的各个连通分支的并, 然后用上面同样的方法来处理每一个连通分支.

对于自适应算法 (7.19), 权重 $w_{ij}(t)$ 的动力学行为是一个很复杂和有趣的问题. 尽管从模拟（文献 [5]）中的结果来看所有的权重都是收敛的. 但是, 目前只能证明群内部边的权重的收敛性.

事实上, 根据式 (7.21), 有

$$\int_0^\infty [x^i(\tau)-\bar{x}_d^k(\tau)]^\top[x^i(\tau)-\bar{x}_d^k(\tau)]\mathrm{d}\tau<+\infty.$$

于是,

$$\begin{aligned}\int_0^\infty|\dot{w}_{ij}(\tau)|\mathrm{d}\tau=&\rho_{ij}d_i\int_0^\infty\Big|[x^i(\tau)-\bar{x}_d^k(\tau)]^\top\Gamma[x^i(\tau)-x^j(\tau)]\Big|\mathrm{d}\tau\\\leqslant&\int_0^\infty\rho_{ij}d_i\|\Gamma\|_2\Big\{\Big|[x^i(\tau)-\bar{x}_d^k(\tau)]^\top[x^i(\tau)-\bar{x}_d^k(\tau)]\Big|\\&+\Big|[x^i(\tau)-\bar{x}_d^k(\tau)]^\top[x^j(\tau)-\bar{x}_d^k(\tau)]\Big|\Big\}\mathrm{d}\tau\\\leqslant&\rho_{ij}d_i\|\Gamma\|_2\Big\{\frac{3}{2}\int_0^\infty[x^i(\tau)-\bar{x}_d^k(\tau)]^\top[x^i(\tau)-\bar{x}_d^k(\tau)]\mathrm{d}\tau\\&+\frac{1}{2}\int_0^\infty[x^j(\tau)-\bar{x}_d^k(\tau)]^\top[x^j(\tau)-\bar{x}_d^k(\tau)]\mathrm{d}\tau\Big\}\end{aligned}$$

因此, 对于任意 $\epsilon>0$, 存在 $T>0$, 使得对于任意 $t_1>T$, $t_2>T$,

$$|w_{ij}(t_2)-w_{ij}(t_1)|\leqslant\int_{t_1}^{t_2}|\dot{w}_{ij}(\tau)|\mathrm{d}\tau<\epsilon$$

依据柯西收敛原理, 对于 $i \in \mathcal{C}_k$, $j \in \mathcal{C}_k$, 当 $t \to \infty$ 时, $w_{ij}(t)$ 会收敛到某个最终权重 $w_{ij}^*$.

然而, 当节点 $i$ 和 $j$ 不在同一个的群时, 目前还无法证明 $w_{ij}(t)$ 是否收敛. 如果所有权重都是收敛的, 则根据拉塞尔 (LaSalle) 不变原理, 最终的权重能够保证分群同步子空间仍然是不变子空间. 也就是说, 如果方程 (7.4) 中不同轨道的差别 $s^{k'} - s^k$ 是线性无关的, 则条件 (7.5) 对于最终权重仍然是成立的.

另一方面, 模拟结果表明, 最终权重是初值敏感的. 对于不同的初值, 最终权重可能差别会很大, 甚至有些可能是负值. 根据这一观察, 有理由认为是自适应算法的过程本身, 而非是最终的权重导致分群同步. 对于最终权重的更深入探讨已经超出了本书的范围, 故在此不再讨论. 详细分析和说明, 参看文献 [5].

## 7.4 耦合映射网络的分群同步

前面几节研究了连续时间复杂网络上的分群同步问题, 本节将继续来研究离散时间的复杂网络. 网络结构仍假设为简单的无向图.

下面将讨论如下复杂网络的分群同步问题

$$\begin{aligned} x^i(t+1) = f_k(x^i(t)) - \epsilon \sum_{k'=1}^{K} \sum_{j \in \mathcal{C}_{k'}} l_{ij}[f_{k'}(x^j(t)) \\ - f_k(x^i(t))], \ i \in \mathcal{C}_k, \end{aligned} \tag{7.22}$$

其中 $x^i \in \mathbb{R}$ 是节点 $i$ 的状态变量, $f_k: \mathbb{R} \to \mathbb{R}$, $k = 1, 2, \cdots, K$ 都是可微函数. 类同上一节, 同一群 $\mathcal{C}_k$ 内部的节点上的 $f_k$, 而不同群之间的节点却是不同的. 也就是当 $k \neq k'$ 时, $f_k \neq f_{k'}$. $\boldsymbol{L} = [l_{ij}]_{i,j=1}^m$ 是网络图 $\mathcal{G}$ 的拉普拉斯矩阵.

**注 7.2**　这里, 为了书写简单, 假定 $f_k$: $\mathbb{R} \to \mathbb{R}$, $k = 1, 2, \cdots, K$.

类似于上一节, 分群同步定义如下:

(1) 同一群内部的完全同步, 即

$$\lim_{t\to\infty}[x^i(t)-x^j(t)]=0,\ \forall\, i,j\in\mathcal{C}_k,\ k=1,2,\cdots,K; \tag{7.23}$$

(2) 不同群的节点之间的距离不会随时间趋向于零. 即对任意 $i'\in\mathcal{C}_k$, $j'\in\mathcal{C}_l$, $k\neq l$, 有 $\overline{\lim_{t\to\infty}}\,|x^{i'}(t)-x^{j'}(t)|>0$.

由于假定当 $k\neq k'$ 时, $f_k\neq f_{k'}$. 分群同步就等价于如下的相应于给定的分群 $\mathcal{C}$ 的分群同步子空间

$$\mathcal{S}_{\mathcal{C}}=\left\{[x^1,\cdots,x^m]^\top:\ x^i=x^j,\ \forall\, i,j\in\mathcal{C}_k,k=1,2,\cdots,K\right\}$$

的渐近稳定性.

首先, 类似于第 7.3 节, 可以给出分群同步子空间 $\mathcal{S}_{\mathcal{C}}$ 是方程 (7.22) 不变子空间的充要条件. 假定对于每一群 $\mathcal{C}_k$, $k=1,2,\cdots,K$, 以及每一个 $i\in\mathcal{C}_k$, $x^i(t)=s^k(t)$ 是第 $k$ 群的同步解. 由方程 (7.22), 每一个 $s^k$ 必需满足

$$s^k(t+1)=f_k(s^k(t))-\epsilon\sum_{k'\neq k}\alpha_{i,k'}\left[f_{k'}(s^{k'}(t))-f_k(s^k(t))\right]. \tag{7.24}$$

其中, $\alpha_{i,k'}=\sum\limits_{j\in\mathcal{C}_{k'}}l_{ij}$. 可以看出, 对于每一个给定的群 $\mathcal{C}_k$, 为了保证方程 (7.24) 对于所有属于群 $\mathcal{C}_k$ 的节点 $i$ 都是相同的, 必须要求对于每一个 $k'\neq k$, $\alpha_{i,k'}$ 对于所有的 $i\in\mathcal{C}_k$ 都是相同的. 即,

$$\alpha_{i,k'}=\alpha(k,k'),\ i\in\mathcal{C}_k,\ k\neq k'. \tag{7.25}$$

这一条件是分群同步子空间 $\mathcal{S}_{\mathcal{C}}$ 关于耦合系统 (7.22) 是不变子空间的必要条件.

记 $\mathcal{N}_{k'}(i)=\mathcal{N}(i)\bigcap\mathcal{C}_{k'}$. 等式 (7.25) 成立的一个必要条件是对 $i\in\mathcal{C}_k$ 以及 $k'\neq k$, 如果 $\mathcal{N}_{k'}(i)\neq\emptyset$, 则对所有的 $j\in\mathcal{C}_k$, 有 $\mathcal{N}_{k'}(j)=\mathcal{N}_{k'}(i)$. 这一条件仍然称为**共同的群间耦合条件**.

记 $\mathcal{L}_i=\{k'\neq k:\ N_{k'}(i)\neq\emptyset\}$, 这一集合就是节点 $i$ 的邻居节点所属群的集合. 对于每一个 $k=1,2,\cdots,K$, 共同群间耦合条件等价于如下的

$$\mathcal{L}_i=\mathcal{L}_{i'}\ \forall\, i,i'\in\mathcal{C}_k. \tag{7.26}$$

因此, 在这一条件下, 对于所有的 $i\in\mathcal{C}_k$, 可以把相同的 $\mathcal{L}_i$ 统一记为 $\mathcal{L}_k$.

令 $x(t) = [x^1(t), \cdots, x^m(t)]^\top$, $F(x) = [f_{k_1}(x^1), \cdots, f_{k_m}(x^m)]^\top$. 于是, 方程 (7.22) 可以写成

$$x(t+1) = (I_m - \epsilon \boldsymbol{L})F(x(t)) \tag{7.27}$$

在本节中, 将研究由各群不同映射耦合而成的网络 (7.27) 的分群同步. 特别要揭示网络的分群机制和网络的拓扑结构之间的关系. 首先, 通过横向稳定性分析导出分群同步的条件, 提出一个度量分群同步能力的量. 它是一个关于拉普拉斯矩阵在分群同步子空间的横截空间上的特征值的函数. 所得的结果表明同一群内部所有节点之间的互达性在网络的分群同步中起着关键性作用. 另外, 提出了几个复杂网络模型来揭示群内部的边和群之间的边是如何来影响分群同步的动力学性质和网络的分群同步能力的. 在最后的一节中, 对于提出的几个网络模型, 通过数值模拟, 展示了由不同的 logistic 映射耦合而成的网络上的分群同步行为. 还同时研究了每一个网络模型中群内部的边数与群之间的边数的比值与分群同步能力之间的关系.

下面, 将用横向稳定性分析方法来研究耦合系统 (7.22) 的分群同步行为. 假定分群同步子空间 $\mathcal{S}_\mathcal{C}$ 有一个吸引子 $\mathcal{A}$. 令 $s^k(t)$, $k = 1, 2, \cdots, K$, 是方程 (7.24) 在分群同步子空间 $\mathcal{S}_\mathcal{C}$ 上的解. 它可写成

$$\begin{aligned} s^k(t+1) = f_k(s^k(t)) - \epsilon \sum_{k' \in \mathcal{L}_k} l_{ij}\big[f_{k'}(s^{k'}(t)) - f_k(s^k(t))\big],\\ k = 1, 2, \cdots, K. \end{aligned} \tag{7.28}$$

令 $\delta x^i(t) = x^i(t) - s^{k_i}(t)$ 为方程 (7.22) 在吸引子 $\mathcal{A}$ 上的一条轨道附近的变分. 则相应的变分系统可以写成:

$$\begin{aligned} \delta x^i(t+1) = f'_k(s^k(t))\delta x^i(t) - \epsilon \sum_{j=1}^{m} l_{ij} f'_{k_j}(s^{k_j}(t))\delta x^j(t),\\ i \in \mathcal{C}_k, \ k = 1, 2, \cdots, K. \end{aligned} \tag{7.29}$$

记 $\delta X(t) = [\delta x^1(t), \cdots, \delta x^m(t)]^\top$, $DF(s(t)) = \mathrm{diag}(f'_{k_i}(s^{k_i}(t)))_{i=1}^m$, 则方程 (7.29) 可以写成

$$\delta X(t+1) = (I_m - \epsilon L)DF(s(t))\delta X(t) \tag{7.30}$$

选取一个非奇异矩阵 $\boldsymbol{P}=[p_{ij}]_{i,j=1}^{m}=[\boldsymbol{P}_1,\cdots,\boldsymbol{P}_m]$, $\boldsymbol{P}_i=[p_{1i},\cdots,p_{mi}]^T$, $i=1,\cdots,m$, 为 $\boldsymbol{P}$ 的各个列向量, 而当 $k=1,2,\cdots,K$ 时,

$$p_{lk}=\begin{cases}1, & l\in\mathcal{C}_k\\ 0, & \text{其他情形}.\end{cases}$$

将 $\boldsymbol{P}$ 重写为如下形式:

$$\boldsymbol{P}=[\tilde{\boldsymbol{P}}_1,\tilde{\boldsymbol{P}}_2],\ \boldsymbol{P}^{-1}=\begin{bmatrix}Q_1\\ Q_2\end{bmatrix},$$

其中 $\tilde{\boldsymbol{P}}_1=[\boldsymbol{P}_1,\cdots,\boldsymbol{P}_K]$, $\tilde{\boldsymbol{P}}_2=[\boldsymbol{P}_{K+1},\cdots,\boldsymbol{P}_m]$, 而 $\boldsymbol{Q}_1$ 是由 $\boldsymbol{P}^{-1}$ 的前 $K$ 行组成的子矩阵.

另外, 记

$$\tilde{\boldsymbol{L}}=\boldsymbol{P}^{-1}\boldsymbol{L}\boldsymbol{P}=\begin{bmatrix}\tilde{\boldsymbol{L}}_{11} & \tilde{\boldsymbol{L}}_{12}\\ \tilde{\boldsymbol{L}}_{21} & \tilde{\boldsymbol{L}}_{22}\end{bmatrix},$$

其中 $\tilde{L}_{ij}=Q_i\boldsymbol{L}\boldsymbol{P}_j$, $i,j=1,2$. 根据共同群间耦合条件以及方程 (7.22) 可以看出, $\mathcal{S}_{\mathcal{C}}$ 是拉普拉斯矩阵 $\boldsymbol{L}$ 的不变子空间. 因此, 由 $\boldsymbol{L}\tilde{\boldsymbol{P}}_1$ 张成的子空间仍然包含在 $\mathcal{S}_{\mathcal{C}}$ 中, 且由于 $Q_2\tilde{P}_1=0$, 可知 $\tilde{\boldsymbol{L}}_{21}=Q_2L\tilde{P}_1=0$.

进一步, 考虑如下矩阵

$$\widetilde{DF}(s(t))=\boldsymbol{P}^{-1}\boldsymbol{DF}(s(t))\boldsymbol{P}=\begin{bmatrix}\widetilde{\boldsymbol{DF}}_{11}(s(t)) & \widetilde{\boldsymbol{DF}}_{12}(s(t))\\ \widetilde{\boldsymbol{DF}}_{21}(s(t)) & \widetilde{\boldsymbol{DF}}_{22}(s(t))\end{bmatrix}$$

其中 $\widetilde{DF}_{ij}(s(t))=Q_iDF(s(t))\tilde{P}_j$, $i,j=1,2$. 因为 $\mathcal{S}_{\mathcal{C}}$ 同时也是线性映射 $DF(s(t))$ 的不变子空间. 所以, $\widetilde{DF}_{21}(s(t))=0$.

令 $u(t)=P^{-1}\delta X(t)$. 则

$$u(t+1)=(I_m-\epsilon\tilde{L})\widetilde{DF}(s(t))u(t). \tag{7.31}$$

将 $u(t)$ 写成 $u(t)=[\tilde{u}_1^\top(t),\tilde{u}_2^\top(t)]^\top$, 其中 $\tilde{u}_1(t)$ 对应于子空间 $\mathcal{S}_{\mathcal{C}}$ 的成分. 则有

$$\begin{cases}\tilde{u}_1(t+1)=\displaystyle\sum_{j,l=1}^{2}(I_K\delta_{1j}-\epsilon\tilde{L}_{1j})\widetilde{DF}_{jl}(s(t))\tilde{u}_l(t)\\ \tilde{u}_2(t+1)=(I_{m-K}-\epsilon\tilde{L}_{22})\widetilde{DF}_{22}(s(t))\tilde{u}_2(t),\end{cases} \tag{7.32}$$

这里, 当 $l=j$ 时, $\delta_{lj}=1$, 而当 $l\neq j$ 时, $\delta_{lj}=0$. 因此, $\mathcal{S}_{\mathcal{C}}$ 的横截空间上的线性系统由

$$\tilde{u}_2(t+1)=(I_{m-K}-\epsilon\tilde{L}_{22})\widetilde{DF}_{22}(s(t))\tilde{u}_2(t) \tag{7.33}$$

来描述.

根据横向稳定性理论 (文献 [3, 4], 参看 3.1 节), 可以看出, 分群同步的稳定性等价于 (7.33) 的稳定性. 由于 $\tilde{u}_1(t)$ 是 $P_1,\cdots,P_K$ 的线性组合. 因此, $\tilde{u}_1(t)\in\mathcal{S}_{\mathcal{C}}$. 根据定理 3.1 的结果, 可以得到

**定理 7.4** 如果线性系统 (7.33) 是渐近稳定的, 或者线性系统 (7.33) 的最大李亚普诺夫指数 $\mu_T<0$, 则耦合系统 (7.22) 可以实现局部分群同步. 另一方面, 如果 $\mu_T>0$, 则耦合系统 (7.22) 是不稳定的.

由于假定当 $k\neq k'$ 时, $f_k\neq f'$. 因此, 当每一群都同步时, 不同群的动力学行为也不同. 于是, 耦合系统 (7.22) 实现了分群同步.

现在, 进一步来分析实现分群同步的的条件. 由定理 7.4 得到的一个直接结果如下

**定理 7.5** 令 $\kappa=\overline{\lim\limits_{t\to\infty}}\|DF(s(t))\|$. 这里 $\|\cdot\|$ 是任意一个矩阵范数. 如果

$$\kappa<\frac{1}{\|I_{m-K}-\epsilon\tilde{\boldsymbol{L}}\|}, \tag{7.34}$$

则耦合系统 (7.22) 可以实现分群同步.

定理 7.5 中给出的分群同步的充分条件表明, $\|I_{m-K}-\epsilon\tilde{\boldsymbol{L}}\|$ 越小, 就表明有越多的 $f$ 能够满足条件 (7.34). 即更多的耦合系统 (7.22) 可以实现分群同步. 显然, $\|I_{m-K}-\epsilon\tilde{\boldsymbol{L}}\|$ 依赖于范数 $\|\cdot\|$ 的选取, 且

$$\inf_{\|\cdot\|}\|I_{m-K}-\epsilon\tilde{\boldsymbol{L}}\|=\rho(I_{m-K}-\epsilon\tilde{\boldsymbol{L}}),$$

其中 $\rho(\cdot)$ 表示谱半径.

令 $\lambda_1,\lambda_2,\cdots,\lambda_m$ 为 $\tilde{\boldsymbol{L}}$ 的特征值 (可有重根), 其中, $\lambda_1,\cdots,\lambda_K$ 为 $\boldsymbol{L}$ 的对应于分群同步子空间 $\mathcal{S}_{\mathcal{C}}$ 的特征值. 于是,

$$\rho(I_{m-K}-\epsilon\tilde{L})=\max_{i>K}|1-\epsilon\lambda_i|.$$

它可以用来度量 $\mathbb{R}^m$ 中的一个向量收敛到子空间 $\mathcal{S}_{\mathcal{G},\mathcal{C}}$ 的速度. 尤其是, 当 $f(\rho)=\kappa\rho$ 时, $x(t)$ 收敛到 $\mathcal{S}_{\mathcal{C}}$ 的充要条件为

$$\max_{i>K}|1-\epsilon\lambda_i|<\frac{1}{\kappa}$$

可以看出, 作为 $I_m-\epsilon\boldsymbol{L}$ 在分群同步子空间 $\mathcal{S}_{\mathcal{C}}$ 的横截空间上的谱半径, 量 $\max\limits_{i>K}|1-\epsilon\lambda_i|$ 可以用来度量耦合矩阵如何影响网络的分群同步行为. 这里, $\epsilon>0$ 是任意选取的. 因此, 下述量

$$CS_{\mathcal{G},\mathcal{C}}=\inf_{\epsilon>0}\max_{i>K}|1-\epsilon\lambda_i|. \tag{7.35}$$

可以用来度量网络 (7.22) 在给定的拓扑结构和分群的情况下的分群同步能力.

当 $\kappa>1$ 时, (7.22) 构成的网络可以导致系统在子空间 $\mathcal{S}_{\mathcal{C}}$ 上不稳定. 自然产生了一个问题: 什么样的图可以在 $\kappa>1$ 时, 使 (7.22) 能实现分群同步? 显然, 保证网络可以实现混沌分群同步的一个充分条件是 $CS_{\mathcal{G},\mathcal{C}}<1$.

**定理 7.6** 给定图 $\mathcal{G}$, $CS_{\mathcal{G},\mathcal{C}}<1$ 的充要条件是同一群中的所有节点属于图 $\mathcal{G}$ 的同一个连通分支.

**证明:** **充分性** 不失一般性, 假定图 $\mathcal{G}$ 是连通的. 否则, 可以把它分解为它的几个连通分支而分别处理每个连通分支. 根据引理 2.3 (Perron-Frobenius 定理), 拉普拉斯矩阵 $\boldsymbol{L}$ 除了一个对应于特征向量 $[1,1,\cdots,1]^\top$ 的单重特征根 0 外, 其余特征根的实部都为正. 因此, 对所有的 $i>K$, $\mathcal{R}e(\lambda_i)>0$. 令 $\lambda_i=\alpha_i+\sqrt{-1}\beta_i$, 其中 $\alpha_i\ \beta_i\in\mathbb{R}$ 为常数. 由于 $\alpha_i>0$, 当 $\epsilon$ 充分小时, $|1-\epsilon\lambda_i|=\sqrt{(1-\epsilon\alpha_i)^2+\epsilon^2\beta_i^2}<1$. 这表明

$$\max_{i\geqslant K}|1-\epsilon\lambda_i|<1$$

由此可得 $CS_{\mathcal{G},\mathcal{C}}<1$.

**必要性** 采用归谬法. 假定存在群 $\mathcal{C}_1$ 中, 节点处在两个不同的连通分支里. 不失一般性, 假定图 $\mathcal{G}$ 的拉普拉斯矩阵有如下的形式

$$\boldsymbol{L}=\begin{bmatrix}\boldsymbol{L}_1 & 0\\ 0 & \boldsymbol{L}_2\end{bmatrix},$$

令 $\mathcal{V}_1$, $\mathcal{V}_2$ 分别为对应于子矩阵 $\boldsymbol{L}_1$, $\boldsymbol{L}_2$ 的节点集. 且假定群 $\mathcal{C}_1$ 的一部分节点在 $\mathcal{V}_1$ 中, 而其余的在 $\mathcal{V}_2$ 中. 显然, $\boldsymbol{L}$ 有一个对应于 0 特征值的特征向量 $v = [v_1, \cdots, v_m]^\top$ 满足

$$v_i = \begin{cases} a, & i \in \mathcal{V}_1 \\ b, & i \in \mathcal{V}_2 \end{cases} \quad a \neq b,$$

于是, $\boldsymbol{L}$ 在分群同步子空间 $\mathcal{S}_\mathcal{C}$ 的横截空间上有一个 0 特征值, 且 $\inf\limits_{\epsilon>0} |1 + \epsilon 0| = 1$. 因此, 有 $\mathcal{CS}_{\mathcal{S},\mathcal{C}} = 1$. 这与 $\mathcal{CS}_{\mathcal{S},\mathcal{C}} < 1$ 矛盾.

定理 7.6 可以看成是实现混沌分群同步的充分条件. 事实上, 如果实现了分群同步的系统 (7.24) 有混沌解, 则有 $\kappa > 1$. 在此意义下, 对于 $\kappa > 1$ 的映射, 适当选取耦合强度, 系统能实现分群同步的充要条件是同一群中的所有节点都处在图 $\mathcal{G}$ 的同一个连通分支中.

在 7.1 节和 7.2 节中, 讨论了连续时间网络上的全局分群同步. 而在本节中, 讨论了离散时间网络上的局部分群同步. 与 7.2 节中一样, 如下的两个条件:

(1) 同一群内部所有节点具有相同的可达群;

(2) 每一群的互达性.

同样在本节讨论中扮演着关键角色.

接下来, 用前述的结果来分析下述四个复杂网络模型.

第一个模型称为**具有 $p$ 最近邻居的规则图**. 图中有 $m$ 个节点. 依次编号为 $\{1, \cdots, m\}$. 节点 $i$ 具有如下的 $2p$ 个相邻节点: $\{(i+j) \bmod m: j = \pm p, \pm(p-1), \cdots, \pm 1\}$, 其中 mod 为取模算子. 整个节点集分成 $c$ 群, 满足 $m (\bmod c) = 0$, 且每一群都具有相同数目的节点. 如, 第 $q$ 群的节点集为 $\mathcal{C}_q = \{j: j \bmod m = q\}$.

第二个模型称为**随机分群图**. 它是在第一个模型的基础上构造出来的. 从一个具有 $p$ 最近邻居的规则图出发, 每一个节点以概率 $p$ 被选中, 而每一个被选中的节点会增加 $k$ 条边, 这 $k$ 条边是分 $k$ 步加上去的, 且每一步增加一条边. 在每一步中, 所增加的边的另一端的节点以概率 $q$ 落在同一群中, 以概率 $1-q$ 落在其他群中. 在两种情形下, 所有的可选节点都是以等概率被选中的.

第三个模型称为**二分随机图**. 将 $m$(为偶数) 个节点分成两群, 每群有 $m/2$ 个节点. 每个节点有 $k$ 个邻居, 其中有 $l < k$ 个邻居处在同一群中, 而另外的 $k-l$

个邻居则落在另一群中. 在任何时候, 终端的节点都是在可选节点集中以等概率选取.

最后的一个模型称为**具有度偏好的增长型分群网络**. 它类似于 BA 模型[9] 的具有度偏好的增长网络模型. 初始的网络具有 $k_0$ 个节点, 每个属于单独的一群, 总共有 $k_0$ 群. 第一步, 首先给出由这 $k_0$ 个节点生成的完全图. 在接下来的每一步中, 都有一个新的节点加入进来. 而且它会在原来的网络中选取 $k > k_0$ 个节点作为它的邻居. 首先, 它以等概率选择自己所属的群; 第二步, 它分别在其余的 $k_0 - 1$ 个群中各选取一个节点作为它的邻居; 第三步, 它继续选取剩余的 $k - k_0 + 1$ 个邻居, 其中有 $l < k - k_0 + 1$ 个落在同一群中, 而其余的则落在其他群中. 在第二步和第三步中, 所有节点都是在可选节点集中以正比于它们度的概率被选中. 继续这一过程直到网络的规模达到 $m$.

在接下来的数值模拟中, 考虑由 (7.22) 描述的耦合网络, 其中,

$$f_k(\rho) = \mu_k \rho(1-\rho) \tag{7.36}$$

为 logistic 映射, $\mu_k = 3.6 + (k-1) \times 0.05$, $k = 1, \cdots, K$, $K$ 为群的数目. 在 $(0,1)$ 上以等概率随机地选取初值, 数值模拟的时间长度为 100.

分群同步状态用网络中每一群内部节点状态之间的误差的时间平均 (记为 $\langle\cdot\rangle$) 来表示

$$V = \left\langle \sqrt{\frac{1}{m-1} \frac{\sum\limits_{i=1}^{m} [x^i(t) - \bar{x}_{k_i}(t)]^2}{\sum\limits_{i=1}^{m} [x^i(0) - \bar{x}_{k_i}(0)]^2}} \right\rangle,$$

其中, $\bar{x}_k(t) = (1/\#\mathcal{C}_k) \sum\limits_{i \in \mathcal{C}_k} x^i(t)$ 为群 $k$ 中所有状态变量的均值. 可以看出, $V$ 可以视作耦合强度 $\epsilon$ 的一个函数. 对于上面引入的四个模型的耦合映射 (7.22), 对不同的 $\epsilon$, 分别计算 $V$ 和最大的横向李亚普诺夫指数 $\mu_T$. 图 7.6 (a)~(d) 显示系统 (7.22) 在某个耦合强度区域实现分群同步. 对每一个模型, $\mu_T < 0$ 的区域和 $V = 0$ 的区域是基本一致的.

接下来, 用数值模拟来分析两种同步机制 – 自组织和驱动 – 是如何影响同步能力的. 这里, 采用 $CS_{\mathcal{G},\mathcal{C}}$ 来度量网络 (7.22) 的分群同步能力. 一个较小的 $CS_{\mathcal{G},\mathcal{C}}$ 在一定程度上意味着更强的分群同步能力.

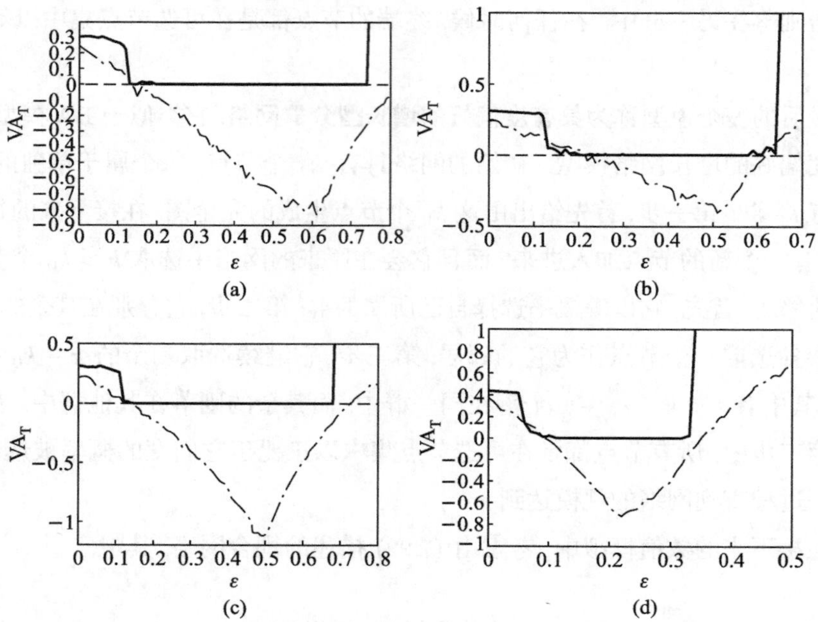


图 7.6　四个网络模型上的分群同步/去同步行为, 其中 $m = 1024$. (a) 具有 $p$ 最近邻居的规则图, $p=180$, $K=2$; (b) 随机分群图, 以概率 0.5 增加 $k=5$ 条边, 边的另一端点以概率 0.5 落在同一群内; (c) 二分随机图, 每个节点有 $k = 50$ 条边, 其中 $l = 20$ 条在同一群内; (d) 度偏好的增长型分群网络, 共 $k_0 = 4$ 个群, 每个新增的节点有 $k = 12$ 条边, 其中 $l = 3$ 条边在同一群内

对于具有 $p$ 最近邻居的规则图, 给出了 $\mathcal{CS}_{\mathcal{G},\mathcal{C}}$ 如何随 $p$ 而变化的.

而对于另外的三种连接, 用下述量

$$\gamma = \frac{\text{群内部边的数目}}{\text{总边数}}$$

来描述群内自组织机制在图中所占的比例.

可以看出, 如果是网络中自组织机制为主, 则 $\gamma$ 趋近 1. 反之, 如果驱动机制为主, 则 $\gamma$ 就趋近 0.

对每一种模型, 都选取不同的参数画了三条曲线. 图 7.7 (a) 显示了分群同步能力随着 $p$ 的增加而增强. 而图 7.7 (b)~(d) 显示, 对于随机分群图, 二分随机图和具有度偏好的增长型分群网络, $\mathcal{CS}_{\mathcal{G},\mathcal{C}}$ 都在某些特定的 $\gamma$ 达到最小. 这表明了当群内耦合和群间耦合的比例达到某个特定比值 (这个比值会随不同的网络模型二不同) 的时候, 网络的分群同步能力会达到它的峰值. 对于给出的这些例子,

$CS_{\mathcal{G},C}$ 达到极小值时, 对随机分群图, 二分随机图, 最佳的 $\gamma\approx 0.5$. 而对具有度偏好的增长型分群网络, 最佳的 $\gamma\approx 0.25$. 这表明, 无论是过度地采用自组织机制还是过度地采用驱动机制都不是增强分群同步能力的好方法.

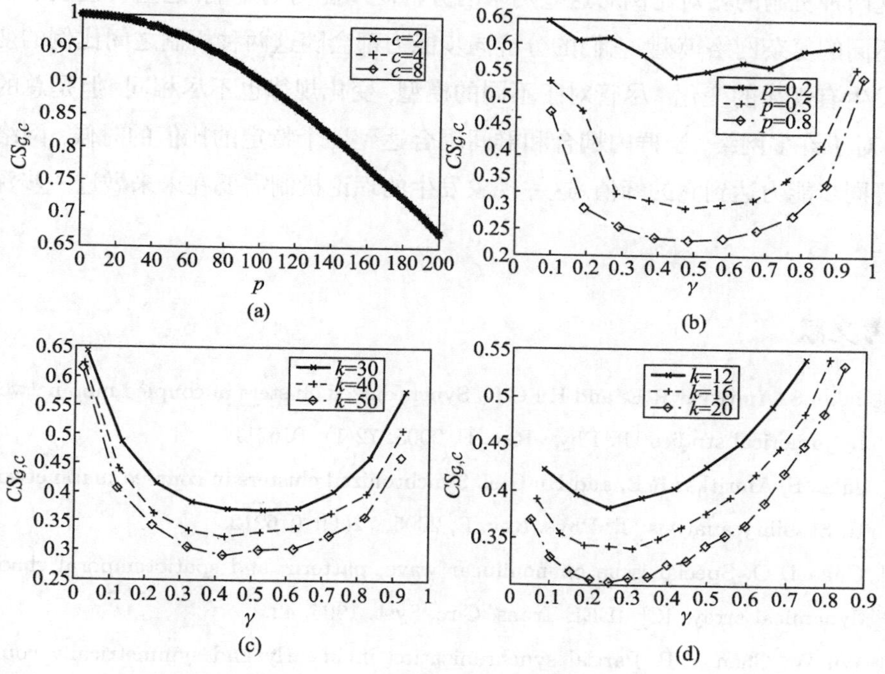


图 7.7 $CS_{\mathcal{G},C}$ 随 $p$ (模型 1) 或比率 $\gamma$ (模型 2 $\sim$ 4) 的变化情况. (a) 具有 $p$ 最近邻居的规则图, 其中 $c$ 为群数; (b) 随机分群图, 每个节点以概率 $p$ 增加 20 条边, 以概率 $q$ 落在同一群内; (c) 二分随机图, 每个节点有 $k=30,40,50$ 个邻居, 其中有 $l$ 个落在内部; (d) 具有度偏好的增长型分群网络, 其中 $m=1024$, $k_0=4$, 每个新增的节点有 $k=12,16,20$ 个邻居

在本节中, 研究了离散时间复杂网络的分群同步. 采用与第 7.2 节和 7.3 节类似的方法, 首先, 探讨了分群同步子空间存在的前提条件. 然后, 基于横向稳定性分析方法给出了分群同步的理论分析. 证明了耦合系统实现局部分群同步的条件是分群同步子空间的横向空间上的最大李亚普诺夫指数为负. 并且引入了一个量来度量分群同步能力. 它是拉普拉斯矩阵在分群同步子空间的横截空间上的特征值的函数. 由此, 进一步得出了网络实现混沌分群同步的充要条件. 即同一群中的所有节点属于网络结构图的同一个连通分支. 与前几节类似, 讨论网络分群

同步的两种机制: 自组织机制和驱动机制. 在本节的后半部分中, 探讨了这两种机制在网络实现分群同步中的作用和相互关系. 首先, 给出了两种机制在一个网络中所占比例的一个定量刻画. 然后, 给出了几个网络模型. 并通过数值方法研究了这两种机制的相对比例对这些网络的分群同步能力的影响. 这些研究显示了对于不同的复杂网络模型, 它们的分群同步能力都会随这两种机制之间比例的变化而发生有规律的变化. 尽管对于不同的模型, 变化规律也不尽相同. 但是总的来说, 对于许多网络, 当群内耦合和群间耦合达到一个特定的比值的时候, 网络的分群同步能力达到它的峰值. 这一现象发生的理论机制需要在未来做进一步深入研究.

## 参考文献


[1] Jalan S, Amritkar R E, and Hu C K. Synchronized clusters in coupled map networks. I. Numerical studies [J]. Phys. Rev. E, 2005, 72(1): 016211.

[2] Jalan S, Amritkar R E, and Hu C K. Synchronized clusters in coupled map networks. II. Stability analysis [J]. Phys. Rev. E, 2005, 72(1): 016212.

[3] Chua L O. Special issue on nonlinear wave, pattern, and spatiotemporal chaos in dynamical arrays [C]. IEEE Trans. Circ. Syst. 1995, 42.

[4] Wu W, Chen T P. Partial synchronization in linearly and symmetrically coupled ordinary differential systems [J]. Physica D, 2009, 238: 355-364.

[5] Lu W L, Liu B, Chen T P. Cluster synchronization in networks of coupled nonidentical dynamical systems [J]. Chaos, 2010, 20: 013120.

[6] Lu W L, Liu B, Chen T P. Cluster synchronization in networks of distinct groups of maps [J]. Eur. Phys. J. B, 2010, 77: 257-264.

[7] Alexander J C, Kan I, Yorke J A, and You Z. Riddled basins [J]. Int. J. Bifurcation Chaos, 1992, 2: 795-813.

[8] Ashwin P, Buescu J, and Stewart I. From attractor to chaotic saddle: a tale of transverse instability [J]. Nonlinearity, 1996, 9: 703-737.

[9] Barabási A L, Albert R. Emergence of scaling in random networks [J]. Science, 1999, 286:509-512.

# 第八章　多主体网络的一致性

复杂网络的一致性 (consensus) 是同步 (synchronization) 之外复杂网络上的另一个特殊而重要的现象, 且两者紧密相关. 可以说, 一致性问题是一类特殊的同步问题. 而正由于这种特殊性, 使得它更有单独研究的价值.

在一个多个体系统中, 一群协作的个体为了共同完成某个任务需要在某个感兴趣的量上达成一致, 这就是通常所说的**一致性**或者**趋同性**问题. 在本书中, 统一采用一致性这一名称. 迄今为止, 一致性问题大量出现在多个体系统的应用领域中. 而且, 由于多个体系统应用的广泛性, 一致性问题近年来也受到了越来越多的关注. 并且出现了大量的研究一致性问题的文献.

与同步一样, 为了实现一致性, 个体与个体之间必须存在信息交流. 这些信息交流既可以是有向的也可以是无向的. 每个个体就是根据这些来自其他个体的信息, 对自身的状态作出调整从而最终实现一致. 这些相互之间存在信息流的个体构成了一个复杂网络. 网络结构仍然用描述成一个图. 用图的节点来表示其中的每个个体. 如果两个个体之间有信息交换关系, 则在它们之间连一条边, 有向边表示有向的信息流, 而无向边则表示无向的信息流. 有时, 个体之间的通信关系是保持不变的, 此时它们就有一个静态的网络结构, 也就是网络结构不随时间而变化. 而在另外的一些情形下, 个体之间的通信关系却会随时间而变化. 而且, 在有些情况下, 个体的状态更新规则也会随时间而变化[1]. 这时系统就有一个动态的网络结构. 在动态网络结构中, 有一种比较重要的类型就是所谓的**切换结构**. 此时, 网络的结构会在一些确定或者不确定的时间点上发生跳变. 跳变所产生的新的网络结构既可能是确定性的, 也有可能是随机的.

在 2.4 节中给出了一致性的定义和算法及其变化形式. 为了读者方便, 在此简述如下.

一般形式的离散时间和连续时间网络的一致性算法可以分别描述如下[2]

$$x_i(t+1) = x_i(t) + \epsilon u_i(t), \qquad i = 1, 2, \cdots, n, \tag{8.1}$$

$$\dot{x}_i(t) = u_i(t), \qquad i = 1, 2, \cdots, n, \tag{8.2}$$

其中, $x_i(t) \in \mathbb{R}$ 表示个体 $i$ 的状态变量, 而 $u_i(t)$ 则表示如下的一致性协议

$$u_i(t) = \sum_{j \in \mathcal{N}_i} a_{ij}(x_j(t) - x_i(t)),$$

其中，$\mathcal{N}_i$ 表示个体 $i$ 的相邻节点集.

对于静态网络来说，每个相邻节点集 $\mathcal{N}_i$ 都不随时间变化. 而对于动态网络来说，$\mathcal{N}_i$ 随时间而变化的. 此时，记为 $\mathcal{N}_i(t)$. 网络实现一致性的数学定义如下.

**定义 8.1** 如果存在某个 $\alpha \in \mathbb{R}$，对所有 $i$，有

$$\lim_{t\to+\infty} x_i(t) = \alpha. \tag{8.3}$$

则称网络 (8.1) 或 (8.2) 实现了一致；

如果对所有 $i \neq j$，

$$\lim_{t\to+\infty} |x_i(t) - x_j(t)| = 0. \tag{8.4}$$

称网络 (8.1) 或 (8.2) 实现了弱一致性.

研究复杂网络上的一致性问题，很重要的一点就是要在各种不同网络上揭示网络结构与一致性之间的关系. 对于静态结构的网络，这一问题已经有了比较明确的结果. 如果网络的结构图是无向的，则实现一致的充分必要条件是结构图为强连接的，或者说它的连接矩阵是不可约的. 而当结构图是有向图，则要求它含有生成树. 本质上，这些都是保证网络结构连通的最低要求. 直观上看，连通性要求也是容易理解的.

随着研究的进一步深入，人们的目光更多集中到动态结构的复杂网络上的一致性问题的研究. 这方面的工作主要关切两方面问题. 一个是研究确定性的时变结构网络；另一个是研究随机网络结构. 关于前者的研究工作见文献 [3]，其中的结果表明，对于动态网络来说，要实现一致性，网络每个时刻连通性不是必要条件. 只要存在一个固定的时间长度 $T$，在任意的长度 $T$ 的时间区间上，网络是联合连通的. 所谓联合，就是指在这一时间区间上所有网络结构图的并集. 在 8.2 节中，进一步研究了随机切换网络上的一致性问题. 具有通信时滞的一致性算将在 8.3 节中讨论.

非线性一致性是一类重要的一致性协议. 其中，尤其特殊而又重要的一类是不连续的一致性协议. 不连续一致性协议在有限时间一致性上有着重要的应用. 因此，对它的讨论也是必需的. 在第 8.4 节中，将讨论一类不连续一致性协议，分别讨论固定的网络结构和随机切换的网络结构下的一致性问题，并给出在固定结

构的网络上实现一致性的充要条件. 而对于具有随机切换结构的网络上, 给出了实现几乎必然一致性的一个充分条件. 然后, 通过数值模拟验证了理论结果. 最后, 详细讨论在具有固定结构的网络和具有随机切换结构的网络上, 连续的一致性协议和不连续的一致性协议之间的联系和区别.

## 8.1　静态耦合多主体网络的一致性

首先, 研究最简单的一致性算法. 它可视为前面章节耦合网络同步问题的特例. 连续时间的一致性算法描述如下

$$\dot{x}_i = \sum_{j=1}^{m} a_{ij}(x_j - x_i),\ i = 1, \cdots, m.$$

这里, $x_i$ 表示个体 $i$ 的状态, $a_{ij}$ 是非负的耦合系数 $(i \neq j)$. 显然, 该方程可视为讨论同步问题的耦合微分方程 (4.1) 的特殊情形. 同样, 可定义一个图 $\mathcal{G} = (\mathcal{V}, \mathcal{E})$ 与该网络系统的耦合建立对应关系.

令 $l_{ij} = -a_{ij}$, $l_{ii} = -\sum_{j \neq i} l_{ij}$, $\boldsymbol{L} = [l_{ij}] \in \mathbb{R}^{m,m}$ 为对应的拉普拉斯矩阵. 则连续时间的一致性算法可写成

$$\dot{x} = -\boldsymbol{L}x \tag{8.5}$$

这里, $x = [x_1, \cdots, x_m]^\top \in \mathbb{R}^m$.

利用横向稳定性和代数图论可有以下定理.

**定理 8.1**　设 $L$ 为连接图 $\mathcal{G}$ 对应的拉普拉斯矩阵. 则系统 (8.5) 实现一致性的充要条件为对应的图 $\mathcal{G}$ 具有生成树.

**证明:**　当连接图是强连通时, 令 $\xi = [\xi_1, \cdots, \xi_m]$ 是 $\boldsymbol{L}$ 的零特征根对应左特征向量. 由第四章的定理 4.4 $(f = 0, n = 1)$ 可得

$$\lim_{t \to \infty} [x_i(t) - \sum_{i=1}^{m} \xi_i x_i(t)] = 0,\quad i = 1, 2, \cdots, m$$

注意到

$$\frac{\mathrm{d}}{\mathrm{d}t}[\sum_{i=1}^{m}\xi_i x_i(t)]=\sum_{i=1}^{m}\xi_i\sum_{j=1}^{m}l_{ij}x_j(t)=\sum_{j=1}^{m}\sum_{i=1}^{m}\xi_i l_{ij}x_j(t)=0,$$

因此, 对所有 $t>0$, 有

$$\sum_{i=1}^{m}\xi_i x_i(t)=\sum_{i=1}^{m}\xi_i x_i(0)$$

从而,

$$\lim_{t\to\infty}x_i(t)=\sum_{i=1}^{m}\xi_i x_i(0),\quad i=1,2,\cdots,m$$

当 $\boldsymbol{L}$ 为可约且具有生成树时. 不失一般性, $\boldsymbol{L}$ 可表示成

$$\boldsymbol{L}=\begin{bmatrix}\boldsymbol{L}_{11} & \boldsymbol{L}_{12} & \cdots & \boldsymbol{L}_{1p}\\ 0 & \boldsymbol{L}_{22} & \cdots & \boldsymbol{L}_{2p}\\ & & \ddots & \vdots\\ & & & \boldsymbol{L}_{pp}\end{bmatrix}\tag{8.6}$$

这里 $\boldsymbol{L}_{jj}\in\mathbb{R}^{m_j,m_j}$, $j=1,2\cdots,p$, 是不可约的.

此时, 记 $\bar{\xi}=[\bar{\xi}_{m_1+\cdots+m_{p-1}+1},\cdots,\bar{\xi}_m]^{\top}$ 是 $\boldsymbol{L}_{pp}$ 的对应特征根 0 的左特征向量, 且满足 $\sum\limits_{l=m_1+\cdots+m_{p-1}+1}^{m}\bar{\xi}_i=1$. 则

$$\lim_{t\to\infty}x_i(t)=\sum_{i=m_1+\cdots+m_{p-1}+1}^{m}\bar{\xi}_i x_i(0)\tag{8.7}$$

**注 8.1** 事实上, 当 $\boldsymbol{L}$ 可标成式 (8.6) 时, $\boldsymbol{L}$ 的对应于特征值 "0" 的左特征向量可写成 $[\xi_1,\cdots,\xi_{m_1+\cdots+m_{p-1}},\bar{\xi}_{m_1+\cdots+m_{p-1}+1},\cdots,\bar{\xi}_m]^{\top}$, 其中, $\xi_i=0$, $i=1,\cdots,m_1+\cdots+m_{p-1}$. 因此, 式 (8.7) 亦可写成

$$\lim_{t\to\infty}x_i(t)=\sum_{i=1}^{m}\xi_i x_i(0),\quad i=1,2,\cdots,m$$

**注 8.2** 显见, 协议值完全由初始值决定. 当初始值为 $x_i(0)+\epsilon_i(0)$ 时, 协议值也成为 $\sum\limits_{i=1}^{m}\xi_i[x_i(0)+\epsilon_i(0)]$. 即任意协议值都不是渐近稳定的.

离散时间的一致性算法, 可以写成如下的一般形式

$$x_i(t+1)=\sum_{j=1}^{m}g_{ij}x_j(t),\ i=1,2,\cdots,m.$$

这里, $g_{ij}\geqslant 0$ 满足 $\sum\limits_{j=1}^{m}g_{ij}=1$. 即 $\boldsymbol{G}$ 是一个随机矩阵. 也可以写成如下矩阵形式

$$x(t+1)=\boldsymbol{G}x(t) \tag{8.8}$$

其中, $\boldsymbol{G}=[g_{ij}]$ 是一个随机矩阵. $x(t)=[x_1(t),\cdots,x_m(t)]^\top$. 其也是耦合映射网络 5.1 的一个特例.

**定理 8.2** 系统 (8.8) 实现一致性的充要条件为对应的图 $\mathcal{G}$ 具有生成树, 且是非周期的.

证明类似于定理 8.1 的证明. 从略.

也可看出, 设 $\xi=[\xi_1,\cdots,\xi_m]$ 是 $\boldsymbol{G}$ 的对应特征值 "1" 的左特征向量. 则

$$\lim_{t\to\infty}\left[x_i(t)-\sum_{i=1}^{m}\xi_i x_i(0)\right]=0 \tag{8.9}$$

如果图具有自连接, 则有如下推论.

**推论 8.1** 假设图中每个节点都具有自连接. 则式 (8.8) 实现一致性等价于图 $\mathcal{G}$ 具有生成树.

只需注意到, 具有自连接的图都是非周期的. 因此此推论可由定理 8.2 直接得到.

## 8.2 随机切换拓扑结构的网络多主体系统的一致性

前节中讨论的一致性算法都是时不变的, 即耦合方式不随时间变化而变化. 实际上, 耦合方式可能是随时间而变化的. 在本节中, 将讨论具有随机切换的拓扑结构的复杂网络上的一致性问题.

具有随机切换的拓扑结构的离散时间网络的一致性模型可以描述如下:

$$x(k+1) = G(\sigma^k)x(k), \tag{8.10}$$

而连续时间的网络一致性模型则可以描述如下:

$$\dot{x}(t) = -\boldsymbol{L}(\sigma^k)x(t), \quad t \in [t_k, t_{k+1}). \tag{8.11}$$

其中, $\{\sigma^k\}$ 是一个概率空间上的随机过程, $0 = t_0 < t_1 < \cdots$, 而 $G(\sigma^k)$ 是一个随机的随机矩阵, $\boldsymbol{L}(\sigma^k)$ 是一个随机的拉普拉斯矩阵.

下面将探讨, 对于一般随机过程, 什么条件可以保证一致性? 在讨论前, 首先要回答: 当切换是随机的, 如何定义一致性? 为此, 引入了一个新的 $\mathcal{L}_p$- 一致性概念.

**定义 8.2** 给定向量 $x = [x_1, \cdots, x_n]^\top \in \mathbb{R}^n$. 定义

$$d(x) = \max_i(x_i) - \min_i(x_i)$$

基于上述定义, 引入 $\mathcal{L}_p$- 一致性的概念.

**定义 8.3 (离散时间系统的 $\mathcal{L}_p$- 一致性)** 设 $p > 0$. 如果 $x(0)$ 的初始分布满足 $E\{\|x(0)\|^p\} < \infty$, 有

$$\lim_{k \to +\infty} \mathrm{E}\{d(x(k))^p\}^{\frac{1}{p}} = 0.$$

则称离散时间系统 (8.10) 实现 (渐近) $\mathcal{L}_p$− 一致性.

特别的, 如果存在 $M > 0$ 以及 $\lambda \in (0, 1)$, 使得

$$\mathrm{E}\{d(x(k))^p\}^{\frac{1}{p}} \leqslant M\lambda^k.$$

则称它实现了指数 $\mathcal{L}_p$ 一致性.

**定义 8.4 (连续时间系统上的 $\mathcal{L}_p$ 一致性)** 设 $p > 0$. 如果对于任意给定的满足 $\mathrm{E}\{\|x(0)\|^p\} < \infty$ 的 $x(0)$ 的初始分布, 有

$$\lim_{t \to +\infty} \mathrm{E}\{d(x(t))^p\}^{\frac{1}{p}} = 0.$$

则称连续时间系统 (8.11) 实现了 (渐近) $\mathcal{L}_p$ 一致性.

特别的, 如果存在 $M>0$ 以及 $\lambda>0$, 使得

$$\mathrm{E}\{d(x(t))^p\}^{\frac{1}{p}} \leqslant Me^{-\lambda t},$$

则称它实现了指数 $\mathcal{L}_p$ 一致性.

值得注意的是, 当 $p=2$ 时, $\mathcal{L}_p$ 一致性就变成了均方一致性 (mean-square consensus).

作为比较, 下面给出通常使用的几乎必然一致性的定义.

**定义 8.5 (几乎必然一致性)** 称系统 (8.10) 实现几乎必然一致性, 如果

$$P\{\lim_{k\to+\infty} d(x(k))=0\}=1,$$

或系统 (8.11) 实现了几乎必然一致性, 如果

$$P\{\lim_{t\to+\infty} d(x(t))=0\}=1,$$

首先考虑离下述散时间网络

$$x(k+1)=G_k x(k) \quad k=1,2,\cdots, \tag{8.12}$$

其中 $\{\boldsymbol{G}_k\}$ 是一个随机的 $n\times n$ 随机矩阵序列. 并且序列 $\{\boldsymbol{G}_k,\mathcal{F}^k\}_{k=1}^{+\infty}$ 是一个适应过程 (见定义 2.15).

下面的定理中给出了系统 (8.12) 实现 $\mathcal{L}_p$- 一致性的充分条件.

**定理 8.3** 如果存在正整数 $h$, 正数 $\delta>0$, 使得 $G_k>\delta I$, $k=1,2,\cdots$, 且对每一个 $m$, $E\left\{\sum\limits_{k=mh+1}^{(m+1)h}\boldsymbol{G}_k|\mathcal{F}^{mh}\right\}$ 含有 $\delta$- 生成树. 则当 $x(1)$ 的分布满足 $E\{\|x(1)\|^p\}<+\infty$ 且与 $\{\boldsymbol{G}_k\}$ 独立时, 系统 (8.12) 可以实现指数 $\mathcal{L}_p$ 一致性.

当 $G_k$ 中对角元无下界 (即不存在 $\eta>0$, 使得所有 $G_{ii}>\eta$) 时, 上述定理不再适用. 下述定理给出系统 (8.12) 实现 $\mathcal{L}_p$ 一致性的充分条件.

在叙述定理前, 先作如下假设

**假设 8.1** 在两个概率空间 $\{\Omega_1,\mathcal{F}_1,P_1\}$, $\{\Omega_2,\mathcal{F}_2,P_2\}$ 上存在两个独立的适应过程 $\{\boldsymbol{L}_k,\mathcal{F}_1^k\}$, $\{\xi_k,\mathcal{F}_2^k\}$. 其中, $\{\boldsymbol{L}_k\}$ 是一致有界的非负矩阵序列, 而 $\xi_k\in$

$(0,1)$. 可构造笛卡尔乘积的概率空间 $\{\Omega, \mathcal{F}, P\} = \{\Omega_1 \times \Omega_2, \mathcal{F}_1 \times \mathcal{F}_2, P_1 \times P_2\}$, $\mathcal{F}^k = \mathcal{F}_1^k \times \mathcal{F}_2^k$, 此时 $(\boldsymbol{L}_k, \xi_k)$ 是对应 $\mathcal{F}^k$ 的适应过程.

**定理 8.4** 如果上述假设 8.1 成立. 且如下的条件满足

(1) 存在 $h > 0$ 以及 $\delta > 0$, 使得 $E\left\{\sum\limits_{k=m+1}^{m+h} \boldsymbol{L}_k | \mathcal{F}_1^m\right\}$ 含有 $\delta$- 生成树, 并且

$$E\left\{\prod_{k=m+1}^{m+h} \xi_k | \mathcal{F}_1^m\right\} > 2\delta^h,$$

(2) $G_k \geqslant \xi_k(I + L_k)$.

则对于任意的 $p > 0$, 系统 (8.12) 将实现 $\mathcal{L}_p$- 一致性.

其次, 考虑如下的连续时间系统

$$\dot{x}(t) = -\boldsymbol{L}_k x(t), \quad t \in [t_{k-1}, t_k) \tag{8.13}$$

其中 $0 = t_0 < t_1 < \cdots$. 对任一 $k$, $\boldsymbol{L}_k$ 是一个随机的拉普拉斯矩阵. 且存在 $M > 0$, 使得 $|[\boldsymbol{L}_k]_{ij}| < M$. 此外, 还假定切换时间序列 $\{t_k\}$ 也是一个与网络结构的切换过程独立随机过程. 记 $\Delta t_i = t_i - t_{i-1}$, 并且假定 $\{\Delta t_i, \mathcal{F}_1^i\}$, $\{L_i, \mathcal{F}_2^i\}$ 是独立的适应过程.

类似于定理 8.3, 下述定理给出连续时间网络 (8.13) 实现 $\mathcal{L}_p$- 一致性的充分条件.

**定理 8.5** 如果存在 $h > 0$, $\delta > 0$, 以及 $T_2 > T_1 > 0$, $T_4 > T_3 > 0$, 使得

$$T_1 \leqslant E\{\Delta t_{k+1} | \mathcal{F}_1^k\} \leqslant T_2, \;\; T_3 \leqslant E\{\Delta t_{k+1}^2 | \mathcal{F}_1^k\} \leqslant T_4,$$

而且对 $m = 0, 1, 2, \cdots$, $E\left\{\sum\limits_{k=m+1}^{m+h} L_k | \mathcal{F}^m\right\}$ 具有 $\delta$- 生成树, 则对任意的 $p > 0$, 系统 (8.13) 将实现 $\mathcal{L}_p$ 一致性.

上述定理的证明较复杂, 占用篇幅也较多. 本节中不拟细述. 有兴趣的读者可参看文献 [4].

**注 8.3** 给定任何初值 $x(0) \in \mathbb{R}^n$, 无论系统 (8.12) 还是系统 (8.13), 都有 $d(x(t)) \leqslant d(x(0))$. 因此, $d(x(t))$ 是一致有界的. 由 Lebesgue 控制收敛定理, 几乎

必然一致性可以导出 $\mathcal{L}_p$- 一致性. 另一方面, 类似于文献 [5], 不难验证指数 $\mathcal{L}_p$ 一致性可以导出几乎必然一致性.

事实上给定任意 $\varepsilon > 0$, 令 $A_{k,\varepsilon} = \{d(x(k)) \geqslant \varepsilon\}$. 由切比雪夫 (Chebyshev) 不等式, 有

$$P\{A_{k,\varepsilon}\} \leqslant E\{d(x(k))^p\}/\varepsilon^p$$

由指数 $\mathcal{L}_p$- 一致性可得

$$\sum_{k=1}^{+\infty} P\{A_{k,\varepsilon}\} \leqslant \sum_{k=1}^{+\infty} E\{d(x(k))^p\}/\varepsilon^p < +\infty$$

从而,

$$\begin{aligned}
P\{\limsup_{k\to+\infty} d(x(k)) \geqslant \varepsilon\} &= P\left\{\bigcap_{n=1}^{+\infty}\bigcup_{k=n}^{+\infty} A_{k,\varepsilon}\right\} \\
&= \lim_{n\to+\infty} P\left\{\bigcup_{k=n}^{+\infty} A_{k,\varepsilon}\right\} \\
&\leqslant \lim_{n\to+\infty} \sum_{k=n}^{+\infty} P\{A_{k,\varepsilon}\} \\
&= 0.
\end{aligned}$$

因此, 定理 8.3 中给出的条件也是系统几乎必然一致性的充分条件. 通过更深入的分析过程可知, 定理 8.4 和定理 8.5 中的条件也是几乎必然一致性的充分条件.

感兴趣的读者, 可以参见文献 [5] 中关于各种不同的随机稳定性的等价性的结果.

在本节的讨论中, 并不假设切换随机过程具有遍历性, 平稳性, 独立性或者马尔科夫性. 而本节给出的主要结果可以应用到具有遍历性、平稳性、独立性或者马尔科夫性的切换过程.

当切换过程是独立 (可能不同分布) 随机过程产生的图时, 可以得到如下结论.

**推论 8.2** 设 $G_k$ 是一个独立 (可能非同分布) 的随机过程. 如果存在正数 $\delta > 0$ 和正整数 $h > 0$, 使得

(1) $G_k \geqslant \delta I$;

(2) 对于任意正整数 $m$, $\sum\limits_{k=m+1}^{m+h} E(G_k)$ 具有 $\delta$- 生成树,

则对于任何 $p>0$, 系统 (8.12) 可实现 $\mathcal{L}_p$- 一致性.

**证明:** 令 $\mathcal{F}_k=\sigma(G_1,\cdots,G_k)$. 由于 $G_k$ 是相互独立的, 则对于任意 $s\geqslant 1$, $E(G_{k+s}|\mathcal{F}_k)=E(G_{k+s})$. 从而 $E(\sum\limits_{k=m+1}^{m+h} G_k|\mathcal{F}_m)=E(\sum\limits_{k=m+1}^{m+h} G_k)$. 由条件 (2) 知, $E(\sum\limits_{k=m+1}^{m+h} G_k|\mathcal{F}_m)$ 具有 $\delta$- 生成树. $\mathcal{L}_p$- 一致性是定理 8.3 的一个直接推论.

显然, 独立同分布切换结构是本推论的特殊情况 ($h=1$).

其次, 考虑马尔科夫切换网络. 即图序列是由一致遍历性的齐次马氏链生成的.

**定义 8.6** 一个马氏链是定义在概率空间 $(S,\mathcal{B}(S))$ 上的一个随机过程. 它具有平稳分布 $\pi$ 和转移概率 $\mathbb{T}(x,A)$. 如果

$$\lim_{k\to\infty}\sum_{x\in S}\|\mathbb{T}^k(x,\cdot)-\pi(\cdot)\|=0,$$

则称其为一致遍历的马氏链.

**推论 8.3** 设 $G_k$ 是一个齐次马氏链, 且具有唯一不变分布 $\pi$. 如果 $G_k$ 是一致遍历的且存在 $\delta>0$, 使得 $G_k\geqslant\delta I$, 及 $E_\pi(G_1)$ 具有 $\delta$- 生成树. 则系统 (8.12) 对于任何 $p>0$ 可达到 $\mathcal{L}_p$- 一致性.

**证明:** 由马尔科夫性质可得

$$E\left(\sum_{k=m+1}^{m+h} G_k|\mathcal{F}_m\right)=E\left(\sum_{k=m+1}^{m+h} G_k|G_m\right)$$

又由于其是一致遍历的, 所以,

$$\lim_{h\to\infty}E\left(\frac{1}{h}\sum_{k=m+1}^{m+h} G_k|G_m\right)=\lim_{h\to\infty}\frac{1}{h}\sum_{i=1}^{h}\int_S y\mathbb{T}^i(G_m,dy)=E_\pi G_k.$$

由于此收敛是一致的, 所以存在 $\hat{h}>0$, $E\left(\frac{1}{h}\sum\limits_{k=m+1}^{m+h} G_k|\mathcal{F}_m\right)$ 具有 $\delta$- 生成树. 本推论可由定理 8.3 直接得到.

再次, 对于隐马氏过程, 可得下述结果.

**推论 8.4**　设 $\{X_k, Y_k\}$ 是一个隐马氏链, 其中 $X_k$ 是一个定义在 $S_X$ 的齐次马氏链, 具有唯一不变分布 $\pi$ 和转移概率 $\mathbb{T}(x, A)$. 设 $\mathbb{P}(X_k, \cdot)$ 是 $Y_k$ 依赖于 $X_k$ 的齐次条件概率. 耦合矩阵 $\boldsymbol{G}_k = G(Y_k)$ (依赖于 $Y_k$). 如果 $X_k$ 是一致遍历的, 且存在 $\delta > 0$, 使得 $G(\cdot) \geqslant \delta I_m$. 而 $E_\pi(G_1)$ 具有 $\delta$- 生成树. 则对于任何 $p > 0$, 系统 (8.12) 可实现 $\mathcal{L}_p$- 一致性.

**证明:**　设 $\mathcal{F}^m = \sigma(Y_1, \cdots, Y_m)$. 则 $\{\boldsymbol{G}_k, \mathcal{F}^k\}$ 构成一个适应过程 (adapted process). 由隐马氏模型的定义, 对于任何 $h \geqslant 1$, $Y_{m+h}$ 独立于 $Y_1, \cdots, Y_m$. 因此, $G(Y_{m+h})$ 独立于 $\mathcal{F}^m$. 从而 $\dfrac{1}{h}\sum\limits_{k=m+1}^{m+h} E(G(Y_k|\mathcal{F}^m) = \dfrac{1}{h}\sum\limits_{k=m+1}^{m+h} E(G(Y_k)$. 由 $X_k$ 的一致遍历性可导出

$$\begin{aligned}\lim_{n\to\infty}\frac{1}{h}\sum_{k=m+1}^{m+h} E(G(Y_k)) &= \lim_{h\to\infty}\frac{1}{h}\sum_{i=1}^{h}\int_{S_X}\mathbb{T}^i(X_m, \mathrm{d}x)\int_{S_Y} G(y)\mathbb{P}(x, \mathrm{d}y)\\ &= \int_{S_x}\pi(\mathrm{d}x)\int_{S_Y} G(y)\mathbb{P}(x, \mathrm{d}y) = E_\pi(G_1)\end{aligned}$$

由于上述收敛是一致的, 类似前面的推理, 可以找到正整数 $\hat{h}$ 使得 $(1/\hat{h})\sum\limits_{k=m+1}^{m+\hat{h}} E(G(Y_k))$ 具有 $\delta/2$- 生成树. 结论由定理 8.3 直接得到.

最后讨论 $\phi$- 混合过程. 其定义如下 (参见文献 [6]).

**定义 8.7**　设 $\mathcal{F}_t^s = \sigma\{G_k, t < k < s\}$. 存在一个满足

$$\phi(n) > 0 \quad \lim_{n\to\infty}\phi(n) = 0 \tag{8.14}$$

的序列 $\phi(n)$ (称为混合率序列), 使得对任何 $t, s$, 有

$$\sup_{A\in\mathcal{F}_{t+s}^{\infty}, B\in\mathcal{F}_0^t} |P(A|B) - P(A)| \leqslant \phi(s)$$

当 $G_k$ 是一个 $\phi$- 混合过程, 则定理 8.3 中的条件期望可以用期望代替.

**推论 8.5**　设 $G_k$ 是一个 $\phi$- 混合过程. 如果存在正整数 $h$ 和正数 $\delta > 0$, 使得 $G_k \geqslant \delta I$ 和期望 $E(\sum\limits_{k=m+1}^{m+h} G_k)$ 具有 $\delta$- 生成树. 则对于任何 $p > 0$, 系统 (8.12) 可实现 $\mathcal{L}p$- 一致性.

**证明:**　由 $\phi$- 混合过程的定义, $\|E(G_{t+k})|\mathcal{F}_t - E(G_k)\| \leqslant c\phi(k)$ 对任何 $t, k$ 成立. 又由条件 (8.14) 可知, 存在 $M > 0$, 使得 $\phi(k) < \delta/(2ch)$ 对于任何 $k > M$

都成立. 易知, 任何 $h > M$ 可表示成 $\hat{h} = M + h$, 则有

$$E\left(\sum_{k=m+1}^{m+\hat{h}} G_k|\mathcal{F}_m\right) \geqslant E\left(\sum_{k=m+M+1}^{m+\hat{h}} G_k|\mathcal{F}_m\right)$$

$$\geqslant E\left(\sum_{k=m+M+1}^{m+\hat{h}} G_k\right) - ch\frac{\delta}{2ch}\mathbf{1}\mathbf{1}^\top$$

$$= E\left(\sum_{k=m+M+1}^{m+\hat{h}} G_k\right) - \frac{\delta}{2}\mathbf{1}\mathbf{1}^\top$$

因此, $E(\sum_{k=m+1}^{m+\hat{h}} G_k|\mathcal{F}_m)$ 具有 $\delta$- 生成树. 推论由定理 8.3 直接可得.

近年来, 具有切换结构的多个体系统上的一致性问题吸引了许多研究者的兴趣. 迄今, 已经有了大量的研究这一问题的文献. 其中, 绝大多数考虑的都是具有平稳性或者遍历性的随机过程的切换结构的网络. 例如, 独立同分布过程和时齐马尔科夫过程. 本节考虑了具有由一个适应随机过程描述的切换结构网络的一致性问题. 而且还提出了一种新的随机一致性概念: $\mathcal{L}_p$- 一致性. 从所得的结论可看出, 本节的结果更具普遍性.

## 8.3 通信时滞的影响

前节考虑的一致性算法没有考虑反馈时滞. 正如前面多次提到的, 时滞是无法避免的. 在本节中, 首先研究一类具有时变反馈时滞连续一致性算法.

### 8.3.1 具有时变时滞的连续系统一致性算法

考虑下述时变时滞的一致性算法

$$\dot{x}_i(t) = \sum_{j=1}^{m} l_{ij}(x_j(t-\tau(t)) - x_i(t)),\ i = 1, 2, \cdots, m.$$

其中 $\boldsymbol{L}=[l_{ij}]$ 为耦合网络的拉普拉斯矩阵. 上述方程也可写成

$$\dot{x}_i(t)=\sum_{j=1}^{m} l_{ij}(x_j(t-\tau(t))-x_i(t-\tau(t)))-l_{ii}(x_i(t-\tau)-x_i(t))$$

为保证同步子空间随系统具有不变性, 需要下述假设.

**假设 8.2**　对于任何 $i,j=1,2,\cdots,m$, $l_{ii}=l_{jj}$. 不失一般性, 以后假设 $l_{ii}=1$.

由此, 系统可写为如下的矩阵形式

$$\dot{x}(t)=(-\boldsymbol{L}+I)x(t-\tau(t))-x(t) \tag{8.15}$$

**定义 8.8**　矩阵 $\boldsymbol{B}$ 称为列可分的, 如果其列向量可以分成两群 $\boldsymbol{B}_1$, $\boldsymbol{B}_2$, 使得任意 $c\in\boldsymbol{B}_1$, $d\in\boldsymbol{B}_2$, $c^{\top}d=0$.

为了证明弱一致性, 需要如下引理

**引理 8.1**　假设 $\boldsymbol{L}$ 是不可约的. 满足假设 (8.2). 令 $\xi=[\xi_1,\cdots,\xi_m]$ 是 $\boldsymbol{L}$ 对应零特征根的规范左特征向量 (满足各分量为正, 行和为 1). 记 $\Xi=diag[\xi]$, 和 $U=\Xi-\xi\xi^{\top}$. 则有

$$(I-\boldsymbol{L})^{\top}U(I-\boldsymbol{L})\leqslant U.$$

进一步, 当 $I-\boldsymbol{L}$ 是列不可分时, 则存在 $c>1$ 使得

$$c(I-\boldsymbol{L})^{\top}U(I-\boldsymbol{L})\leqslant U.$$

**证明:**　定义

$$\boldsymbol{B}=(I-\boldsymbol{L})^{\top}U(I-\boldsymbol{L})-U$$

由 $U\boldsymbol{L}=\Xi\boldsymbol{L}$ 可得

$$\boldsymbol{B}=\boldsymbol{L}^{\top}\Xi\boldsymbol{L}-\boldsymbol{L}^{\top}\Xi-\Xi\boldsymbol{L}.$$

记 $\boldsymbol{B}=[b_{km}]$, 则

$$\begin{aligned}b_{km}&=\xi_k l_{kk}l_{km}+\xi_m l_{mk}l_{mm}+\sum_{i\neq k,m}\xi_i l_{ik}l_{im}-\xi_k l_{km}-\xi_m l_{mk}\\&=\sum_{i\neq k,m}\xi_i l_{ik}l_{im}\end{aligned}$$

由此可知, $\boldsymbol{B}$ 是非对角元素非负, 行和为零的对称矩阵. 故而 $\boldsymbol{B} \leqslant 0$. 且由于 $I-\boldsymbol{L}$ 是列不可分, $\boldsymbol{B}$ 是不可约的.

进一步, $\mathbb{R}^m$ 可分解成 $\mathbb{R}^m = \mathcal{S} \oplus \mathcal{T}$, 其中

$$\mathcal{S} = \{u \in \mathbb{R}^m,\ u_i = u_j\ i, j = 1, 2, \cdots, m\},$$

为同步子空间

$$\mathcal{T} = \{u \in T = \{v \in \mathbb{R}^m : \sum_{j=1}^{m} v_j = 0\}.$$

为 (正交) 横向子空间.

易知, $\boldsymbol{B}$ 在 $\mathcal{S}$ 上的限制 $\boldsymbol{B}|_{\mathcal{S}} = 0$. 又由于 $\boldsymbol{B}$ 为不可约, $\boldsymbol{B}$ 在 $\mathcal{T}$ 上的限制 $\boldsymbol{B}|_{\mathcal{T}}$ 是负定的. 设 $v^*$ 是 $\boldsymbol{B}|_{\mathcal{T}}$ 上的最大特征根. 显然, $v^* < 0$. 因此,

$$\boldsymbol{B} = (I - \boldsymbol{L})^{\top} U (I - \boldsymbol{L}) - U \leqslant v^* I|_{\mathcal{T}}$$

即

$$(I - \boldsymbol{L})^{\top} U (I - \boldsymbol{L}) < U$$

定义

$$c = \min_{x \in \mathcal{T}} \frac{x^{\top} U x}{x^{\top} (I - \boldsymbol{L})^{\top} U (I - \boldsymbol{L}) x}$$

由是 $c > 1$. 引理得证.

显然, 系统 (8.15) 的弱一致性收敛性依赖于时滞 $\tau(t)$. 为此, 引入下述定义.

**定义 8.9** 假设 $\mu(t)$ 是一个正值单调非降的函数, 且满足 $\lim\limits_{t \to \infty} \mu(t) = +\infty$. 若存在 $M > 0$ 和 $T > 0$, 使得

$$|x_i(t) - x_j(t)| \leqslant \frac{M}{\mu(t)}$$

对于任何 $t > T$ 成立, 则称 (8.15) 可实现 $\mu(t)$- 弱一致性.

可见, 前面定义的指数弱一致性只是 $\mu(t)$- 弱一致性在 $\mu(t) = \exp(-\beta t)$ 的特例.

**定理 8.6**　假设单调非降可微的函数 $\mu(t)$ 满足

$$\lim_{t\to\infty}\mu(t)=+\infty,$$

和

$$\limsup_{t\to\infty}\frac{\dot{\mu}(t)}{\mu(t)}=\beta.$$

时滞 $\tau(t)$ (可能无界, 不可导) 满足

$$\limsup_{t\to\infty}\frac{\mu^2(t)}{\mu^2(t-\tau(t))}=1+\eta.$$

这里 $\beta$, $\eta>0$. $I-\boldsymbol{L}$ 列不可分, 且

$$(2\beta-1)+\frac{1}{c}(1+\eta)<0 \tag{8.16}$$

则系统 (8.15) 可实现 $\mu(t)$ - 弱一致性.

**证明:**　由条件 (8.16) 可得 $0\leqslant\beta<1/2$. 综合定理的条件可知, 存在 $T>0$ 使得当 $t\geqslant T$ 时, 成立着

$$2\frac{\dot{\mu}(t)}{\mu(t)}-1+\frac{1}{c}\frac{\mu^2(t)}{c\mu^2(t-\tau(t))}<0$$

对于 $t\geqslant T$, 定义函数

$$f(t)=\frac{1}{2}\mu^2(t)x^\top(t)Ux(t)$$

和

$$F(t)=\sup_{s\leqslant t}f(s)$$

下面将证明 $F(t)$ 是有界的.

对于任何时刻 $t_0$, 如果满足 $f(t_0)<F(t_0)$, 则存在 $\delta>0$, 使得当 $t\in(t_0-\delta,t_0+\delta)$, $f(t)<F(t_0)$ 始终成立. 如果在某个时刻 $t_0$, $f(t_0)=F(t_0)$. 由定义, 此时, 其导数为:

$$\begin{aligned}\dot{f}(t)|_{t=t_0}&=2\frac{\dot{\mu}(t_0)}{\mu(t_0)}f(t_0)+\mu^2(t_0)x(t_0)^\top U\dot{x}(t_0)\\&=\mu^2(t_0)x(t_0)^\top U(I-\boldsymbol{L})x(t_0-\tau(t_0))+2\left(\frac{\dot{\mu}(t_0)}{\mu(t_0)}-1\right)f(t_0)\\&=I_1+I_2\end{aligned}$$

如果 $x(t_0)$ 或者 $x(t_0-\tau(t_0))$ 落在同步子空间 $\mathcal{S}$ 中, 则 $I_1=0$. 因此

$$\dot{f}(t)|_{t=t_0}=2\left(\frac{\dot{\mu}(t_0)}{\mu(t_0)}-1\right)f(t_0)\leqslant 0$$

反之, $x(t_0)$ 和 $x(t_0-\tau(t_0))$ 都不在同步子空间 $\mathcal{S}$ 中, 注意到

$$\begin{aligned}&x(t_0)^\top U(I-\boldsymbol{L})x(t_0-\tau(t_0))\\&\leqslant\frac{1}{2}\left[x(t_0)^\top Ux(t_0))+x(t_0-\tau(t_0))^\top(I-\boldsymbol{L})^\top U(I-\boldsymbol{L})x(t_0-\tau(t_0))\right]\\&\leqslant\frac{1}{2}\left[x(t_0)^\top Ux(t_0))+\frac{1}{c}x(t_0-\tau(t_0))^\top Ux(t_0-\tau(t_0))\right]\end{aligned}$$

则有

$$\begin{aligned}\dot{f}(t)|_{t=t_0}&\leqslant\frac{2\dot{\mu}(t_0)}{\mu(t_0)}f(t_0)+\frac{\mu^2(t_0)}{2c}x(t_0-\tau(t_0))^\top Ux(t_0-\tau(t_0))\\&\leqslant\left(2\frac{\dot{\mu}(t)}{\mu(t)}-1+\frac{1}{c}\frac{\mu^2(t)}{c\mu^2(t-\tau(t))}\right)f(t_0)\leqslant 0\end{aligned}$$

所以, 对于任何 $t\geqslant T$, $f(t)\leqslant F(T)$. 因此, $x(t)^\top Ux(t)\leqslant\dfrac{2}{\mu^2(t)}$. 定理得证.

下面两个结果是定理 8.6 的直接推论.

**推论 8.6 (幂律弱一致性)** 假设 $I-\boldsymbol{L}$ 对于列是不可分, $\tau(t)\leqslant\lambda t$, $0\leqslant\lambda<1$. 则系统 8.15 幂律弱一致性. 即收敛速度为 $O(t^{-\gamma})$.

实际上只需在定理 8.6 中令 $\mu(t)=t^\gamma$.

**推论 8.7** 假设 $I-\boldsymbol{L}$ 对于列是不可分的, $\tau(t)\leqslant\tau$. 则系统 8.15 指数弱一致性.

实际上只需在定理 8.6 中令 $\mu(t)=e^{\beta t}$ ($\beta>0$ 待定). 相关详细叙述, 有兴趣的读者可参看文献 [7].

### 8.3.2 时变时滞离散系统的一致性算法

本节讨论离散系统的一致性算法在具有时滞的情况下的稳定性.

考虑如下系统

$$x_i^{t+1}=\sum_{j=1}^{m}G_{ij}(\sigma^t)x_j^{t-\tau_{ij}(\sigma^t)},\quad i=1,2,\cdots,m,\tag{8.17}$$

这里, $\tau_{ij}(\sigma^t) \in \mathbb{N}$, $i,j=1,2,\cdots,m$, 表示节点 $j$ 到节点 $i$ 随时间变化的时滞. 当 $\tau_{ij}^t=0$, 称 $j$ 到 $i$ 的连接是瞬时的, 否则是时滞的. 这里, $\{\sigma^t\}$ 是一个适应过程 $\{\Omega,\mathcal{F}^t,\mathcal{P}\}$. 设 $\tau_M$ 是时滞的上确界. 则式 (8.17) 可写成如下一般形式

$$x_i^{t+1}=\sum_{\tau=0}^{\tau_M}\sum_{j=1}^{m}G_{ij}^{\tau}(\sigma^t)x_j^{t-\tau},\quad i=1,2,\cdots,m. \tag{8.18}$$

由式 (8.18), 随机矩阵 $G(\sigma^t)=[G_{ij}(\sigma^t)]_{i,j=1}^n$ 可写为

$$G(\sigma^t)=[G_{ij}(\sigma^t)]_{i,j=1}^n=\left[\sum_{\tau=0}^{\tau_M}G_{ij}^{\tau}(\sigma^t)\right]_{i,j=1}^n. \tag{8.19}$$

为了表述简化, 在本节中, 对于正整数 $n$, 定义 $\underline{n}=\{1,2,\cdots,n\}$.

在给出本节的主要结果之前, 先讨论下述无时滞系统

$$x_i^{t+1}=\sum_{j=1}^{n}G_{ij}(\sigma^t)x_j^t,\ i=1,2,\cdots,m, \tag{8.20}$$

并引入下述引理 (文献 [9] 中定理 2).

**引理 8.2** 系统 (8.20) 能实现几乎处处一致性的充要条件是对于几乎所有序列 $\sigma^t$, 存在无限个不相交的整数区间 $I_i=[a_i,b_i]$ 使得

$$\sum_{i=1}^{\infty}\eta\left(\prod_{k=a_i}^{b_i}G(\xi^k)\right)=\infty.$$

其中, $\eta(\cdot)$ 是矩阵的置乱系数.

基于上述引理, 下述定理可视为定理 8.3 的一个推广. 也是本节的理论基础.

**定理 8.7** 如果存在整数 $L$ 和正数 $\delta>0$ 使得如下矩阵乘积

$$\mathbb{E}\left\{\prod_{k=n+1}^{n+L}G(\sigma^k)|\mathcal{F}^n\right\} \tag{8.21}$$

几乎处处具有 $\delta$- 生成树, 那么系统 (8.20) 可实现一致性.

**证明:** 由定理的条件可知, $\mathbb{E}\left\{\prod\limits_{k=n+1}^{n+L}G(\sigma^k)|\mathcal{F}^n\right\}$ 的 $\delta$- 矩阵是 SIA 的 (其定义见 2.1 节). 由引理 2.8 可知, 存在正整数 $N$ 使得任何 $N$ 个 SIA 矩阵的乘积是

置乱矩阵. 再由适应过程的定义, 可得

$$\mathbb{E}\left\{\prod_{t=n+1}^{n+NL} G(\sigma^t)|\mathcal{F}^n\right\} = \mathbb{E}\left\{\cdots\mathbb{E}\left\{\mathbb{E}\left\{\prod_{t_L=n+(N-1)L+1}^{n+NL} G(\sigma^{t_L})|\mathcal{F}^{n+(N-1)L}\right\}\right.\right.$$
$$\left.\left.\prod_{t_{L-1}=n+(N-2)L+1}^{n+(N-1)L} G(\sigma^{t_{L-1}})|\mathcal{F}^{n+(N-2)L}\right\}\cdots\prod_{t_1=n+1}^{n+L} G(\sigma^{t_1})|\mathcal{F}^n\right\},$$

这意味着存在正数 $\delta_1 < \delta$ 使得 $\mathbb{E}\{\prod_{t=n+1}^{n+NL} G(\sigma^t)|\mathcal{F}^n\}$ 是 $\delta_1$- 置乱矩阵. 由此, 从文献 [4] 中的引理 3.12 可看出, 存在 $\delta' > 0$ 和正整数 $M_1$, 使得

$$\mathbb{P}\left\{\eta\left(\prod_{t=n+1}^{n+M_1NL} G(\sigma^t)\right) > \delta'|\mathcal{F}^n\right\} > \delta',\ \forall\, n\in\mathbb{N}.$$

令 $C_k = \prod_{t=kM_1NL+1}^{(k+1)M_1NL} G(\sigma^t)$, 则对几乎所有的序列 $\{\sigma^t\}$,

$$\lim_{K\to\infty}\sum_{k=1}^{K}\mathbb{P}\left\{\eta(C_k) > \delta'|\mathcal{F}^{kNL}\right\} > \lim_{K\to\infty} K\times\delta' = +\infty.$$

再由引理 2.21, 事件 $\{\eta(C_k) > \delta'\}$, $k = 1, 2, \cdots$, 以概率 1 发生无限次. 因此, 由引理 8.2 导出定理的结论.

在下面讨论中, 将系统 (8.18) 写为如下矩阵形式

$$x^{t+1} = \sum_{\tau=0}^{\tau_M} G^\tau(\sigma^t)x^{t-\tau}, \tag{8.22}$$

这里 $G(\sigma^t) = [G_{ij}^\tau(\sigma^t)]_{i,j=1}^n$.

关于矩阵 $\boldsymbol{G}^\tau(\cdot)$, 作如下假设

**A**: 每个 $G^\tau(\sigma^t)$, $\tau\in\tau_M$, 都是定义在 $\Omega$ 上非负矩阵关于 $\mathcal{F}^t$ 的可测映射.

令 $y^t = [{x^t}^\top, {x^{t-1}}^\top, \cdots, {x^{t-\tau_M}}^\top]^\top \in \mathbb{R}^{m\times(\tau_M+1)}$,

$$\boldsymbol{B}(\sigma^t) = \begin{bmatrix} \boldsymbol{G}^0(\sigma^t) & \boldsymbol{G}^1(\sigma^t) & \cdots & \boldsymbol{G}^{\tau_M-1}(\sigma^t) & \boldsymbol{G}^{\tau_M} \\ I_m & 0 & \cdots & 0 & 0 \\ 0 & I_m & \cdots & 0 & 0 \\ \vdots & \vdots & & \vdots & \vdots \\ 0 & 0 & \cdots & I_m & 0 \end{bmatrix} \in \mathbb{R}^{(\tau_M+1)\times m,(\tau_M+1)\times m}$$

则式 (8.22) 可写为

$$y^{t+1} = \boldsymbol{B}(\sigma^t) y^t, \tag{8.23}$$

因此, 讨论 (8.18) 等价于讨论 (8.23). 定义一个由 $(\tau_M + 1)m$ 个节点组成的 "大" 图 $\mathcal{G}(\boldsymbol{B}(\sigma^t))$, 记作 $\{v_{i,j},\ i \in \underline{\tau_M + 1},\ j \in \underline{m}\}$, 其中节点 $v_{i,j}$ 对应矩阵 $\boldsymbol{B}(\sigma^t)$ 的第 $((i-1)m+j)$ 行 (或列).

**定理 8.8**　在条件 **A** 下, 假设存在 $\mu > 0$, $L \in \mathbb{N}$ 和 $\delta > 0$, 满足 (1). $G^0(\sigma) > \mu I_m$ 对所有 $\sigma \in \Omega$ 成立; (2). $\mathbb{E}\{\sum_{k=n+1}^{n+L} G(\sigma^k) | \mathcal{F}^n\}$ 对所有 $n \in \mathbb{N}$ 以概率 1 具有 $\delta$- 生成树. 则时滞系统 (8.18) 能实现一致性.

其证明较复杂, 可见文献 [11]. 对于确定性的拓扑切换, 文献 [3, 10] 中有类似的结论.

下面给出一个简单的例子来阐述定理 8.8 的条件. 考虑如下具有两个变量 $x^t = [x_1^t, x_2^t]$ 时滞为 1 的系统

$$x^{t+1} = \boldsymbol{G}^0(\sigma^t) x^t + \boldsymbol{G}^1(\sigma^t) x^{t-1},$$

它可转化为一个四维无时滞系统 $y^{t+1} = \boldsymbol{B}(\sigma^t) y^t$, 其中

$$\boldsymbol{B}(\sigma^t) = \begin{pmatrix} \boldsymbol{G}^0(\sigma^t) & \boldsymbol{G}^1(\sigma^t) \\ I_m & 0 \end{pmatrix}.$$

它可看做是如下两个矩阵 $\boldsymbol{B}^1$ 和 $\boldsymbol{B}^2$ 的周期性切换

$$\boldsymbol{B}^1 = \begin{pmatrix} 1 & 0 & 0 & 0 \\ 0 & 1 & 0 & 0 \\ 1 & 0 & 0 & 0 \\ 0 & 1 & 0 & 0 \end{pmatrix}, \quad \boldsymbol{B}^2 = \begin{pmatrix} 1/2 & 0 & 0 & 1/2 \\ 0 & 1 & 0 & 0 \\ 1 & 0 & 0 & 0 \\ 0 & 1 & 0 & 0 \end{pmatrix}.$$

在时滞系统的语义下, 相应的系统 (8.18) 中的随机矩阵 (8.19) 为

$$\boldsymbol{G}_1 = \boldsymbol{G}_1^0 + \boldsymbol{G}_1^1 = \begin{pmatrix} 1 & 0 \\ 0 & 1 \end{pmatrix}$$

$$\boldsymbol{G}_2 = \boldsymbol{G}_2^0 + \boldsymbol{G}_{21}^1 = \begin{pmatrix} 1/2 & 1/2 \\ 0 & 1 \end{pmatrix}.$$

可见, 图 $\mathcal{G}(G_1), \mathcal{G}(G_2)$ 的联合图具有生成树和自连接. 则由定理 8.8 的证明 (见文献 [11]) 可知, 存在正整数 $L$, 使得 $L$ 个矩阵 $\boldsymbol{B}^1\boldsymbol{B}^2$ 的乘积具有生成树且某个根节点具有自连接. 例如, 考察如下矩阵乘积

$$\boldsymbol{B}^1\boldsymbol{B}^2 = \begin{pmatrix} 1/2 & 0 & 0 & 1/2 \\ 0 & 1 & 0 & 0 \\ 1/2 & 0 & 0 & 1/2 \\ 0 & 1 & 0 & 0 \end{pmatrix}.$$

其对应的图有 4 个节点, 分别记为 $v_{1,1}, v_{1,2}, v_{2,1}$ 和 $v_{2,2}$. 由图 8.1 可知, $\boldsymbol{B}^1\boldsymbol{B}^2$ 对应的图具有生成树, 且 $v_{1,2}$ 是根节点, 具有自连接. 由定理 8.8, 系统可达到一致.

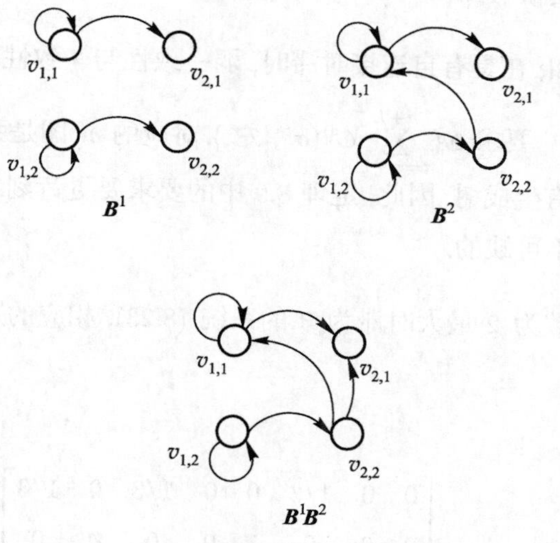


图 8.1 矩阵 $\boldsymbol{B}^1, \boldsymbol{B}^2$, 矩阵乘积 $B^1B^2$ 分别对应的图

在某些情形下时滞也会出现在在节点的自连接上. 例如, 节点需要时间来处理自身的信息. 假设自连接的时滞都是一样的, 即 $\tau_{ii} = \tau_0 > 0$. 此时, 可将整数 $t$ 通过模 $\mod (t+1, \tau_0+1)$ 运算建立一个商群 $(\mathbb{Z}+1)/(\tau_0+1)$. 对于两个整数 $i$ 和 $j$, 定义其商 $\{kj+i : k \in \mathbb{Z}\}$ 为 $\langle i \rangle_j$. 以后, 无其他说明, 默认 $\langle i \rangle_{\tau_0+1}$ 为 $\langle i \rangle$.

下面的讨论, 对于 $G^{\tau}(\cdot)$, 还需要作下述假设 **B**.

**B**. 1 *存在* $\mu > 0$, *使得* $G^{\tau_0}(\sigma_1) > \mu I_m$ *对所有* $\sigma_1 \in \Omega$ *成立;*

**B**. 2 *存在* $\tau_1, \ldots, \tau_K$, *其中不包含* $\langle 0 \rangle$ *中的整数, 使得最大公约数* $gcd(\tau_0 +$

$1, \tau_1+1, \ldots, \tau_K+1) = P > 1$, 且满足: (1) 对于所有 $j \notin \{\tau_1, \ldots, \tau_K\}$ 和所有 $\sigma_1 \in \Omega$, $\hat{G}^j(\sigma_1) = 0$; (2) $\mathbb{E}\{\hat{G}^{\tau_k}(\sigma^{n+1})|\mathcal{F}^n\}$ 的 $\delta$- 矩阵对于所有 $n \in \mathbb{N}$ 以概率 1 非零这里, $\hat{G}^i(\cdot) = \sum\limits_{j \in \langle i \rangle} G^j(\cdot)$.

由是, 可给出如下定理.

**定理 8.9**　假设 $G^{\tau}(\cdot)$ 满足 **A** 和 **B**. 如存在 $L \in \mathbb{N}$ 和 $\delta > 0$, 使得对所有 $n \in \mathbb{N}$, 条件期望 $\mathbb{E}\{\sum\limits_{k=n+1}^{n+L} \hat{G}^0(\sigma^k)|\mathcal{F}^n\}$ 以概率 1 为 $\delta$- 强连通. 则系统 (8.18) 以概率 1 弱一致性到一个 $P$- 周期轨道. 特别当 $P=1$ 时, 系统 (8.18) 可实现一致.

其证明可见文献 [11].

由此定理可知, 在具有自连接时滞时, 弱一致性与一致性并不等价.

在定理 8.9 中, 要求 $\mathbb{E}\{\sum\limits_{t=n+1}^{n+L} \hat{G}^0(\sigma^t)|\mathcal{F}^n\}$ 对应的 $\delta$- 图是强连通的. 而在定理 8.8 中, 仅要求具有生成树. 因此, 定理 8.9 中的要求要更苛刻. 下面的例子说明这个强连通条件是不可缺的.

考虑一个维数为 2 最大时滞为 3 的系统 (8.23), 相应的矩阵 $\boldsymbol{B}$ 有如下形式 (静态)

$$\boldsymbol{B}(\sigma_1) = \begin{bmatrix} 0 & 0 & 1/3 & 0 & 0 & 1/3 & 0 & 1/3 \\ 0 & 0 & 0 & 1 & 0 & 0 & 0 & 0 \\ 1 & 0 & 0 & 0 & 0 & 0 & 0 & 0 \\ 0 & 1 & 0 & 0 & 0 & 0 & 0 & 0 \\ 0 & 0 & 1 & 0 & 0 & 0 & 0 & 0 \\ 0 & 0 & 0 & 1 & 0 & 0 & 0 & 0 \\ 0 & 0 & 0 & 0 & 1 & 0 & 0 & 0 \\ 0 & 0 & 0 & 0 & 0 & 1 & 0 & 0 \end{bmatrix}.$$

这里, $\tau_0 = 1$. 显然, 对应 $\hat{G}^0_{1,2}$ 的子图不是强连通的. 因为在对应 $\langle 1 \rangle$ 和 $\langle 0 \rangle$ 的子

图之间只有一条边. 通过计算可知, 对应矩阵乘积 $\sigma_1\sigma_1\cdots\sigma_1\sigma_1$ 有如下等价形式:

$$\begin{bmatrix} 1 & 1 & 0 & 1 & 0 & 1 & 0 & 0 \\ 0 & 1 & 0 & 0 & 0 & 0 & 0 & 0 \\ 0 & 1 & 1 & 1 & 0 & 1 & 0 & 1 \\ 0 & 0 & 0 & 1 & 0 & 0 & 0 & 0 \\ 1 & 1 & 0 & 1 & 0 & 1 & 0 & 0 \\ 0 & 1 & 0 & 0 & 0 & 0 & 0 & 0 \\ 0 & 1 & 1 & 1 & 0 & 1 & 0 & 1 \\ 0 & 0 & 0 & 1 & 0 & 0 & 0 & 0 \end{bmatrix} \tag{8.24}$$

其对应的图可见图 8.2 (使用系统 (8.23) 中的标号方式). 可见该拓扑不具有生成树. 因为节点 $v_{1,2}$ 和 $v_{2,2}$ 没有其他节点与之连接. 事实上, 矩阵 $\boldsymbol{B}(\sigma_1)$ 的特征根包含 1 和 $-1$. 由定理 8.2 可知, 对应的系统 (8.22) 无法实现一致.

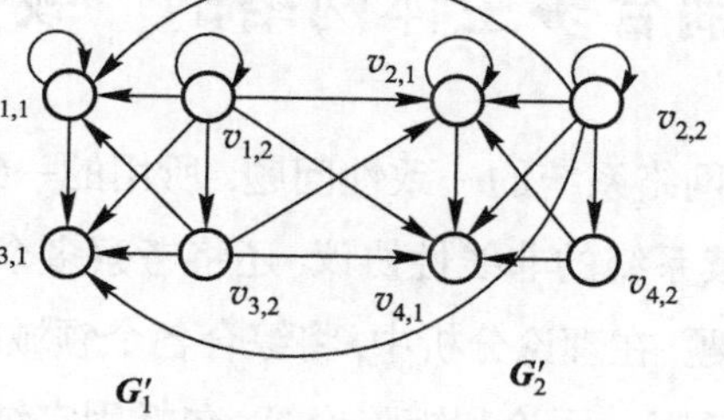


图 8.2　矩阵乘积 (8.24) 对应的图拓扑结构

前面的讨论都限于具有自连接的图. 以下部分简要的讨论节点可不具有自连接的更一般情形. 由前所述, 时滞系统 (8.18) 等价于高维无时滞系统 (8.23). 因此, 按照系统 (8.23), 可构造一个新图 $\mathcal{G}'(\cdot)$, 具有 $m\times(\tau_M+1)$ 个节点: $\{v_{ij}: i\in\underline{\tau_M+1}, j\in\underline{m}\}$, 其边按矩阵 $\boldsymbol{B}(\cdot)$ 定义, 其中节点 $v_{ij}$ 对应 $\boldsymbol{B}$ 的 $(i-1)\times(\tau_M+1)+j$ 行 (列). 定义子图 $\hat{B}_p(\sigma_1)$ 对应节点集合 $\{v_{ij}: i\in\langle p\rangle,\ j\in m\}$. 由定理 8.7, 可有如下命题 (其证明类似定理 8.8 和 8.9 的证明).

**命题 8.1**　假设条件 **A** 成立, 且存在 $L\in\mathbb{N}$ 和 $\delta>0$, 使得 $\mathbb{E}\left\{\prod_{k=u+1}^{u+L} B(\sigma^k)\mid \mathcal{F}^u\right\}$ 对所有 $n\in\mathbb{N}$ 以概率 1 具有 $\delta$- 生成树并且某个根节点具有自连接. 则系统

(8.20) 可达到一致.

实际上, 在上述命题的条件下, $\mathbb{E}\left\{\prod_{k=u+1}^{u+L} B(\sigma^k)|\mathcal{F}^u\right\}$ 以概率 1 是 SIA 阵, 本命题可由定理 8.7 得到.

在没有自连接的情形下, 有如下结果, 可视为命题 8.1 的推论.

**命题 8.2**　假设条件 **A** 和 **B**.2 满足, (**B**.1 未必满足). 同时还存在 $L \in \mathbb{N}$ 和 $\delta > 0$, 使得 $\mathbb{E}\left\{\prod_{k=n+1}^{n+L} \hat{B}_p(\sigma^k)|\mathcal{F}^n\right\}$ 对所有 $n \in \mathbb{N}$ 和 $p \in P$ 以概率 1 是 $\delta$- 强连通的, 且至少一个节点有自连接 ($\hat{B}_p$ 的定义见文献 [11] 的证明). 那么, 系统 (8.18) 弱一致到一个 $P$- 周期轨道. 特别, 当 $P = 1$, 系统 (8.18) 可达到一致.

## 8.4　非线性耦合多主体网络的一致性

在前面所讨论的网络系统的一致性问题, 所用的一致性协议都是线性协议. 在本节中, 将讨论连续系统的非线性协议. 还将考察多个体系统在不连续的无延时协议下的一致性问题. 在理论分析中, 将综合各个领域的方法: Filippov 关于右端不连续的微分方程理论、图论和矩阵论等. 包括固定结构的网络和具有随机切换结构的网络.

回顾前面讨论的网络一致性算法

$$\dot{x}_i(t) = u_i(t), \tag{8.25}$$

其中的 $u_i(t)$ 就是一致性协议. 它包括无延时的线性一致性协议

$$\dot{x}_i(t) = \sum_{j=1}^{m} l_{ij}(x_j(t) - x_i(t)). \tag{8.26}$$

此外, 人们也提出了各种不同的非线性协议[12,13]. 例如,

$$\dot{x}_i(t) = \sum_{j=1}^{m} \phi_{ij}(x_j(t) - x_i(t)), \tag{8.27}$$

以及

$$\dot{x}_i(t)=\sum_{j=1}^{m}l_{ij}[g(x_j(t))-g(x_i(t))], \tag{8.28}$$

其中 $\phi$ 和 $g$ 都是非线性函数. 在有些情况下, $\phi$ 和 $g$ 甚至可能是不连续函数.

更一般的, 文献 [14] 讨论了

$$\dot{x}_i(t)=\sum_{j=1}^{m}l_{ij}\phi_{ij}(x_j(t),x_i(t)), \tag{8.29}$$

在随机切换的网络上, 一致性协议 (8.28) 变成

$$u_i^k(t)=\sum_{j=1}^{m}l_{ij}^k[g(x_j)-g(x_i)], \tag{8.30}$$

其中 $g\colon \mathbb{R}\mapsto\mathbb{R}$ 是一个不连续函数, 其定义将在后面给出. 在时间区间 $[t_k,t_{k+1})$, 图具有固定拓扑结构. 对应的拉普拉斯矩阵 $\boldsymbol{L}^k(t)=[l_{ij}^k]_{i,j=1}^m$ 是定常矩阵.

当复杂网络中的节点没有原始动力学行为时, 相互耦合的复杂网络的动力学行为仅由耦合决定. 为了描述的方便, 假设每个节点都是一维的. 此时, 具有固定拓扑结构的一致性协议可表示成

$$\dot{x}_i(t)=\sum_{j=1}^{m}l_{ij}\phi_{ij}(x_j(t),x_i(t)), \tag{8.31}$$

其中, $\phi_{ij}(x,y)$ 满足

(1) $\phi_{ij}(x,y)$ 是满足利普希兹条件的连续函数;

(2) $\phi_{ij}(x,y)=0$ 等价于 $x=y$;

(3) 对于任意 $x\neq y$, $(x-y)\phi_{ij}(x,y)>0$.

或

$$\dot{x}^i(t)=-c\sum_{j=1}^{m}l_{ij}g(x^j(t));\qquad i=1,2,\cdots,m \tag{8.32}$$

其中 $x^i(t)\in\mathbb{R}$, $g:\mathbb{R}\to\mathbb{R}$, $g(0)=0$, $\boldsymbol{L}=[l_{ij}]$ 是拉普拉斯矩阵.

类似于线性协同模型, 对于系统 (8.32), 可以给出如下定理.

**定理 8.10** 假设非线性函数 $\phi_{ij}(x,y)$ 满足上述三条件. 则非线性协议算法 (8.31) 能实现一致性的充要条件为对应的图具有生成树.

**定理 8.11**　如果非线性函数 $g(\cdot): \mathbb{R} \to \mathbb{R}$ 是严格单调上升的，拉普拉斯矩阵 $\boldsymbol{L}$ 对应的图是强连通的. 则系统 (8.32) 可以实现一致性. 并且最终的协议值为 $X_\xi(0) = \sum\limits_{i=1}^m \xi_i x^i(0)$，其中 $\xi = [\xi_1, \cdots, \xi_m]^\top$ 是 $\boldsymbol{L}$ 对应零特征根的左特征向量，且满足 $\sum\limits_{i=1}^m \xi_i = 1$.

上述两定理的证明见文献 [14]. 这里，证明定理 8.11.

**证明:**　记 $x_\xi(t) = \sum\limits_{i=1}^m \xi_i x^i(t)$. 此时

$$\dot{x}_\xi(t) = \sum_{i=1}^m \xi_i \dot{x}^i(t) = -\sum_{i=1}^m \xi_i \sum_{j=1}^m l_{ij} g(x^j(t)) = -\sum_{j=1}^m g(x^j(t)) \sum_{i=1}^n \xi_i l_{ij} = 0$$

从而可以知道 $x_\xi(t)$ 是系统 (8.32) 的不变量. 即对任何 $t \geqslant 0$, $x_\xi(t) = \sum\limits_{i=1}^m \xi_i x^i(0)$.

类前，记 $X(t) = [x^1(t), \cdots, x^m(t)]^T$, $G(X(t)) = (g(x^1(t)), \cdots, g(x^m(t)))^T$. 则方程 (8.32) 可写为如下形式

$$\dot{X}(t) = -\boldsymbol{L}G(X(t)) \tag{8.33}$$

定义如下泛函

$$V(X(\cdot)) = \sum_{i=1}^m \xi_i \int_{x^\xi(0)}^{x^i(t)} (g(s) - g(x^\xi(0)) ds \tag{8.34}$$

显然，$V(X(\cdot)) \geqslant 0$ 是径向无界的. 并且 $V(X(t)) = 0$ 当且仅当 $x^i(t) = x^\xi(0)$, $i = 1, 2, \cdots, m$.

又记 $\Xi = \mathrm{diag}(\xi)$, $\bar{\boldsymbol{L}} = (\bar{l}_{ij}) = (\Xi\boldsymbol{L} + \boldsymbol{L}^T\Xi)/2$.

对函数 $V(X(t))$ 求导，得

$$\begin{aligned}\dot{V}(X(t)) &= -\sum_{i=1}^m \xi_i (g(x^i(t)) - g(x^\xi(0)) \sum_{j=1}^m l_{ij} (g(x^j(t)) - g(x_\xi(0)) \\ &= -\sum_{i,j=1}^m \tilde{l}_{ij} (g(x^i(t)) - g(x_\xi(0)) (g(x^j(t)) - g(x_\xi(0)) \leqslant 0\end{aligned}$$

从而 $V(X(t)) \leqslant V(X(0))$ 和 $X(t)$ 有界. 又由于 $h(\cdot)$ 是严格单调上升函数，当 $t \to \infty$ 时，$X(t)$ 收敛到集合 $\{X : \dot{V}(X(t)) = 0\}$ 的最大不变子集 ($\Omega$- 极限集):

$$\Omega = \{X : x^i(t) = x_\xi(0); i, j = 1, 2, \cdots, m\}$$

从而全局一致性问题可以实现, 即对任何 $i=1,2,\cdots,m$,

$$\lim_{t\to\infty}[x^i(t)-x_\xi(0)]=0 \tag{8.35}$$

接着, 讨论不连续协议下网络上的一致性问题.

考虑如下的具有固定结构的网络上的一致性协议

$$\dot{x}_i=-\sum_{j=1}^{m}l_{ij}g(x_j), \tag{8.36}$$

其中 $g(\cdot)\in\mathcal{A}$ (见第二章定义 2.12) 是一个不连续函数. 而 $\boldsymbol{L}=[l_{ij}]$ 为一个拉普拉斯矩阵.

下述的引理指出, 在 $[0,+\infty)$ 上, 系统 (8.36) 的 Filippov 解存在.

**引理 8.3** 给定任意初值 $x_0\in\mathbb{R}^m$, (8.36) 的 Filippov 解存在且是收缩的. 因此, 所有的解都可以被延拓到 $[0,+\infty)$ 上.

**证明:** 记 $G(x)=[G_1(x),\cdots,G_m(x)]^\top$, 其中 $G_i(x)=\sum\limits_{j=1}^{m}l_{ij}g(x_j)$. 显然, 集值映射 $\mathcal{K}[G](x)=\sum\limits_{j=1}^{m}l_{ij}\mathcal{K}[g](x_j)$ 在 $\mathbb{R}^m$ 的任意有界区域上满足基本条件. 于是对于任意 $x_0\in\mathbb{R}^m$, 存在某个 $t_1>0$, 使得在 $[0,t_1)$ 上至少有一个以 $x_0$ 为初值的解 $x(t)$. 令 $V^*=\max_i\{x_i(t)\}$, $V_*=\min_i\{x_i(t)\}$. 可以证明 $V^*$ 非增, 而 $V_*$ 非减.

首先, 验证 $V^*$ 是局部利普希兹的正则函数. 事实上, 对于 $\mathbb{R}^m$ 中任意的 $x=[x_1,\cdots,x_m]^\top$, 和 $y=[y_1,\cdots,y_m]^\top$, 有

$$|V^*(x)-V^*(y)|=|\max_i\{x_i\}-\max_i\{y_i\}|\leqslant\max_i|x_i-y_i|,$$

这意味着 $V^*$ 是利普希兹的. 另一方面, 任取 $\lambda\in[0,1]$, 有

$$\begin{aligned}V^*(\lambda x+(1-\lambda)y)&=\max_i\{\lambda x_i+(1-\lambda)y_i\}\\&\leqslant\lambda\max_i\{x_i\}+(1-\lambda)\max_i\{y_i\}\\&=\lambda V^*(x)+(1-\lambda)V^*(y),\end{aligned}$$

即 $V^*$ 是凸的. 因此, $V^*$ 是正则的. 从而

$$\frac{\mathrm{d}V^*(x(t))}{\mathrm{d}t}\in\tilde{\mathcal{L}}_G V^*(x),\qquad a.e.\ t.$$

现在来证明对于任意 $x$, $V^*(x)$ 的集值 Lie 导数 (见第二章定义 2.9) $\tilde{\mathcal{L}}_G V^*(x)$ 满足 $\tilde{\mathcal{L}}_G V^*(x)=\emptyset$ 或 $\max\{\tilde{\mathcal{L}}_G V^*(x)\}\leqslant 0$.

首先, 给定某个 $x=[x_1,\cdots,x_m]^\top\in\mathbb{R}^m$, 定义指标集 $\bar{I}_x=\{i\in\{1,\cdots,m\}: x_i=\max_j\{x_j\}\}$. 则 $V^*$ 在 $x$ 处的 Clarke 广义梯度 (见第二章定义 2.9) $\partial V^*(x)=co\{e_i : i\in\bar{I}_x\}$. 如果 $a\in\tilde{\mathcal{L}}_G V^*(x)$, 则存在某个 $v\in\mathcal{K}[G](x)$, 使得对每一个 $\zeta\in\partial V(x)$, 有 $a=v\cdot\zeta$. 记 $v=[v_1,\cdots,v_m]^\top$, 则对所有 $i\in\bar{I}_x$, $v_i=a$.

如果在时刻 $t$, $g$ 在 $x_i(t)$ 连续, 则由

$$v_i(t)\in-\sum_{j=1}^m l_{ij}\mathcal{K}[g](x_j(t))=-\sum_{j=1,j\neq i}^m l_{ij}\{\mathcal{K}[g](x_j(t))-\mathcal{K}[g](x_i(t))\}$$

可知, $v_i\leqslant 0$.

否则, 如果在时刻 $t_*$, $g$ 在 $x_i(t_*)$ 不连续, 则有如下的两种可能:

(1) 存在 $\delta_{t_*}>0$, 使得当 $t\in[t_*,t_*+\delta_{t_*}]$ 时, $x_i(t)=x_i(t_*)$. 此时, 显然有 $v_i=0$;

(2) 对某个 $\delta'_{t_*}>0$, 存在 $t\in(t_*,t_*+\delta'_{t_*})$ 使得 $x_i(t)\neq x_i(t_*)$. 由于在任意有限区间上, $g$ 只有有限个不连续点, 则存在某个 $0<\delta''_{t_*}<\delta'_{t_*}$, 使得 $g(x_i(t))$ 在 $(t_*,t_*+\delta''_{t_*})$ 是连续的. 这意味着在 $(t_*,t_*+\delta''_{t_*})$ 上有 $v_i(t)\leqslant 0$. 这同样表明了 $v_i(t_*)\leqslant 0$.

因为 $g$ 是严格递增的, 只有当 $l_{ii'}<0$ 对某 $i\neq i'\in\bar{I}_x$, 且 $g$ 在 $x_i(t_*)$ 是不连续, $v_i>0$ 才可能成立. 然而, 若 $x_i(t^*)=x_i$, 则 $v_i>0$ 意味着当 $\delta_{t^*}>0$ 充分小时, 对于 $t\in(t^*,t^*+\delta_{t_*})$, 有 $x_i(t)>x_i(t^*)$. 又由于 $g$ 在任意的有限区间上只有有限个不连续点, $g(x_i(t))$ 在 $t\in(t^*,t^*+\delta_{t^*})$ 上关于 $x_i$ 是连续的. 这表明在 $(t^*,t^*+\delta_{t^*})$ 上, 有 $\dot{x}_i(t)\leqslant 0$. 矛盾. 因此,

$$\frac{\mathrm{d}V^*(x(t))}{\mathrm{d}t}\leqslant 0,\quad a.e.\ t.$$

于是可得 $V^*$ 是非增的. 类似的讨论可证 $V_*$ 是非减的. 因此, $x(t)$ 是收缩的. 由 2.14, 所有的解都可以被延拓到 $[0,+\infty)$ 上.

基于引理 8.3, 下面给出系统 (8.36) 的一致性的定理.

**定理 8.12**　对于任意初值, 系统 (8.36) 实现一致性的充要条件是 $L$ 对应的图 $\mathcal{G}(L)$ 含有生成树.

**证明: 充分性** 令 $V = V^* - V_*$, 其中 $V^*$ 和 $V_*$ 的定义见引理 8.3. 由于 $V^*$ 和 $-V_*$ 都是局部利普希兹的正则函数, $V$ 也是局部利普希兹正则函数.

给定任意的 $x_0 \in \mathbb{R}^m$, 记 $\overline{x}_0 = \max_i\{x_{0i}\}$, $\underline{x}_0 = \min_i\{x_{0i}\}$. 且令 $S = \{x = [x_1, \cdots, x_m]^\top \in \mathbb{R}^m : \underline{x}_0 \leqslant x_i \leqslant \overline{x}_0\}$. 则根据引理 8.3, $S$ 是一个强不变集. 根据引理 2.18, 如果 $M$ 为包含于 $\overline{Z}_{G,V} \cap S$ 中的最大的弱不变集, 则

$$\Omega(x(t)) \subseteq M,$$

其中 $\Omega(x(t))$ 为 $x(t)$ 的正极限集.

令 $diag\mathbb{R}^m = \{x = [x_1 \cdots, x_m]^\top \in \mathbb{R}^m, x_1 = \cdots = x_m\}$. 现在来证明 $M \subseteq diag\mathbb{R}^m \cap S$. 为此只需要验证 $Z_{G,V} \subset diag\mathbb{R}^m$.

不然的话, 存在 $x = [x_1, \cdots, x_m]^\top \in M$, 使得 $\max_i\{x_i\} > \min_i\{x_i\}$. 令 $\overline{I}_x = \{i : x_i = \max_j\{x_j\}\}$, $\underline{I}_x = \{i : x_i = \min_j\{x_j\}\}$. 由于 $M \subseteq \overline{Z}_{G,V}$, 则当 $i \in \overline{I}_x \cup \underline{I}_x$,

$$0 = \dot{x}_i \in \sum_{j=1}^m l_{ij}\mathcal{K}[g](x_j)$$

因此, 存在 $v = [v_1, \cdots, v_m]^\top$, $v_i \in \mathcal{K}[g](x_i)$ 使得当 $i \in \overline{I}_x \cup \underline{I}_x$ 时,

$$\sum_{j \in m_i} l_{ij}(v_j - v_i) = 0$$

再令 $\overline{I}_v = \{i : v_i = \max_j\{v_j\}\}$, $\underline{I}_v = \{i : v_i = \min_j\{v_j\}\}$. 由 $g$ 的单调性可得 $\overline{I}_v \subseteq \overline{I}_x$, $\underline{I}_v \subseteq \underline{I}_x$. 对于 $i \in \overline{I}_v$, 有

$$0 = \sum_{j \in m_i} l_{ij}(v_j - v_i).$$

这表明对于所有的 $i \in \overline{I}_v$, $m_i \subseteq \overline{I}_v$. 所有生成树的根节点集都在 $\overline{I}_v$ 中. 由类似的讨论可知, 所有生成树的根节点集也在 $\underline{I}_v$ 中. 另一方面, 根据假设 $\max_i\{x_i\} > \min_i\{x_i\}$. 因此 $\overline{I}_v \cap \underline{I}_v = \emptyset$. 这就表明

$$\Omega(x(t)) \subseteq M \subseteq diag\mathbb{R}^m \cap S$$

余下证明 $\Omega(x(t))$ 是单点集合. 不然的话, 存在 $x = [a, \cdots, a]^\top \in \Omega(x(t))$, $y = [b, \cdots, b]^\top \in \Omega(x(t))$ 且 $a > b$. 令 $\epsilon = \dfrac{a-b}{2}$. 则存在一个序列 $\{t_n\}_{n=1}^{+\infty}$ 满足

$$\lim_{n \to +\infty} t_n = +\infty$$

和

$$\lim_{n\to+\infty}\min_i\{x_i(t_n)\}=a$$

由于 $\min_i\{x_i(t)\}$ 是非减的, 故存在 $N$, 当 $t\geqslant t_N$, 有 $\min_i\{x_i(t)\}>a-\epsilon=b+\epsilon$. 这表明 $d(y,\Omega(x(t)))>\frac{\epsilon}{2}$. 与 $y\in\Omega(x(t))$ 矛盾.

总之, 存在 $x_\infty\in diag\mathbb{R}^m\cap S$, 使得

$$\lim_{t\to+\infty}x(t)=x_\infty$$

充分性证毕.

**必要性** 如果 $\mathcal{G}(L)$ 不含生成树, 则存在 $\mathcal{G}(L)$ 含有生成树的一个**最大**子图 $\mathcal{G}_s$. 令 $\mathcal{V}_s$ 为 $\mathcal{G}_s$ 的节点集, 且 $\mathcal{V}_c=\mathcal{V}\backslash\mathcal{V}_s$. 则 $\mathcal{V}_c\neq\emptyset$. 令 $\mathcal{V}_{sr}$ 为 $\mathcal{G}_s$ 的根节点集, 且 $\mathcal{V}_{s'}=\mathcal{V}_s\backslash\mathcal{V}_{sr}$. 则

(1) 不存在从 $\mathcal{V}_s$ 中节点到 $\mathcal{V}_c$ 中节点的边;

(2) 不存在从 $\mathcal{V}\backslash\mathcal{V}_{sr}$ 中节点到 $\mathcal{V}_{sr}$ 中节点的边.

下面, 分别考虑 $\mathcal{V}_{s'}=\emptyset$ 和 $\mathcal{V}_{s'}\neq\emptyset$ 两种情形.

(1) $\mathcal{V}_{s'}=\emptyset$. 此时, 经过适当的置换, 矩阵 $\boldsymbol{L}$ 可写成 $\boldsymbol{L}=\begin{bmatrix}\boldsymbol{L}_1 & 0\\ 0 & \boldsymbol{L}_2\end{bmatrix}$, 其中 $\boldsymbol{L}_1$, $\boldsymbol{L}_2$ 分别对应于节点集 $\mathcal{V}=\mathcal{V}_{sr}$ 和 $\mathcal{V}_c$. 令 $n_1$ 为 $\boldsymbol{L}_1$ 的维数, 且 $x_0=[\underbrace{a,\cdots,a}_{n_1},\underbrace{b,\cdots,b}_{n-n_1}]^\top$, $a\neq b$. 当初始值为 $x(0)=x_0$ 时, $x(t)\equiv x_0$ 是一个不能实现一致性的解.

(2) $\mathcal{V}_{s'}\neq\emptyset$. 此时, 经过适当的重新编号, 根据上面提到的两条性质, 矩阵 $\boldsymbol{L}$ 可写成 $\boldsymbol{L}=\begin{bmatrix}\boldsymbol{L}_1 & 0 & 0\\ * & \boldsymbol{L}_2 & *\\ 0 & 0 & \boldsymbol{L}_3\end{bmatrix}$, 其中 $\boldsymbol{L}_1$, $\boldsymbol{L}_2$, $\boldsymbol{L}_3$ 分别对应于 $\mathcal{V}_{sr}$, $\mathcal{V}_{s'}$, $\mathcal{V}_c$. 对某个 $a\neq c$ 以及 $b_i\in\mathbb{R}$, 令 $x_0=[\underbrace{a,\cdots,a}_{n_1},\underbrace{b_1,\cdots,b}_{n_2},\underbrace{c,\cdots,c}_{n_3}]^T$, 其中, $i=1,2,3$, $n_i$ 为 $\boldsymbol{L}_i$ 的维数.

当 $i\in\mathcal{V}_{sr}\cup\mathcal{V}_c$ 时, $\dot{x}_i\equiv0$. 因此, 对于任意以 $x_0$ 为初始值的解 $x(t)$, 有

$$x_i(t)=\begin{cases}a\ i\in\mathcal{V}_{sr}\\ b\ i\in\mathcal{V}_c.\end{cases}$$

因此, 系统不可能实现一致性. 定理证毕.

右端不连续系统可以看成是一列具有高斜率系统的极限系统. 因此, 连续系统中的很多性质都可以保留下来. 接下来, 将利用这一思想来定位不连续系统的一致 (协同) 值.

给定 $\delta>0$, 定义系统 (8.36) 的 $\delta$- 近似系统

$$\dot{x}_i^\delta(t)=-\sum_{j=1}^m l_{ij}g^\delta(x_j^\delta(t)),\qquad i=1,\cdots,n, \tag{8.37}$$

其中, $g^\delta(\cdot)$ 是由 2.2 节定义 (2.13) 中定义的 $g(\cdot)$ 的 $\delta$- 逼近函数.

作为定理 8.12 的一个特例, 成立着

**引理 8.4** 对于任意给定的初值 $x_0\in\mathbb{R}^m$, 近似系统 (8.37) 可以实现一致性的充要条件是 $\boldsymbol{L}$ 所对应的图 $\mathcal{G}(\boldsymbol{L})$ 含有生成树.

进一步, 当 $\mathcal{G}(\boldsymbol{L})$ 含有生成树时, 经过对节点适当置换后, $\boldsymbol{L}$ 可表示成

$$\boldsymbol{L}=\begin{bmatrix}\boldsymbol{L}_1 & *\\ 0 & \boldsymbol{L}_2\end{bmatrix} \tag{8.38}$$

其中, $\boldsymbol{L}_1$ 对应于图中所有生成树的根节点集 $\boldsymbol{L}_2=\boldsymbol{L}_{I_r}$. 则 $\mathcal{G}(\boldsymbol{L}_2)$ 是强连通的, 即 $\boldsymbol{L}_2$ 是一个不可约的拉普拉斯矩阵. $\xi=[\xi_1,\cdots,\xi_{\#I_r}]^\top$ 为对应于 $\boldsymbol{L}_2$ 的特征值为 0 且满足 $\sum\limits_{i=1}^{\#I_r}\xi_i=1$ 的特征向量.

令

$$\overline{x}(t)=\sum_{i=1}^{\#I_r}\xi_i x_i(t) \tag{8.39}$$

则

$$\begin{aligned}\dot{\overline{x}}(t)&=\sum_{i=1}^{\#I_r}\xi_i\sum_{j=1}^{\#I_r}l_{ij}g^\delta(x_j(t))\\&=\sum_{j=1}^{\#I_r}\Big(\sum_{i=1}^{\#I_r}\xi_i l_{ij}\Big)g^\delta(x_j(t))\\&=0.\end{aligned}$$

这表明 $\overline{x}(t)\equiv\overline{x}(0)$.

另一方面,

$$\lim_{t\to+\infty} x_i(t) = x_\infty$$

所以

$$\lim_{t\to+\infty} \sum_{i=1}^{\#I_r} \xi_i x_i(t) = x_\infty$$

于是, $x_\infty = \overline{x}(0)$.

**定义 8.10** 系统 (8.37) 实现的一致值 $\overline{x}(0)$ (见式 (8.39)), 定义为 $\mathrm{Wra}(x_0, L)$ (weighted root average).

根据定理 8.12 和引理 8.4, 可得如下的推论. 它提供了关于一致值的一些信息.

**推论 8.8** 如果 $\mathcal{G}(\boldsymbol{L})$ 含有生成树, 则对于任意的 $x_0 \in \mathbb{R}^m$, 至少存在一个从 $x_0$ 出发的解使得系统 (8.36) 实现一致性. 并且一致值为 $\mathrm{Wra}(x_0, \boldsymbol{L})$.

**证明:** 对于任意固定的 $x_0 \in \mathbb{R}^m$, 取一个序列 $\delta'_k \to 0^+$, 并构造系统 (8.36) 的一列 $\delta'_k$ ($\delta'_k \to 0^+$) 近似系统. 从而使得每一个从 $x_0$ 出发的 $\delta'_k$ 近似系统的解是系统 (8.36) 的一个 $\delta_k$- 解. 同时, 不难验证所有的解都是一致有界和等度连续的. 根据 Arzelá 定理, 此 $\delta'_k$- 解列存在一个一致收敛的子序列. 将它的极限函数记为 $x(t)$. 根据引理 2.17, $x(t)$ 是系统 (8.36) 的一个解. 又由引理 8.4, 每一个 $\delta'_k$ 系统的一致值都是 $\mathrm{Wra}(x_0, \boldsymbol{L})$. 因此, 由引理 2.19 可知 $x(t)$ 实现一致性. 其一致值亦为 $\mathrm{Wra}(x_0, \boldsymbol{L})$.

在本节的最后部分, 将讨论随机切换网络在不连续的一致性协议下的一致性.

考虑如下的系统

$$\dot{x}_i(t) = -\sum_{j=1i}^{m} l_{ij}^k g(x_j) \quad t \in [t_k, t_{k+1}), \tag{8.40}$$

其中, $\boldsymbol{L}^k$ 为时间区间 $[t_k, t_{k+1})$ 上耦合网络的拉普拉斯矩阵, 而 $g \in \mathcal{A}$. 在每一个时刻 $t_k$, 网络连接拓扑发生一次切换. 而切换过程由下述方式独立产生:

给定一个权重矩阵 $\boldsymbol{W} = [w_{ij}]$, 以及 $p \in (0,1)$, 对于 $i \neq j$,

$$l_{ij}^k = \begin{cases} -w_{ij}, & \text{以概率 } p; \\ 0, & \text{以概率 } 1-p. \end{cases}$$

记 $\Delta t_k = t_{k+1} - t_k$. 在本小节中, 需要下述假设.

**假设 8.3** (1) $\{\Delta t_k\}$ 是独立同分布的, 且 $E\Delta t_k < +\infty$, $E\Delta t_k^2 < +\infty$;

(2) $\{\boldsymbol{L}^k\}$ 是独立同分布的;

(3) 对于每一对 $j$, $k$, $\Delta t_j$ 和 $\boldsymbol{L}^k$ 是相互独立的.

**假设 8.4** 存在 $\varepsilon > 0$ 使得对任意的 $\alpha, \beta \in \mathbb{R}$ 且 $\alpha \neq \beta$. 如果 $g$ 在 $\alpha, \beta$ 是连续的, 则

$$\frac{g(\alpha) - g(\beta)}{\alpha - \beta} \geqslant \varepsilon.$$

**注 8.4** 不难验证在假定 8.4 下, 对于任意的 $\alpha, \beta \in \mathbb{R}$ 且 $\alpha \neq \beta$, 以及 $v_1 \in \mathcal{K}[g](\alpha)$, $v_2 \in \mathcal{K}[g](\beta)$, 都有

$$\frac{v_1 - v_2}{\alpha - \beta} \geqslant \epsilon.$$

现在, 可以给出系统 (8.40) 的一致性的结果.

**定理 8.13** 在假设 8.3 和假设 8.4 下, 如果权重矩阵 $\boldsymbol{W}$ 是置乱的, 则系统 (8.40) 将实现几乎必然一致性.

**证明:** 如前节中定义 $V^*$, $V_*$, 和 $V$. 对于任意给定的初值 $x(0) \in \mathbb{R}^m$ 以及任意的切换时刻序列 $0 = t_0 < t_1 < t_2 < \cdots$, 可用如下方式来构造系统的解. 首先, 根据引理 2.14, 在 $[0, \delta) \subset [0, t_1]$ 上存在一个以 $x_0$ 为初值的 Filippov 解. 类似于引理 8.3 中的讨论, 可以证明 $x(t)$ 是收缩的. 因此它可以延拓到整个区间 $[0, t_1]$ 上. 重复同样的过程, 可以证明在每一个区间 $[t_t, t_{k+1}]$ 上, 对任意初值都存在一个 Filippov 解. 于是, 系统 (8.40) 的解可以如下定义

$$x(t) = x^k(t), \quad t \in [t_k, t_{k+1}],$$

其中 $x^k(t)$ 是 $[t_k, t_{k+1}]$ 上从 $x^{k-1}(t_k)$ 出发的 Filippov 解, 即 $x^k(t_k) = x^{k-1}(t_k)$. 显然, $x(t)$ 是收缩的, 且是绝对连续的. 类似于前一小节的讨论, 可以得到, 在每一个区间 $[t_k, t_{k+1}]$ 上,

$$\frac{\mathrm{d}V}{\mathrm{d}t} \in -\sum_{j=1}^{m} l_{i^*j}^k \mathcal{K}[g](x_j) + \sum_{j=1}^{m} l_{i_*j}^k \mathcal{K}[g](x_j),$$

这意味着存在 $v(t)=[v_1(t),\cdots,v_m(t)]^\top$ 满足 $v_i(t)\in\mathcal{K}[g](x_i(t))$. 从而

$$
\begin{aligned}
\frac{\mathrm{d}V}{\mathrm{d}t}&=\sum_{j=1}^{m}l^k_{i^*j}v_j(t)-\sum_{j=1}^{m}l^k_{i_*j}v_j(t)\\
&=\sum_{j=1,j\neq i^*}^{m}l^k_{i^*j}[v_j(t)-v_{i^*}(t)]-\sum_{j=1,j\neq i_*}^{m}l^k_{i_*j}[v_j(t)-v_{i_*}(t)]\\
&=-(l^k_{i^*i_*}+l^k_{i_*i^*})[v_{i^*}(t)-v_{i_*}(t)]\\
&-\sum_{j=1,j\neq i^*,i_*}\{l^k_{i^*j}[v_j(t)-v_{i^*}(t)]+l^k_{i_*j}[v_{i_*}(t)-v_j(t)]\}\\
&=-(l^k_{i^*i_*}+l_{i_*i^*})[v_{i^*}(t)-v_{i_*}(t)]\\
&-\sum_{j=1,j\neq i^*,i_*}\min\{l^k_{i^*j},l^k_{i_*j}\}[v_{i_*}(t)-v_{i^*}(t)]\\
&\leqslant-\epsilon\left(l^k_{i^*i_*}+l^k_{i_*i^*}+\sum_{j=1,j\neq i^*,i_*}\min\{l^k_{i^*j},l^k_{i_*j}\}\right)V\\
&\leqslant\epsilon\xi(L^k)V.
\end{aligned}
$$

其中, $\xi(\boldsymbol{L}^k)$ 是 (2.4) 中给出的置乱系数

$$
\xi(\boldsymbol{L}^k)=\min_{i,j}\left\{(l^k_{ij}+l^k_{ji})+\sum_{l\neq i,j}\max\{l^k_{il},l^k_{jl}\}\right\} \tag{8.41}
$$

于是, $V(x(t_{k+1}))\leqslant e^{\epsilon\xi(L^k)\Delta t_k}V(x(t_k))$. 因此, 当 $\sum\limits_{k=1}^{+\infty}\xi(\boldsymbol{L}^k)\Delta t_k=-\infty$ 时, $\lim_{k\to+\infty}V(x(t_k))=0$. 令 $n_w$ 为 $W$ 中正元素的个数, 则有 $P\{L^k=W\}=p^{n_w}$. 同时, 根据假定 8.3, 存在 $T>0$, $p'>0$ 使得 $P\{\Delta t_k>T\}>p'$. 由假定, $\Delta t_k$ 和 $\boldsymbol{L}^k$ 相互独立, 故 $P\{\xi(\boldsymbol{L}^k)\Delta t_k<\xi(W)T\}>p^{n_w}p'$. 根据引理 2.21 (第 2 Borel-Cantelli 引理), 有

$$
P\{\xi\boldsymbol{L}^k\Delta t_k<\xi(W)T\ \text{无穷多次}\}=1,
$$

这就意味

$$
P\{\sum_{k=1}^{+\infty}\xi(\boldsymbol{L}^k)\Delta t_k=-\infty\}=1,
$$

从而进一步有

$$
P\{\lim_{k\to+\infty}V(x(t_k))=0\}=1
$$

因为 $V(x_t)$ 关于 $t$ 是非增的, 所以由

$$\lim_{k\to+\infty} V(x(t_k)) = 0$$

可以得到

$$\lim_{t\to+\infty} V(x(t)) = 0$$

从而

$$P\{\lim_{t\to+\infty} V(x(t)) = 0\} = 1,$$

证毕.

## 参考文献


[1] Fang L, Antsaklis P J, and Tzimas A. Asynchronous consensus protocols: Preliminary results, simulations and open questions [C].//Proceeding of the 44th IEEE Conf. Descion and Control, 2005, 2194-2199.

[2] Olfati R, Murray R M. Consensus problems in networks of agents with switching topology and time delays [J]. IEEE Trans. Automat. Contr., 2004, 49: 1520-1533.

[3] Moreau L. Stability of multi-agent systems with time-dependent communication links [J]. IEEE Trans. Autom. Control, 2005, 50(2): 169-182.

[4] Liu B, Lu W L, Chen T P. Consensus in Networks of Multiagents with Switching Topologies Modeled as Adapted Stochastic Processes [J]. SIAM J. Control Optim. , 2011, 49(1): 227-253.

[5] Fang Y. Stability analysis of linear control systems with uncertain parameters [T]. Cleveland: Case Western Reserve University, 1994.

[6] Kushner H J. Approximation and Weak Convergence Methods for Random Processes with Applications to Stochastic Systems Theory [M]. Cambridge: MIT Press, 1984.

[7] Xiwei Liu, Wenlian Lu and Tianping Chen. Consensus of Multi-Agent Systems With Unbounded Time-Varying Delays [J]. IEEE Transactions on Automatic control, 2010, 55(10): 2396-2401

[8] Liu B, Chen T P. Consensus in Networks of Multiagents With Cooperation and Competition Via Stochastically Switching Topologies [J]. IEEE. Trans. Neural Networks, 2008, 19(11): 1967-1973.

[9] Chatterjee S, Seneta E. Towards consensus: Some convergence theorems on repeated averaging [J]. J. Appl. Prob. , 1977, 14: 89-97.

[10] Xiao F and Wang L. Consensus protocols for discrete-time multiagent systems with time- varying delays [J]. Automatica, 2008, 44: 2577-2582.

[11] Lu W L, Atay F M, Jost J. Consensus and synchronization in discrete-time networks of multi-agents with stochastically switching topologies and time delays [J]. Netw. Heterog. Media, 2011, 6(2): 329-349.

[12] Cortés J. Finite-time convergent gradient flows with applications to network consensus [J]. Automatica, 2006, 42: 1993-2000.

[13] Hui Q, Haddad W M, and Bhat S P. Semistability theory for differential inclusions with applications to consensus problems in dynamical networks with switching topology [C]. American Control Conference, 2008, 3981-3986.

[14] Liu Xiwei, Chen Tianping, Lu Wenlian. Consensus problem in directed networks of multi-agents via nonlinear protocols [J]. Physics Letters A, 373(2009), 3122-3127

# 第九章 复杂网络的牵引控制

在前面几章中，讨论了下述耦合微分方程表示网络

$$\dot{x}^i(t) = f(x^i(t), t) - c\sum_{j=1}^{m} l_{ij}\Gamma x^j(t),\ i = 1, 2, \cdots, m. \tag{9.1}$$

的同步问题和一致性问题.

由前面已给出的分析可知，在某些条件下，当耦合系数 $c$ 充分大时，系统 (9.1) 能实现完全同步. 如果限制在同步流形上的系统是非稳定的，特别当具有混沌等奇异吸引子时，同步状态 $\bar{x}(t)$ 是不确定的. 它不仅依赖方程 (9.1) 的形式，还依赖于方程的初始值. 不同的初始值会产生不同的同步轨道. 因此，无法通过系统 (9.1) 将网络同步到给定的轨道上. 为了将网络同步到给定的轨道上，外加控制是必需的. 牵引控制是实现将网络稳定到给定同步轨道的一类简单的方法. 本节将着重讨论一类牵引控制系统的稳定性.

给定未耦合系统的轨道

$$\dot{s}(t) = f(s(t), t), \quad s(0) = s_0. \tag{9.2}$$

这里，$s(t)$ 可以是系统 (9.1) 点动力系统的一个平衡点，极限环，甚至是混沌轨道. 牵引控制是通过对于部分节点设置反馈控制，将整个系统所有节点都稳定到 $s(t)$. 假定设置了控制器的节点集合为 $\mathcal{D}$，则控制系统可写为

$$\begin{cases} \dot{x}^i(t) = f(x^i(t), t) - c\sum\limits_{j=1}^{m} l_{ij}\Gamma x^j(t) - c\epsilon\Gamma[x^i(t) - s(t)], & i \in \mathcal{D} \\ \dot{x}^i(t) = f(x^i(t), t) - c\sum\limits_{j=1}^{m} l_{ij}\Gamma x^j(t), & i \notin \mathcal{D} \end{cases} \tag{9.3}$$

这里，$\epsilon$ 是反馈控制强度. 一般而言，被控制的节点所占比例应该很小，即 $f = \frac{\#\mathcal{D}}{\#\mathcal{V}} \ll 1$.

**定义 9.1** 当 $\lim_{t\to\infty}\|x^i(t) - s(t)\| = 0$ 对于所有 $i = 1, 2, \cdots, m$ 都成立，则称网络 (9.3) 稳定到 $s(t)$ 如果该收敛是指数的，则称网络 (9.3) 指数稳定到 $s(t)$.

# 9.1 稳定性分析

本节将讨论牵引控制网络 (9.3) 的全局稳定性. 不妨令 $\mathcal{D}=\{1,\cdots,q\}$ 对于耦合网络系统对应的拉普拉斯矩阵 $\boldsymbol{L}$ 和对应图的节点集合 $\mathcal{V}_1=\{v_1,\cdots,v_q\}$, $\boldsymbol{L}(\mathcal{V}_1)=[l_{v_iv_j}]_{i,j=1}^q$ 表示 $\boldsymbol{L}$ 矩阵对应节点 $\mathcal{V}_1$ 的子矩阵. 即 $\boldsymbol{L}(\mathcal{V}_1)$ 是由 $\boldsymbol{L}$ 中 $v_1,\cdots,v_q$ 行和 $v_1,\cdots,v_q$ 列的交叉位置元素构成的子矩阵.

下述引理是第二章引理 2.2 的一个推广.

**引理 9.1** 假定拉普拉斯矩阵 $\boldsymbol{L}\in\mathbb{R}^{m\times m}$ 可表示成

$$\boldsymbol{L}=\begin{bmatrix}\boldsymbol{L}_{11} & \boldsymbol{L}_{12}\\ \boldsymbol{L}_{21} & \boldsymbol{L}_{22}\end{bmatrix}$$

其中, $\boldsymbol{L}_{11}\in\mathbb{R}^{p\times p}$, $\boldsymbol{L}_{22}\in\mathbb{R}^{(m-p)\times(m-p)}$. 如果存在 $\alpha>0$, 以及 $m-p$ 维正定对角阵 $\Xi_2$, 使得 $[\Xi_2(c\boldsymbol{L}_{22}-\alpha I_{m-p})]^s$ 是正定的 (即 $c\boldsymbol{L}_{22}-\alpha I_{m-p}$ 是一个 M- 矩阵). 则存在常数 $\epsilon_0>0$, 使得当 $\epsilon>\epsilon_0$ 时, $[\Xi_1(c(\boldsymbol{L}+\epsilon\boldsymbol{D})-\alpha I_m)]^s$ 为正定 (即 $c(\boldsymbol{L}+\epsilon D)-\alpha I_m$ 是一个 M- 矩阵). 这里

$$\Xi_1=\begin{bmatrix}I_p & \\ & \Xi_2\end{bmatrix}\quad \boldsymbol{D}=\begin{bmatrix}I_p & \\ & 0\end{bmatrix}$$

实际上,

$$\begin{aligned}&2[\Xi_1(c(\boldsymbol{L}+\epsilon\boldsymbol{D})-\alpha I_m)]^s\\ &=\begin{bmatrix}2c(\boldsymbol{L}_{11})^s+2c\epsilon I_p-2\alpha I_p & c\boldsymbol{L}_{12}+c\boldsymbol{L}_{21}^{\top}\Xi_2\\ c\Xi_2\boldsymbol{L}_{21}+c\boldsymbol{L}_{12}^{\top} & 2c(\Xi_2\boldsymbol{L}_{22})^s-2\alpha\Xi_2\end{bmatrix}\end{aligned}$$

利用 Schur 分解 (引理 2.11) 可知, $2[\Xi_1(c(\boldsymbol{L}+\epsilon\boldsymbol{D})-\alpha I_m)]^s>0$ 等价于当 $\epsilon$

充分大时,

$$2c\epsilon I_p \geqslant 2\alpha I_p + (c\boldsymbol{L}_{12} + c\boldsymbol{L}_{21}^{\top}\Xi_2)$$
$$(c\Xi_2\boldsymbol{L}_{22} + c\boldsymbol{L}_{22}^{\top}\Xi_2 - 2\alpha\Xi_2)^{-1}(c\Xi_2\boldsymbol{L}_{21} + c\boldsymbol{L}_{12}^{\top}) - c\boldsymbol{L}_{11}^{s}$$

成立. 而直接验证可知

$$c\boldsymbol{L}_{11} + c\boldsymbol{L}_{11}^{\top} + 2c\epsilon I_p - 2\alpha I_p - (c\boldsymbol{L}_{12} + c\boldsymbol{L}_{21}^{\top}\Xi_2)$$
$$(c\Xi_2\boldsymbol{L}_{22} + c\boldsymbol{L}_{22}^{\top}\Xi_2 - 2\alpha\Xi_2)^{-1}(c\Xi_2\boldsymbol{L}_{21} + c\boldsymbol{L}_{12}^{\top}) - c\boldsymbol{L}_{11} > 0.$$

因此, 存在 $\epsilon_0 > 0$, 使得 $[\Xi_1(c\boldsymbol{L} + c\epsilon\boldsymbol{D} - \alpha I_m)]^s$ 对于任何 $\epsilon > \epsilon_0$ 都是正定的. 引理证毕.

基于上述引理, 可以给出下面定理.

**定理 9.1** 假设

(1) $f(\cdot,\cdot) \in QUAD(\boldsymbol{P}, \alpha\Gamma, \beta)$. 即存在常数 $\beta$ 和常数 $\alpha$ 以及对称正定阵 $\boldsymbol{P}$, 使得

$$(x-y)^{\top}\boldsymbol{P}\Big[F(x,t) - F(y,t) - \alpha\Gamma(x-y)\Big] \leqslant -\beta(x-y)^{\top}(x-y)$$

(2) $\boldsymbol{P}\Gamma$ 是半正定;

(3) 矩阵 $cL(\mathcal{P}\setminus\mathcal{D}) - \alpha I_{m-p}$ 是一个 M- 矩阵 ($p = \#\mathcal{D}$).

则存在 $\epsilon_0 > 0$, 使得任何 $\epsilon > \epsilon_0$, 牵引控制系统 (9.3) 指数稳定到 $s(t)$.

**证明:** 不失一般性, 假设 $\mathcal{D} = \{1, \cdots, p\}$. 则 $\mathcal{V}\setminus D = \{p+1, \cdots, m\}$. 由此, 可将 $\boldsymbol{L}$ 写为

$$\boldsymbol{L} = \begin{bmatrix} \boldsymbol{L}_{11} & \boldsymbol{L}_{12} \\ \boldsymbol{L}_{21} & \boldsymbol{L}_{22} \end{bmatrix}$$

这里 $\boldsymbol{L}_{11}$ 和 $\boldsymbol{L}_{22}$ 分别对应 $\mathcal{D}$ 和 $\mathcal{P}\setminus\mathcal{D}$.

沿用前几章使用的记号, 令 $x(t) = [x^{1\top}(t), \cdots, x^{m\top}(t)]^{\top} \in \mathbb{R}^{mn}$, $S(t) = [s^{\top}(t), \cdots, s^{\top}(t)]^{\top} \in \mathbb{R}^{mn}$, $F(x,t) = [f(x^1,t)^{\top}, \cdots, f(x^m,t)^{\top}]^{\top} \in \mathbb{R}^{mn}$. $F(S,t) = [f(s(t),t)^{\top}, \cdots, f(s(t),t)^{\top}]^{\top} \in \mathbb{R}^{mn}$. 牵引控制系统 (9.3) 可写为如下矩阵形式

$$\dot{x}(t) = F(x(t),t) - c(\boldsymbol{L}\otimes\Gamma)x(t) - c\epsilon(\boldsymbol{D}\otimes\Gamma)[x(t) - S(t)]. \tag{9.4}$$

定义如下函数

$$W(x,S)=(x(t)-S(t))^{\top}(\Xi\otimes\boldsymbol{P})(x(t)-S(t)).$$

沿 (9.4) 求导可得

$$\begin{aligned}
&\frac{\mathrm{d}}{\mathrm{d}t}W(x,S)|_{(9.2)(9.4)}\\
=&2(x-S)^{\top}(\Xi\otimes\boldsymbol{P})\Big[F(x,t)-F(S,t)-c(\boldsymbol{L}\otimes\Gamma)x-c\epsilon(\boldsymbol{D}\otimes\Gamma)(x-S)\Big]\\
=&2(x-S)^{\top}(\Xi\otimes\boldsymbol{P})\Big\{F(x,t)-F(S,t)-\alpha(I_m\otimes\Gamma)(x-S)\\
&-[(c\boldsymbol{L}-\alpha I_m-c\epsilon\boldsymbol{D})\otimes\Gamma](x-S)\Big\}\\
\leqslant&-2\beta(x-S)^{\top}(\Xi\otimes I_n)(x-S)\\
&-2(x-S)^{\top}\Big\{[\Xi(c\boldsymbol{L}+c\epsilon\boldsymbol{D}-\alpha I_m)]^s\otimes(\boldsymbol{P}\Gamma)\Big\}(x-S)\\
\leqslant&-2\beta(x-S)^{\top}(\Xi\otimes I_n)(x-S)\leqslant-2\delta W(x,S)/\|V\|_2.
\end{aligned}$$

因此,

$$W(x,s)\leqslant\exp(-2\delta t/\|V\|_2)W(x(0),s(0))$$

从而

$$\|x(t)-S(t)\|=O(\exp(-2\delta t/\|V\|_2))$$

定理得证.

**推论 9.1** 假设网络有生成树, 而 $\mathcal{D}$ 是生成树的根节点. 则当 $c$ 充分大时, 矩阵 $cL(\mathcal{V}\setminus\mathcal{D})-\alpha I_{m-p}$ 是一个 M- 矩阵 ($p=\#\mathcal{D}$). 因此, 由上述定理, 在根节点上加上牵引控制, 网络的所有节点都收敛到 $s(t)$. 作为特例, 当网络是强连通时, 在任意一个节点上加控制都能使所有 $i=1,2,\cdots,m$, $x_i(t)-s(t)\to 0$.

可以看出, 在牵引控制中, 网络的生成树起着关键作用. 在一定条件下, 在生成树的根节点加上牵引控制, 就能使整个网络同步到一个预先设定的轨道. 因此, 如果网络本身是具有生成树, 则只控制需一个节点 (根节点) 就可稳定整个网络[1].

**定理 9.2** 假设 $f(\cdot,\cdot)\in QUAD(\boldsymbol{P},\alpha\Gamma,\beta)$. $\mathcal{D}=\{v\}$ 是单个节点集合, 其中 $v$ 是图 $\mathcal{G}$ 的根节点. 那么存在充分大 $c>0$ 和 $\epsilon>0$, 使得牵引控制系统 (9.3) 指数稳定到 $s(t)$.

下面简要讨论以下三个概念的区别和联系:

(1) 系统 (9.2) 的稳定性;

(2) 耦合系统 (4.1) 的同步性;

(3) 牵引控制耦合系统 (9.3) 的稳定性 (其中 $s(t)$ 是系统 (9.2) 的一个解).

**如果系统 (9.2) 是稳定的, 存在一个解 $s_0(t)$, 使得 (9.2) 的任意解 $s(t)$ 满足**

$$\lim_{t\to\infty}||s(t)-s_0(t)||=0 \tag{9.5}$$

**这就意味着所有解都稳定到 $s_0(t)$. 此假设下, 如果耦合系统 (4.1) 满足同步的充分条件 (比如定理 4.3), 那么中所有节点的状态变量 $x^i(t)$ 也满足**

$$\lim_{t\to\infty}\|x^i(t)-s_0(t)\|=0,\quad i=1,2,\cdots,m. \tag{9.6}$$

**此时系统 (4.1) 必定是稳定到 $s_0(t)$, 并非同步.**

**此时, 假使没有耦合, 系统也能稳定到 $s_0(t)$, 没有必要讨论耦合系统 (4.1).** 只有当系统 (9.2) 是非稳定 (特别是混沌) 时, 讨论同步问题才显出其意义. 由前述结果可知, 在一定条件下, 耦合系统 (4.1) 达到下述意义

$$\lim_{t\to\infty}\|x^i(t)-x^j(t)\|=0,\ \forall\, i,j=1,2,\cdots,m. \tag{9.7}$$

下的同步. 但是并非稳定到系统 (9.2) 的一个解 $s_0(t)$. 因此, 当讨论线性耦合系统 (4.1) 同步时, 用条件 (9.6) 来描述同步是不恰当的.

对于单个系统 (9.2), 为了使系统稳定到其某一轨道 $s_0(t)$, 可以采用添加负反馈的方法:

$$\dot{s}(t)=f(s(t),t)-c(s(t)-s_0(t)). \tag{9.8}$$

而线性耦合系统 (4.1) 的耦合项中包含了各节点间的信息交换, 从而使节点间的距离 $x^i(t)-x^j(t)\to 0$. 因此, 有可能在个别节点上加负反馈控制项, 能使所有节点 $\lim\limits_{t\to\infty}[x^i(t)-s_0(t)]=0$.

定理 9.1 表明, 对于线性耦合系统 (4.1), 只要在一个节点上加牵引控制, 且耦合系数 $c$ 充分大时, 系统就可稳定到给定轨道上来.

因此, 耦合系数 $c$ 的下确界, 可以用来衡量网络的稳定能力. 也就是说, $c$ 的下确界越小, 意味着网络更容易通过牵引控制稳定到给定轨道上. 如何引入一个合适的量是一个很有意义的问题. 利用定理 9.1 中的条件 (2), 量 $\inf\{c: c\boldsymbol{L}(\mathcal{V}\setminus\mathcal{D})-\alpha I_{m-p}\in\bar{\boldsymbol{M}}\}$ 是一个合适的选择. 这里, $\boldsymbol{M}$ 为所有 M- 矩阵全体.

利用 M- 矩阵的性质 (引理 2.1), 可知

**命题 9.1** 设 $B=L(\mathcal{V}\setminus\mathcal{D})$. 下述三个条件是等价的

(1) $cB-\alpha I_{m-p}$ 是 $M$- 矩阵;

(2) $c\min_{u\in\lambda(B)}Re(u)>\alpha$;

(3) 存在正定对角矩阵 $\Xi$ 使得 $[\Xi(c\boldsymbol{B}-\alpha I_{m-p})]^s$ 是正定的.

由此命题可得

$$\inf\{c: cL(\mathcal{V}\setminus\mathcal{D})-\alpha I_{m-p}\in\bar{\boldsymbol{M}}\}=\frac{\alpha}{\min_{u\in\lambda(\boldsymbol{B})}Re(u)}$$

因此, 可用如下量定义耦合网络 $\mathcal{G}$ (拉普拉斯矩阵 $\boldsymbol{L}$) 及控制节点集合 $\mathcal{D}$ 的稳定能力

$$stab(\mathcal{G},\mathcal{D})=\min_{u\in\lambda(\boldsymbol{B})}Re(u)$$

或者 Rayleigh-Ritz 商

$$stab(\mathcal{G},\mathcal{D})=\max_{W=diag[w_i]_{i=1}^{m-p}>0}\min_{z\neq 0}\frac{z^\top WL(\mathcal{V}\setminus\mathcal{D})z}{z^\top Wz}.$$

实际上, 由 非奇异 M- 矩阵的性质 (命题 9.1), 可知上述两个定义是相等的.

那么, 定理 9.1 的条件 (3) 等价于

$$c>\frac{\alpha}{stab(\mathcal{G},\mathcal{D})}.$$

$stab(\mathcal{G},\mathcal{D})$ 越大意味着对于给定 $\alpha$, 实现稳定所需的 $c$ 越小.

有关此稳定能力的详细叙述, 有兴趣的读者可参看文献 [2].

## 9.2 自适应牵引控制

近年来，复杂网络的自适应同步控制也引起了越来越多的关注，见文献 [3, 4]. 一般地，包含 $m$ 个相同节点的主 - 从 (master-slave) 复杂网络可以表示为

$$\begin{cases} \text{Master}: \dot{s}(t) \ = f(s(t)) \\ \text{Slave}: \ \dot{x}^i(t) = f(x^i(t)) + g^i(x^1(t), \cdots, x^m(t)) + v^i, \\ \qquad\qquad i = 1, 2, \cdots, m \end{cases} \tag{9.9}$$

其中，$x^i(t) = [x_1^i(t), \cdots, x_n^i(t)]^T \in \mathbb{R}^n$ 表示第 $i$ 个节点的状态；$f(\cdot): \mathbb{R}^n \to \mathbb{R}^n$ 是一个连续的非线性函数，决定了每个节点的原始动力行为；$g^i: \mathbb{R}^{nm} \to \mathbb{R}^n$ 是某个未知的耗散耦合函数 (diffusively coupling function)，即当 $x^1(t) = \cdots = x^m(t)$ 时，$g(x^1(t), \cdots, x^m(t)) = 0$；而 $v^i$ 表示控制输入. 若记误差信号 $e^i(t) = (e_1^i, \cdots, e_n^i(t))^T = x^i(t) - s(t)$, $i = 1, 2, \cdots, m$, 则线性反馈控制器 $v^i$ 通常采用下面的形式 (见文献 [3])

$$\begin{cases} v^i(t) = d^i(t)e^i(t) = diag(d_1^i, \cdots, d_n^i)(x^i - s) \ ; i = 1, 2, \cdots, m \\ \dot{d}_j^i(t) = -\alpha_j^i(e_j^i(t))^2 \qquad\qquad\qquad\qquad ; j = 1, 2, \cdots, n \end{cases} \tag{9.10}$$

其中 $\alpha_j^i$ 是正的常数. $\alpha^i = diag(\alpha_1^i, \cdots, \alpha_n^i)$ 其表示自适应强度，$d^i(t)$ 表示自适应反馈控制矩阵.

记 $X(t) = [x^1(t)^T, \cdots, x^m(t)^T]^T$, $S(t) = [s(t)^T, \cdots, s(t)^T]^T$, $E(t) = [e^1(t)^T, \cdots, e^m(t)^T]^T = X(t) - S(t)$, $F(X(t)) = [f(x^1(t))^T, \cdots, f(x^m(t))^T]^T$, $G(X(t)) = [g^1(x^1(t), \cdots, x^m(t))^T, \cdots, g^m(x^1(t), \cdots, x^m(t))^T]^T$, 和 $D(t) = diag(d^1(t), \cdots, d^m(t))$. 则网络 (9.9) 可以写为

$$\begin{cases} \dot{X}(t) = F(X(t)) + G(X(t)) + D(t)(X(t) - S(t)) \\ \dot{D}(t) = -\alpha E(t)^2 \end{cases} \tag{9.11}$$

其中, $\alpha = diag(\alpha^1, \cdots, \alpha^m) > 0$.

因此, 讨论主 – 从系统的同步性等价于讨论系统 (9.11) 解 $S(t)$ 的稳定性.

为了保证上述自适应算法 (9.11) 的稳定性, 大多文献中都假设下面的全局利普希兹条件成立.

- 存在非负常数 $\gamma^i$ 使得

$$\|f(x^i) - f(s)\| \leqslant \gamma^i \|x^i - s\|, \quad i = 1, 2, \cdots, m \tag{9.12}$$

- 存在非负常数 $\beta^i_j$ 使得, 当 $i, j = 1, 2, \cdots, m$ 时,

$$\|g^i(x^1, \cdots, x^m) - g^i(s, \cdots, s)\| \leqslant \sum_{j=1}^{m} \beta^i_j \|x^j - s\|. \tag{9.13}$$

由于混沌系统具有许多重要的应用, 如 20 世纪 90 年代末有人提出了混沌 (chaotic) 跳频序列. 其基本原理是通过混沌系统的符号序列来生成跳频序列. 在这个混沌系统中确定一个非线性的映射关系、初始条件和混沌规则一个输出序列. 这样的混沌跳频序列具有良好的均匀性, 低截获概率, 良好的汉明 (Hamin) 相关特性以及理想的线性范围. 但是, 许多振子来是带多项式的非线性函数的常微分方程的解. 因此, 不满足全局利普希兹假设条件. 这就限制了自适应控制算法的应用范围.

接下来, 将指出, 表示振子的非线性函数只需要满足局部利普希兹条件, 自适应算法 (9.10) 就能使复杂网络 (9.9) 达到同步.

首先, 引入一些假设和记号.

(1) 假设目标轨道 $\dot{s}(t) = f(s(t))$ 在有界区域 $\Omega_0$ 内, $x^i(0) \in \Omega_0$, $i = 1, 2, \cdots, m$. 定义 $\Omega_0$ 的一个邻域

$$\Omega = \Omega(s(0), x^i(0), \alpha^i_j) = \bar{O}\left(\Omega_0, \sqrt{\sum_{i=1}^{m} e^i(0)^T e^i(0) + \sum_{i=1}^{m}\sum_{j=1}^{n} \alpha^i_j}\right) \tag{9.14}$$

它表示与 $\Omega_0$ 距离不超过 $\sqrt{\sum\limits_{i=1}^{m} e^i(0)^T e^i(0) + \sum\limits_{i=1}^{m}\sum\limits_{j=1}^{n} \alpha^i_j}$ 的点集的闭包.

(2) 假设 $f(\cdot)$ 和 $g^i(\cdot)$ 满足局部利普希兹条件, 对任何 $x^i \in \Omega$, $i = 1, 2, \cdots, m$,

$$\|f(x^i) - f(s)\| \leqslant \bar{\gamma}^i(\Omega) \|x^i - s\|, \tag{9.15}$$

$$\|g^i(x^1, \cdots, x^m) - g^i(s, \cdots, s)\| \leqslant \sum_{j=1}^{m} \bar{\beta}^i_j(\Omega) \|x^j - s\|, \tag{9.16}$$

其中, $\bar{\gamma}^i(\Omega)$ 和 $\bar{\beta}^i_j(\Omega)$ 都是非负常数.

定义

$$\gamma = \max_{1\leqslant i\leqslant m} \bar{\gamma}^i(\Omega); \quad 和 \quad \beta = \max_{1\leqslant i,j\leqslant m} \bar{\beta}^i_j(\Omega) \tag{9.17}$$

(3) 选取某常数 $d$, 使得

$$d \geqslant \gamma + m\beta + 1 \tag{9.18}$$

**定理 9.3** 假设目标轨道 $\dot{s}(t) = f(s(t))$ 在有界区域 $\Omega_0$ 内, 函数 $f(\cdot)$ 和 $g^i(\cdot)$ 满足局部利普希兹条件, 则自适应反馈控制算法

$$\begin{cases} v^i(t) = d^i(t)e^i(t) = \mathrm{diag}(d^i_1, \cdots, d^i_n)(x^i - s)\ , & i = 1, 2, \cdots, m \\ \dot{d}^i_j(t) = -\frac{d^2}{\alpha^i_j}(e^i_j(t))^2 & , \quad j = 1, 2, \cdots, n \end{cases} \tag{9.19}$$

可以实现复杂网络 (9.9) 的同步. 不失一般性, 假设 $d^i_j(0) = 0$.

**证明:** 首先证明对任何的初始值 $s(0)$ 和 $x^i(0)$, 任何轨道 $x^i(t)$, $i=1, 2, \cdots, m$ 始终会停留在由式 (9.14) 定义的区域 $\Omega(s(0), x^i(0), \alpha^i_j)$ 中.

定义李亚普诺夫函数如下

$$V(t) = \frac{1}{2}\sum_{i=1}^{m} e^i(t)^T e^i(t) + \frac{1}{2}\sum_{i=1}^{m}\sum_{j=1}^{n} \frac{\alpha^i_j}{d^2}(d^i_j + d)^2$$

求导, 得

$$\begin{aligned} \dot{V}(t) =& \sum_{i=1}^{m} e^i(t)^T[f(x^i) - f(s) + g^i(x^1, \cdots, x^m) + d^i e^i] \\ & - \sum_{i=1}^{m}\sum_{j=1}^{n}(d^i_j + d)(e^i_j(t))^2 \\ =& \sum_{i=1}^{m} e^i(t)^T[f(x^i) - f(s) + g^i(x^1, \cdots, x^m) - g^i(s, \cdots, s)] \\ & - d\sum_{i=1}^{m}\sum_{j=1}^{n}(e^i_j(t))^2 \\ \leqslant& (\gamma + m\beta - d)\sum_{i=1}^{m}\sum_{j=1}^{n}(e^i_j(t))^2 \\ \leqslant& -\sum_{i=1}^{m} e^i(t)^T e^i(t) \leqslant 0 \end{aligned} \tag{9.20}$$

从而 $V(t) \leqslant V(0)$, 即

$$\frac{1}{2}\sum_{i=1}^{m} e^i(t)^T e^i(t) \leqslant V(t) \leqslant V(0) = \frac{1}{2}\sum_{i=1}^{m} e^i(0)^T e^i(0) + \frac{1}{2}\sum_{i=1}^{m}\sum_{j=1}^{n}\alpha_j^i$$

所以, 对任何的 $i = 1, 2, \cdots, m$,

$$e^i(t)^T e^i(t) \leqslant \sum_{i=1}^{m} e^i(0)^T e^i(0) + \sum_{i=1}^{m}\sum_{j=1}^{n}\alpha_j^i$$

这就意味着, 对任何 $t \geqslant 0$, $x^i(t) \in \Omega(s(0), x^i(0), \alpha_j^i)$.

接下来将证明 当 $t \to 0$ 时, 对所有 $i = 1, 2, \cdots, m$, $e^i(t) \to 0$.

易见,

$$\begin{aligned}(\sum_{i=1}^{m} e^i(t)^T e^i(t))' &= \sum_{i=1}^{m} e^i(t)^T (f(x^i) - f(s) + g^i(x^1, \cdots, x^m) + d^i e^i) \\ &\leqslant \sum_{i=1}^{m} e^i(t)^T (f(x^i) - f(s) + g^i(x^1, \cdots, x^m)) \leqslant (\gamma + m\beta)\sum_{i=1}^{m} e^i(t)^T e^i(t)\end{aligned}$$

所以, $\sum\limits_{i=1}^{m} e^i(t)^T e^i(t)$ 是一致连续的 (uniformly continuous).

另一方面, 由式 (9.20) 得

$$\int_0^t \sum_{i=1}^{m} e^i(u)^T e^i(u) \mathrm{d}u \leqslant V(0) - V(t) \leqslant V(0) < +\infty$$

利用 Barbălat 引理, 可得

$$\sum_{i=1}^{m} e^i(t)^T e^i(t) \to 0; \quad t \to +\infty \tag{9.21}$$

从而 $e^i(t) \to 0$, $t \to 0$. 即系统 (9.9) 实现同步.

最后, 由 $d_j^i(t)$ 的定义, 并结合式 (9.21) 可知

$$d_j^i(t) = -\frac{d^2}{\alpha_j^i}\int_0^t e_j^i(u)^2 \mathrm{d}u$$

是一个柯西序列. 从而存在常数 $d_j^{i\star}$, 使得 $d_j^i \to d_j^{i\star}$, $t \to +\infty$. 定理证毕.

至于精确参数确认问题 (exact parameter estimation problem), 有兴趣的读者可参考文献 [5, 6].

## 9.3　分群牵引控制

在第七章中讨论了分群同步. 其中一个基本出发点是不同群中节点上的动力系统是不同的. 而当耦合网络所有节点上的动力系统都相同时, 尤其当在节点较多时, 很难直接通过线性耦合来使网络实现选定的独立于初值的分群同步. 本节中, 讨论如何在线性耦合的基础上引入牵引控制实现独立于初值的分群同步. 更多细节可参阅文献 [7].

在描述问题之前, 先回顾 $K$ 群分群同步的概念.

令 $\{\mathcal{C}_1,\cdots,\mathcal{C}_K\}$ 是图 $\mathcal{G}$ 节点集合 $\mathcal{V}=\{1,2,\ldots,m\}$ 的一个分簇, 满足: (1) $\bigcup\limits_{l=1}^{K}\mathcal{C}_l=\mathcal{V}$, 且 $\mathcal{C}_l\neq\emptyset$, $l=1,\cdots,d$; (2) $\mathcal{C}_k\bigcap\mathcal{C}_l=\emptyset$, $k\neq l$. 节点的状态变量 $[x^1(t),\cdots,x^m(t)]$ 满足

(1) 对所有 $i,j\in\mathcal{C}_k$, $k=1,\cdots,K$, 有

$$\lim_{t\to+\infty}\|x^i(t)-x^j(t)\|=0$$

(2) 当 $i\in\mathcal{C}_k$, $j\in\mathcal{C}_l$, $k\neq l$,

$$\sup\lim_{t\to+\infty}\|x^i(t)-x^j(t)\|\neq 0$$

则称系统达到分群同步.

本节讨论下述牵引控制耦合网络

$$\begin{cases}\dfrac{\mathrm{d}x^i(t)}{\mathrm{d}t}=f(t,x^i(t))-\sum\limits_{j=1}^{m}l_{ij}\Gamma x^j(t)+u^i(t), & i\in\mathcal{D}\\ \dfrac{\mathrm{d}x^i(t)}{\mathrm{d}t}=f(t,x^i(t))-\sum\limits_{j=1}^{m}l_{ij}\Gamma x^j(t), & i\notin\mathcal{D}\end{cases}\tag{9.22}$$

其中, $\mathcal{D}$ 是引入控制节点集, $u^i(t)$ 表示加在节点 $i$ 上的控制项.

为了简单起见, 令 $\{\mathcal{C}_1,\cdots,\mathcal{C}_K\}$ 的 $K$ 簇分群同步, $\mathcal{C}_1=\{1,2,\cdots,k_1\}$, $\mathcal{C}_2=\{k_1+1,\cdots,k_1+k_2\}$, $\ldots$, $\mathcal{C}_K=\{k_1+\cdots+k_{K-1}+1,\ldots,k_1+\cdots+k_{K-1}+k_K\}$, $1\leqslant k_l<m$, $\sum\limits_{l=1}^{K}k_l=m$. 且将划分 $\{\mathcal{C}_1,\cdots,\mathcal{C}_K\}$ 记为 $\mathcal{C}$.

考虑用下面的方法实现上述给定的分群稳定模式:

(1) 选取系统 $\dot{s}(t)=f(s(t),t)$ 的 $K$ 个解 $s^1(t),\cdots,s^K(t)$, 满足当 $i\neq j$,

$$\sup\lim_{t\to+\infty}\|s^i(t)-s^j(t)\|\neq 0$$

(2) 取 $\mathcal{D}=\{k_1,k_1+k_2,\ldots,k_1+\cdots+k_K\}$, 及

$$u^{k_1+\cdots+k_l}(t)=-\varepsilon_l\Gamma(x^{k_1+\cdots+k_l}(t)-s^l(t)),\quad l=1,2,\ldots,K,$$

其中 $\varepsilon_l$, $l=1,2,\cdots,K$ 是控制强度. 简记 $\widehat{i}$ 为节点 $i$ 所在的分簇. 也就是说考虑下面的耦合系统

$$\begin{cases}\dfrac{\mathrm{d}x^i(t)}{\mathrm{d}t}=f(t,x^i(t))-\displaystyle\sum_{j=1}^{m}l_{ij}\Gamma x^j(t)-\varepsilon_{\widehat{i}}\Gamma(x^i(t)-s^{\widehat{i}}(t)), & i\in\mathcal{D}\\ \dfrac{\mathrm{d}x^i(t)}{\mathrm{d}t}=f(t,x^i(t))-\displaystyle\sum_{j=1}^{m}l_{ij}\Gamma x^j(t), & i\notin\mathcal{D}\end{cases}\tag{9.23}$$

(3) 寻找充分条件, 使得

$$\lim_{t\to+\infty}\sum_{l=1}^{K}\sum_{i\in\mathcal{C}_l}\|x^i(t)-s^l(t)\|=0$$

对任何初始值成立. 显然, 如果能够找到这样的充分条件, 那么就可以实现 $K$ 簇分群同步. 即把分群同步的实现问题转化成了一个牵引控制问题.

还需定义几个矩阵类. 它将与函数类 $QUAD(\boldsymbol{P},\boldsymbol{\Delta},\epsilon)$ 一起, 在导出充分条件时起到重要的作用.

**定义 9.2** 对于一个 $m\times m$ 的不可约矩阵 $\boldsymbol{L}$ 具有如下形式

$$\boldsymbol{L}=\begin{bmatrix}\boldsymbol{L}_{11} & \boldsymbol{L}_{12} & \cdots & \boldsymbol{L}_{1K}\\ \boldsymbol{L}_{21} & \boldsymbol{L}_{22} & \cdots & \boldsymbol{L}_{2K}\\ \vdots & \vdots & & \vdots\\ \boldsymbol{L}_{K1} & \boldsymbol{L}_{K2} & \cdots & \boldsymbol{L}_{KK}\end{bmatrix}$$

其中 $L_{uv} \in \mathbb{R}^{k_u \times k_v}$, $u, v = 1, 2, \cdots, K$, 如果每个分块 $L_{uv}$ 都是一个行和为零的矩阵, 且 $L_{uu}$, $u = 1, 2, \cdots, K$, 是拉普拉斯矩阵, 则称 $L \in \mathbf{B}(K)$.

首先, 证明下述定理.

**定理 9.4** 假设系统 (9.23) 的耦合矩阵 $L \in \mathbf{B}(K)$. 如果存在正定矩阵 $P \in \mathbb{R}^{n,n}$, 常数 $\alpha > 0$, $\epsilon > 0$, 使得

(1) $f \in QUAD(P, \alpha\Gamma, \epsilon)$;

(2) $P\Gamma$ 是半正定;

(3) 存在正定对角矩阵 $\Xi = diag[\xi_1, \cdots, \xi_m]$, 使得

$$[\Xi(L + D - \alpha I_m)]^s \geqslant 0, \tag{9.24}$$

其中, $D = \mathrm{diag}\{\eta_1, \cdots, \eta_m\} \in \mathbb{R}^{m \times m}$, 且 $\eta_{k_1} = \varepsilon_1$, $\eta_{k_1+k_2} = \varepsilon_2$, $\cdots$, $\eta_{k_1+\cdots+k_K} = \varepsilon_K$ 及 $\eta_i = 0$, $i \notin \mathcal{D}$. 则系统 (9.23) 的解满足

$$\lim_{t \to +\infty} \|x^i(t) - s^l(t)\| = 0, \quad i \in \mathcal{C}_l, \quad l = 1, 2, \cdots, K$$

**证明:** 记 $\delta x^i(t) = x^i(t) - s^{\hat{i}}(t)$, $i = 1, 2, \ldots, m$. 因为 $\sum_{j \in \mathcal{C}_l} l_{ij} = 0$ 对所有 $i = 1, 2, \cdots, m$ 及 $l = 1, 2, \cdots, K$ 成立, 所以

$$\begin{aligned}
\sum_{j=1}^{m} l_{ij}\Gamma x^j(t) &= \sum_{l=1}^{K}\sum_{j\in\mathcal{C}_l} l_{ij}\Gamma x^j(t) \\
&= \sum_{l=1}^{K}\sum_{j\in\mathcal{C}_l} l_{ij}\Gamma\left[\delta x^j(t) + s^{\hat{l}}(t)\right] \\
&= \sum_{l=1}^{d}\sum_{j\in\mathcal{C}_l} l_{ij}\Gamma\delta x^j(t) + \sum_{l=1}^{K}\sum_{j\in\mathcal{C}_l} l_{ij}\Gamma s^{\hat{l}}(t) \\
&= \sum_{j=1}^{m} l_{ij}\Gamma\delta x^j(t)
\end{aligned}$$

因此, 当 $i \in \mathcal{D}$, 有

$$\begin{aligned}\frac{\mathrm{d}\delta x^i(t)}{\mathrm{d}t} &= \frac{\mathrm{d}x^i(t)}{\mathrm{d}t} - \frac{\mathrm{d}s^{\widehat{i}}(t)}{\mathrm{d}t} \\ &= f(x^i(t),t) - \sum_{j=1}^{m} l_{ij}\Gamma x^j(t) - \varepsilon_{\widehat{i}}\Gamma(x^i(t) - s^{\widehat{i}}(t)) - f(s^{\widehat{i}}(t),t) \\ &= f(x^i(t),t) - f(s^{\widehat{i}}(t),t) - \sum_{j=1}^{m} l_{ij}\Gamma\delta x^j(t) - \varepsilon_{\widehat{i}}\Gamma\delta x^i(t)\end{aligned}$$

而当 $i \notin \mathcal{D}$, 有

$$\frac{\mathrm{d}\delta x^i(t)}{\mathrm{d}t} = f(x^i(t),t) - f(s^{\widehat{i}}(t),t) - \sum_{j=1}^{m} l_{ij}\Gamma\delta x^j(t).$$

即 $\delta x^1(t),\cdots,\delta x^m(t)$ 满足下面的微分方程组

$$\begin{cases}\dfrac{\mathrm{d}\delta x^i(t)}{\mathrm{d}t} = f(x^i(t),t) - f(s^{\widehat{i}}(t),t) - \displaystyle\sum_{j=1}^{m} l_{ij}\Gamma\delta x^j(t) - \varepsilon_{\widehat{i}}\Gamma\delta x^i(t), & i \in \mathcal{D} \\ \dfrac{\mathrm{d}\delta x^i(t)}{\mathrm{d}t} = f(x^i(t),t) - f(s^{\widehat{i}}(t),t) - \displaystyle\sum_{j=1}^{m} l_{ij}\Gamma\delta x^j(t), & i \notin \mathcal{D}\end{cases}$$

定义一个函数

$$V(t) = \frac{1}{2}\sum_{i=1}^{m} \xi_i \delta x^i(t)^\top \boldsymbol{P} \delta x^i(t).$$

记 $\delta x(t) = [\delta x^1(t)^\top,\cdots,\delta x^m(t)^\top]^\top \in \mathbb{R}^{mn}$. 计算 $V(t)$ 关于 $t$ 的导数 (注意 $f \in QUAD(\boldsymbol{P},\alpha\Gamma,\epsilon)$), 可得

$$\begin{aligned}&\frac{\mathrm{d}V(t)}{\mathrm{d}t} = \sum_{i=1}^{m} \xi_i \delta x^i(t)^\top \boldsymbol{P} \frac{\mathrm{d}\delta x^i(t)}{\mathrm{d}t} \\ &= \sum_{i \notin \mathcal{D}} \xi_i \delta x^i(t)^\top \boldsymbol{P}\left[f(x^i(t),t) - f(s^{\widehat{i}}(t),t) - \sum_{j=1}^{m} l_{ij}\Gamma\delta x^j(t)\right] \\ &\quad + \sum_{i \in \mathcal{D}} \xi_i \delta x^i(t)^\top \boldsymbol{P}\left[f(x^i(t),t) - f(s^{\widehat{i}}(t),t) - \sum_{j=1}^{m} l_{ij}\Gamma\delta x^j(t) - \varepsilon_{\widehat{i}}\Gamma\delta x^i(t)\right] \\ &= \sum_{i=1}^{m} \xi_i \delta x^i(t)^\top \boldsymbol{P}\left[f(x^i(t),t) - f(s^{\widehat{i}}(t),t) - \sum_{j=1}^{m} l_{ij}\Gamma\delta x^j(t)\right]\end{aligned}$$

$$
\begin{aligned}
&-\sum_{i\in J_1}\varepsilon_{\widehat{i}}\delta x^i(t)^\top \boldsymbol{P}\Gamma\delta x^i(t)\\
=&\sum_{i=1}^{m}\xi_i\delta x^i(t)^\top \boldsymbol{P}\Big[f(x^i(t),t)-f(s^{\widehat{i}}(t),t)-\alpha\Gamma\delta x^i(t)\Big]\\
&+\sum_{i=1}^{m}\alpha\xi_i\delta x^i(t)^\top \boldsymbol{P}\Gamma\delta x^i(t)-\sum_{i=1}^{m}\xi_i\delta x^i(t)^\top P\Gamma\sum_{j=1}^{m}l_{ij}\delta x^j(t)\\
&-\sum_{i\in J_1}\varepsilon_{\widehat{i}}\delta x^i(t)^\top \boldsymbol{P}\Gamma\delta x^i(t)\\
\leqslant&-\epsilon\sum_{i=1}^{m}\delta x^i(t)^\top\delta x^i(t)-\delta x(t)^\top\Big\{\Xi(\boldsymbol{L}+D-\alpha I_m)\otimes(\boldsymbol{P}\Gamma)\Big\}\delta x
\end{aligned}
\tag{9.25}
$$

结合式 (9.25) 和条件 (9.24), 可知

$$
\frac{\mathrm{d}V(t)}{\mathrm{d}t}\leqslant-\epsilon\sum_{i=1}^{m}\delta x^i(t)^\top\delta x^i(t)\leqslant-\frac{2\epsilon}{\max_i p_i}V(t). \tag{9.26}
$$

由 (9.26) 易知, 无论从何初始值出发, 系统 (9.23) 的解始终满足

$$
\lim_{t\to+\infty}\sum_{l=1}^{d}\sum_{i\in G_l}\|x^i(t)-s^l(t)\|_2=0
$$

定理 9.4 得证.

由定理 9.4 可知, 可以通过构造合适的耦合矩阵和控制权来实现给定的牵引控制目标. 下面将给出一个有效的构造方法.

在给出该方法之前, 先介绍一些记号和引理.

给定矩阵 $\boldsymbol{B}=(b_{ij})\in\mathbb{R}^{p\times q}$, 记 $\alpha(\boldsymbol{B})=\dfrac{1}{2}\max[p,q]\cdot\max_{i,j}|b_{ij}|$. 而当 $\boldsymbol{B}$ 为对称矩阵, 记 $\lambda_{\max}(\boldsymbol{B})$ 为 $\boldsymbol{B}$ 的最大特征值.

由引理 2.2 可得

**引理 9.2** 假设 $\boldsymbol{B}$ 和 $\boldsymbol{E}$ 是两个 $p\times p$ 的实矩阵, 其中, $\boldsymbol{B}$ 是一个不可约的拉普拉斯矩阵, $\boldsymbol{E}=\mathrm{diag}\{0,\ldots,0,\varepsilon\}$, $\varepsilon>0$. 则矩阵 $\boldsymbol{B}+\boldsymbol{E}$ 的是特征根实部都大于零, 或者等价的, 存在对角正定阵 $\Xi$ 使得 $[\Xi(\boldsymbol{B}+\boldsymbol{E})]^s$ 为正定.

**引理 9.3** 假设 $\boldsymbol{B}$ 是一个 $p\times q$ 的实矩阵. 则对所有 $x\in\mathbb{R}^p$, $y\in\mathbb{R}^q$, 成立 $x^\top\boldsymbol{B}y\leqslant\alpha(\boldsymbol{B})(x^\top x+y^\top y)$.

**证明:** 对所有 $x=[x_1,\ldots,x_p]^\top\in\mathbb{R}^p$ 和 $y=[y_1,\ldots,y_q]^\top\in\mathbb{R}^q$, 有

$$
\begin{aligned}
x^\top \boldsymbol{B} y &= \sum_{i=1}^{p}\sum_{j=1}^{q} b_{ij}x_iy_j \leqslant \sum_{i=1}^{p}\sum_{j=1}^{q}|b_{ij}||x_i||y_j| \leqslant \sum_{i=1}^{p}\sum_{j=1}^{q}\frac{|b_{ij}|}{2}(x_i^2+y_j^2)\\
&\leqslant \frac{1}{2}\max_{i,j}|b_{ij}|\sum_{i=1}^{p}\sum_{j=1}^{q}(x_i^2+y_j^2)=\frac{1}{2}\max_{i,j}|b_{ij}|(qx^\top x+py^\top y)\\
&\leqslant \alpha(\boldsymbol{B})(x^\top x+y^\top y)
\end{aligned}
$$

引理 9.3 得证.

假设 $\varepsilon_1^0,\varepsilon_2^0,\cdots,\varepsilon_K^0$ 是 $K$ 个正常数, $\boldsymbol{B}_{uv}\in\mathbb{R}^{k_u\times k_v}$, $u,v=1,2,\ldots,K$.

$$
\boldsymbol{B}=\begin{bmatrix}
\boldsymbol{B}_{11} & \boldsymbol{B}_{12} & \cdots & \boldsymbol{B}_{1K}\\
\boldsymbol{B}_{21} & \boldsymbol{B}_{22} & \cdots & \boldsymbol{B}_{2K}\\
\vdots & \vdots & & \vdots\\
\boldsymbol{B}_{K1} & \boldsymbol{B}_{K2} & \cdots & \boldsymbol{B}_{KK}
\end{bmatrix}\in\mathbf{B}(K),
$$

对于 $l=1,2,\cdots,K$, 记 $D_l^0=diag\{0,\cdots,0,\varepsilon_l^0\}\in\mathbb{R}^{k_l\times k_l}$, $\tilde{B}_{l,l}=B_{l,l}+D_l^0$. 由引理 9.2 , 存在正定对角阵 $\Xi_l\in\mathbb{R}^{k_l\times k_l}$, $l=1,2,\cdots,K$, 使 $[\Xi_l\tilde{B}_{ll}]^s$ 为一正定阵.

**引理 9.4** 取耦合矩阵

$$
\tilde{\boldsymbol{L}}=\begin{bmatrix}
c\tilde{\boldsymbol{B}}_{11} & \boldsymbol{B}_{12} & \cdots & \boldsymbol{B}_{1K}\\
\boldsymbol{B}_{21} & c\tilde{\boldsymbol{B}}_{22} & \cdots & \boldsymbol{B}_{2K}\\
\vdots & \vdots & & \vdots\\
\boldsymbol{B}_{K1} & \boldsymbol{B}_{K2} & \cdots & c\tilde{\boldsymbol{B}}_{KK}
\end{bmatrix}, \tag{9.27}
$$

如果 $c$ 满足

$$
c\geqslant \max_{l=1,\cdots,K}\frac{\alpha+2(K-1)\cdot\max_{u\neq v}\alpha(\Xi_uB_{uv})}{\lambda_{\min}([\Xi_l\tilde{B}_{ll}]^s)} \tag{9.28}
$$

则 $[\Xi(\tilde{\boldsymbol{L}}-\alpha I_m)]^s\geqslant 0$.

**证明:** 设 $y=[y_1,\ldots,y_m]^\top\in\mathbb{R}^m$, 记 $\bar{y}_1=[y_1,\ldots,y_{k_1}]^\top$, $\bar{y}_2=[y_{k_1+1},\ldots,y_{k_1+k_2}]^\top$, $\cdots$, $\bar{y}_K=[y_{k_1+\cdots+k_{K-1}+1},\cdots,y_m]^\top$. 则对所有 $r=1,2,\ldots,n$ 和 $y\in$

$\mathbb{R}^m$, 由引理 9.3 得

$$
\begin{aligned}
& y^{\top}[\Xi(\tilde{\boldsymbol{L}}-\alpha I_m)]y \\
&= \sum_{u=1}^{K}\sum_{v\neq u}\bar{y}_u^{\top}\Xi_u\boldsymbol{B}_{uv}\bar{y}_v+\sum_{u=1}^{K}\bar{y}_u^{\top}[\Xi_u(c\tilde{\boldsymbol{B}}_{uu}-\alpha I_{k_u})]\bar{y}_u \\
&\geqslant -\sum_{u=1}^{K}\sum_{v\neq u}\alpha(\Xi_u\boldsymbol{B}_{uv})(\bar{y}_u^{\top}\bar{y}_u+\bar{y}_v^{\top}\bar{y}_v)+\sum_{u=1}^{K}\bar{y}_u^{\top}[\Xi_u(c\tilde{\boldsymbol{B}}_{uu}-\alpha I_{k_u})]\bar{y}_u \\
&\geqslant -\max_{u\neq v}\alpha(\Xi_u\boldsymbol{B}_{uv})\cdot\sum_{u=1}^{K}\sum_{v\neq u}(\bar{y}_u^{\top}\bar{y}_u+\bar{y}_v^{\top}\bar{y}_v)+\sum_{u=1}^{K}\bar{y}_u^{\top}[\Xi_u(c\tilde{\boldsymbol{B}}_{uu}-\alpha I_{k_u})]\bar{y}_u \\
&= -\max_{u\neq v}\alpha(\Xi_u\boldsymbol{B}_{uv})\cdot 2(K-1)\sum_{u=1}^{K}\bar{y}_u^{\top}\bar{y}_u+\sum_{u=1}^{K}\bar{y}_u^{\top}[\Xi_u(c\tilde{\boldsymbol{B}}_{uu}-\alpha I_{k_u})]\bar{y}_u \\
&= \sum_{l=1}^{K}\bar{y}_l^{\top}\Big\{-\big[2(K-1)\max_{u\neq v}\alpha(\Xi_u\boldsymbol{B}_{uv})-\alpha\big]I_{k_l}+c\Xi_l\tilde{\boldsymbol{B}}_{ll}\Big\}\bar{y}_l \\
&\geqslant \sum_{l=1}^{K}\bar{y}_l^{\top}\Big[-2(K-1)\max_{u\neq v}\alpha(\Xi_u\boldsymbol{B}_{uv})-\alpha+c\lambda_{\min}(\Xi_l\tilde{\boldsymbol{B}}_{ll})^s\Big]\bar{y}_l\geqslant 0
\end{aligned}
$$

基于引理 9.3 和引理 9.4, 考虑下述分群牵引控制网络

$$
\begin{cases}
\dfrac{\mathrm{d}x^i(t)}{\mathrm{d}t}=f(t,x^i(t))-c\displaystyle\sum_{j=1}^{m}l_{ij}\Gamma x^j(t)-c\varepsilon_{\hat{i}}\Gamma(x^i(t)-s^{\hat{i}}(t)), & i\in\mathcal{D}\\
\dfrac{\mathrm{d}x^i(t)}{\mathrm{d}t}=f(t,x^i(t))-\displaystyle\sum_{j=1}^{m}l_{ij}\Gamma x^j(t), & i\notin\mathcal{D}
\end{cases}
\tag{9.29}
$$

**定理 9.5** 假设存在正定矩阵 $P\in\mathbb{R}^{n,n}$, 常数 $\alpha>0,\epsilon>0$, 使得

(1) $f\in QUAD(P,\alpha\Gamma,\epsilon)$;

(2) $P\Gamma$ 是半正定;

(3)

$$
c\geqslant\max_{l=1,\cdots,K}\frac{\alpha+2(K-1)\cdot\max_{u\neq v}\alpha(\Xi_u\boldsymbol{B}_{uv})}{\lambda_{\min}([\Xi_l\tilde{\boldsymbol{B}}_{ll}]^s)}
\tag{9.30}
$$

则系统 (9.29) 的解满足

$$
\lim_{t\to+\infty}\|x^i(t)-s^l(t)\|=0,\quad i\in\mathcal{C}_l,\ l=1,2,\cdots,K.
$$

# 参考文献

[1] Chen T P, Liu X W, and Lu W L. Pinning complex networks by a single controller [J]. IEEE Transactions on Circuits and Systems-I, 2007, 54(6): 1317-1326.

[2] Lu W L, Li X, Rong Z H. Global stabilization of complex networks with digraph topologies via a local pinning algorithm [J]. Automatica, 2011, 46: 116-121.

[3] Huang D B. Stabilizing near-nonhyperbolic chaotic systems with applications [J]. Phys. Rev. Lett. , 2004, 93(21): 214101.

[4] Xiao Y Z, Xu W, Li X C, and Tang S. Adaptive complete synchronization of chaotic dynamical network with unknown and mismatched parameters [J]. Chaos, 2007, 17(3): 033118.

[5] Lu W L. Comment on "Adaptive-feedback control algorithm" [J]. Phys. Rev. E, 2007, 75(1): 018201.

[6] Lin W, Ma H F. Failure of parameter identification based on adaptive synchronization techniques [J]. Phys. Rev. E, 2007, 75(6): 066212.

[7] Wu W, Zhou W J, and Chen T P. Cluster synchronization of linearly coupled complex networks under pinning control [J]. IEEE Trans. Circuits Syst.-I: Regular Papers, 2009, 56(4): 829-839.

# 第十章 总结、比较和讨论

复杂网络是一个交叉学科, 其动力学行为研究涉及数学、物理、工程和生物等诸多学科, 也依赖于动力系统、代数图理论、统计物理、控制理论以及科学计算等诸多理论和方法. 本书不拟对该领域作一个大而全的概述, 而侧重以横向稳定性观点阐述复杂网络的协调性行为. 而且, 本书侧重观点和方法论, 也并不致力于详细讨论各类耦合网络模型和设计.

横向稳定性理论是研究网络协调性行为的基础. 该理论源于动力系统的李亚普诺夫双曲分析[1]和李亚普诺夫稳定性理论[2]. 不同于轨道稳定性 (包括平衡点和极限环), 完全同步实质上是同步流形的稳定性, 而不是某一确定轨道的稳定性. 在文献 [3, 4] 中, 作者推广了 Pesin 理论[1], 从而使线性化的方法可以用来研究耦合混沌系统的局部同步稳定性. 由此引出了 Pecora 的主稳定函数方法[5]. 另一方面, 拉塞尔不变原理[6,7]可用于分析全局同步性 (也包含区域稳定性). 文献 [8] 构造的结构化矩阵, 可以用于度量状态轨道到同步子空间的距离. 在作者近年来的一些文章中 (如文献 [9]) , 利用耦合拉普拉斯矩阵对应零特征根对应的规则化的左特征向量 (不可约情形), 引入了状态空间到同步子空间的 (斜或非正交) 投影, 用黎曼度量直接定义空间点到其在同步子空间上 (斜) 投影之间的距离[9].

线形耦合系统的一致性分析, 本质上可视为同步分析的特例. 因此, 所有同步问题的结果都适用于一致性分析, 得到相应的一致性理论. 另一方面, 由于节点上没有复杂动力学行为, 一致性模型本质上是一个特殊的线性系统. 因此, 可通过代数理论, 特别是代数图理论和矩阵乘积半群理论, 与具有复杂动力学行为的耦合系统同步分析相比较, 可得到更精确的结论.

与耦合系统同步问题不同, 牵引控制问题本质上是轨道稳定性问题. 通过对耦合系统增加一个新的源节点, 从而转化为同步问题. 这些方法均可以推广到耦合矩阵具有时变结构的情形, 特别是由随机过程所诱导的时变结构 (见第三章).

在下面的两节中, 分别就同步、稳定与牵引控制间的联系与区别、同步能力与网络拓扑结构关系等问题, 进行论述和比较, 对一些常见的概念进行澄清.

## 10.1 同步与稳定性

本书特别强调的重点之一是同步性与稳定性的联系与区别. 在很多文献中, 经常混淆同步性与稳定性. 把同步问题误解成未耦合系统轨道的稳定性. 本质上, 同步可视为同步流形 (子空间) 的 (中性) 稳定性. 它不同于一般意义下的稳定性 (轨道稳定性). 耦合系统的同步稳定性是指, 无论如何取初始值 (如果是局部同步, 则限制在同步流形的充分小邻域内), 状态空间轨道都会收敛到同步流形 (子空间) 上.

在一些文献中, 常混淆这些概念. 本章以线性耦合微分方程系统为例, 加以阐述.

考虑如下系统

$$\frac{\mathrm{d}x^i(t)}{\mathrm{d}t} = f(x^i(t)) - c\sum_{j=1}^{m} l_{ij}\Gamma x^j(t) \quad i = 1, 2, \cdots, m \tag{10.1}$$

(见第 4.1 节). 经典文献 [5] 利用横向稳定性分析方法[3,4]提出了主稳定函数方法. 具体而言, 设 $\lambda_1, \cdots, \lambda_m$ 是拉普拉斯矩阵 $\boldsymbol{L} = [l_{ij}]_{i,j=1}^m$ 的特征根, 其中 $\lambda_1 = 0$ 对应 $\boldsymbol{L}$ 各个分量都为 1 的右特征根.

设 $s(t)$ 是点动力系统的一条轨道

$$\frac{\mathrm{d}s(t)}{\mathrm{d}t} = f(s(t)) \tag{10.2}$$

在某些条件下 (后文将详细叙述), 下述 $m-1$ 个变分方程

$$\frac{\mathrm{d}w(t)}{\mathrm{d}t} = [Df(s(t)) - c\lambda_k\Gamma]w(t) \quad k = 2, \cdots, m \tag{10.3}$$

的稳定性可导出耦合系统 (10.1) (在某种意义下) 的局部同步性. 方程 (10.3) 中的最大的李亚普诺夫指数称为系统 (10.1) 的主稳定函数.

在另外一些文献 (如 [10]) 中, 系统 (10.2) 的同步被写成

$$x^1(t) = x^2(t) = \cdots = x^m(t) = s(t), \quad t \to \infty \tag{10.4}$$

其中, $s(t)$ 为满足 $\dot{s}(t) = f(s(t))$ 的一个解, 它可以为一个平衡点, 周期轨道, 或一个混沌吸引子.

在文献 [10] 中, 还给出了下述结果

**引理 1**　*考虑动力系统 (10.1), 其中, $\boldsymbol{A} = -\boldsymbol{L}$ 是对称的. 令*

$$0 = \lambda_1 > \lambda_2 \geqslant \lambda_3 \geqslant \cdots \geqslant \lambda_m \tag{10.5}$$

*为耦合矩阵 $\boldsymbol{A}$ 的特征值. 如果下述 $(m-1)$- 维线性系统*

$$\frac{\mathrm{d}w(t)}{\mathrm{d}t} = (\boldsymbol{D}f(s(t)) + c\lambda_k\Gamma)w(t) \quad k = 2, \cdots, m \tag{10.6}$$

*为指数稳定, 则同步态 (10.4) 是指数稳定的.*

*如果 $s(t) = \bar{s}$ 是一个平衡点, 则指数同步的充要条件是矩阵 $[Df(\bar{s}) + c\lambda_2\Gamma]$ 的所有特征值的实部为负.*

显然, 文献 [10] 给出的同步定义 (10.4) 中, 既要 $t \to \infty$, 又要对所有 $t$ , 成立着

$$x^1(t) = x^2(t) = \cdots = x^m(t) = s(t), \quad t \to \infty \tag{10.7}$$

数学意义上是不合理的.

在此, 姑且把它理解成

$$\lim_{t\to\infty} \|x^i(t) - s(t)\| = 0, \ i = 1, 2, \cdots, m. \tag{10.8}$$

在前述推导中, 用 $s(t)$ 代替 $\bar{x}(t)$ 可以得到, 轨道 $s(t)$ 关于耦合系统 (10.1) 的指数稳定性等价于下述所有 $m$ 个变分系统

$$\frac{\mathrm{d}w(t)}{\mathrm{d}t} = [\boldsymbol{D}f(s(t)) + \lambda_k\Gamma]w(t), \quad k = 1, 2, \cdots, m \tag{10.9}$$

都是稳定的. 而不是 $k = 2, \cdots, m$.

注意到, $\lambda_1 = 0$, 此时的变分方程是

$$\frac{\mathrm{d}w(t)}{\mathrm{d}t} = \boldsymbol{D}f(s(t))w(t) \tag{10.10}$$

也就是说, 此时, 点动力系统 (10.2) 本身就是稳定的.

由此可知, 文献 [10] 中关于同步的定义与 文献 [10] 中引理 1 是不相容的.

因此, 上述引理应改成

**引理 1a** *考虑动力系统 (10.1), 其中, $\boldsymbol{A} = -\boldsymbol{L}$ 是对称的. 令*

$$0 = \lambda_1 > \lambda_2 \geqslant \lambda_3 \geqslant \cdots \geqslant \lambda_m \tag{10.11}$$

*为耦合矩阵 $\boldsymbol{A}$ 的特征值. 如果下述 $m$-维线性系统*

$$\frac{\mathrm{d}w(t)}{\mathrm{d}t} = (\boldsymbol{D}f(s(t)) + c\lambda_k\Gamma)w(t) \quad k = 1, 2, \cdots, m \tag{10.12}$$

*为指数稳定, 则同步态 (10.4) 是指数稳定的.*

*如果 $s(t) = \bar{s}$ 是一个平衡点, 则指数同步的充要条件是矩阵 $Df(\bar{s})$ 的所有特征值的实部为负.*

如果上述引理 1 中的系统 (10.12) 只有 $m-1, (k = 2, \cdots, m)$ 个系统是稳定的, 则无法导出文献 [10] 中定义 "强同步" 式 (10.8) 成立.

通过同步子空间的几何分析可以更清晰地阐述同步子空间的稳定性与一般意义下的稳定性 (轨道稳定性) 是两个截然不同的概念.

由分解图 4.1 可以看出, 状态变量 $x(t)$ 分解成横切空间中的分量 $\delta x(t) = [\delta x^1(t), \cdots, \delta x^m(t)]$ 和同步子空间上的分量 $\bar{X}(t) = [\bar{x}(t), \cdots, \bar{x}(t)]$ 两部分. 同步问题是研究如何使横切空间中的分量 $\delta x$ 趋于 0. 而不讨论同步子空间上的分量 $\bar{x}(t)$ 的动力学行为.

反之, 如果把耦合系统 (10.1) 的同步定义成未耦合系统 $\dot{s}(t) = f(s(t))$ 轨道 $s(t)$ 的稳定性, 则除了横切空间中的分量 $\delta x$ 趋于 0 外, 同步子空间上的分量 $\bar{X}(t)$ 中的每一个分量 $\bar{x}(t)$ 也必须都收敛到 $s(t)$.

取 $x^i_\zeta(0) = s(0) + \zeta$ , 则所有 $x^i_\zeta(t) = s^*_\zeta(t)$, $s^*_\zeta(t)$ 是初值为 $s^*(0) = s(0) + \zeta$, 满足 $\dot{s}^*_\zeta(t) = f(s^*_\zeta(t))$ 的轨道. $x^i_\zeta(t) - s(t) \to 0$ 这就意味着 $s(t)$ 本身是未耦合系

统 $\dot{x}(t)=f(x(t))$ 的一个稳定解. 也就是说, 未耦合系统的任何解 $x(t)$ 都满足

$$\lim_{t\to\infty}(x(t)-s(t))=0 \tag{10.13}$$

即未耦合系统的所有解都能稳定到 $s(t)$.

文献 [12] 将式 (10.8) 称为耦合系统强同步(到 $s(t)$); 而将

$$\lim_{t\to\infty}(x^i(t)-x^j(t))=0, \tag{10.14}$$

称为弱同步.

不难看出, 耦合系统的弱同步即本书中讨论的同步. 而强同步即文献 [10] 中定义的同步态 (10.4) 的稳定性.

下面举一些简单例子加以说明.

**例 10.1**　考虑如下由两个一维系统耦合而成的系统

$$\begin{cases}\dot{x}^1(t)=tanh(x^1(t))+(-x^1(t)+x^2(t))\\ \dot{x}^2(t)=tanh(x^2(t))+(x^1(t)-x^2(t))\end{cases} \tag{10.15}$$

耦合矩阵 $\boldsymbol{A}=\begin{bmatrix}-1 & 1\\ 1 & -1\end{bmatrix}$ 的特征值 $\lambda_1=0$, $\lambda_2=-2$. $f(s)=tanh(s)$, $s=0$ 是 $\dot{s}(t)=f(s(t))$ 的唯一平衡点, 且 $\dot{f}(0)=1$, 因此该平衡点是不稳定的. 显然, 在该平衡点附近的主方程 (10.3)

$$\frac{\mathrm{d}w(t)}{\mathrm{d}t}=[\boldsymbol{D}f(0)+\lambda_2]w(t)=-w(t) \tag{10.16}$$

是稳定的. 下面说明, 此时 (10.8) 或者所谓的强同步是不成立的.

数值模拟中, 取初始值 $x^1(0)=0.01$, $x^2(0)=0.02$. 然而, 当 $t\to\infty$ 时, $x^1(t)\nrightarrow 0$ 和 $x^2(t)\nrightarrow 0$ (见图 10.1). 这是由于其点动力系统在平衡点 0 附近的变分方程

$$\frac{\mathrm{d}w(t)}{\mathrm{d}t}=\boldsymbol{D}f(0)w(t)=w(t) \tag{10.17}$$

是不稳定的.

由此可见, 单凭

$$\frac{\mathrm{d}w(t)}{\mathrm{d}t}=[\boldsymbol{D}f(0)+\lambda_2]w(t) \tag{10.18}$$

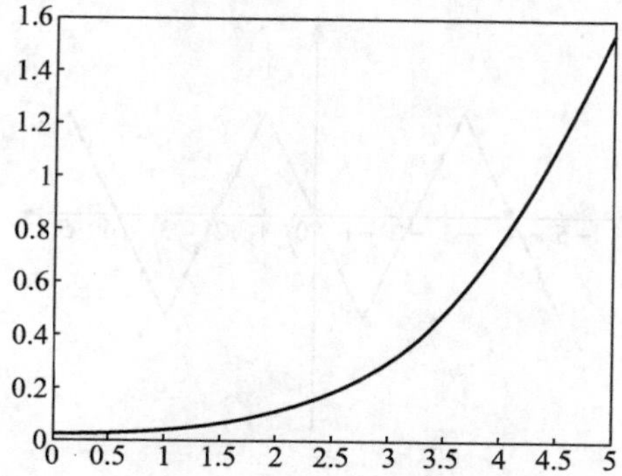


图 10.1 同步而不收敛

的稳定性, 不能保证耦合系统 (10.15) 收敛到 $\dot{s}(t) = tanh(s(t))$ 的平衡点 "0".

另一方面, 由

$$\boldsymbol{D}f(\bar{x}(t)) = \boldsymbol{D}f(\frac{x^1(t)+x^2(t)}{2}(t)) = 1 - \left[tanh(\frac{x^1(t)+x^2(t)}{2})\right]^2 < 1 \tag{10.19}$$

可得 $\boldsymbol{D}f(\bar{x}(t)) + \lambda_2 < -1$. 因此,

$$\frac{\mathrm{d}w(t)}{\mathrm{d}t} = (\boldsymbol{D}f(\bar{x}(t)) + \lambda_2)w(t) \tag{10.20}$$

是稳定的. 由第 4.1.1 节中的结果, 可以得出 $x^1(t) - x^2(t) \to 0$. 即网络中的两条轨道能同步, 但不收敛于平衡点 0.

**例 10.2** 考虑如下由两个一维简单系统耦合而成的系统

$$\begin{cases} \dot{x}^1(t) = f(x^1(t)) + (-x^1(t) + x^2(t)) \\ \dot{x}^2(t) = f(x^2(t)) + (\quad x^1(t) - x^2(t)) \end{cases} \tag{10.21}$$

其中,

$$\begin{cases} f(x) = x - 2r, \ \ x \in [2r-1, 2r+1], \ \ r\text{为偶数} \\ f(x) = -(x - 2r), \ \ x \in [2r-1, 2r+1], \ \ r\text{为奇数} \end{cases} \tag{10.22}$$

系统 $\dot{s}(t) = f(s(t))$ 有多个平衡点 $\bar{s} = 2r$. 网络激发函数如图 10.2 所示.

当 $k$ 是奇数时, $\boldsymbol{D}f(kr) = -1$,

$$\frac{\mathrm{d}w(t)}{\mathrm{d}t} = [\boldsymbol{D}f(kr) + \lambda_2]w(t) = -3w(t) \tag{10.23}$$

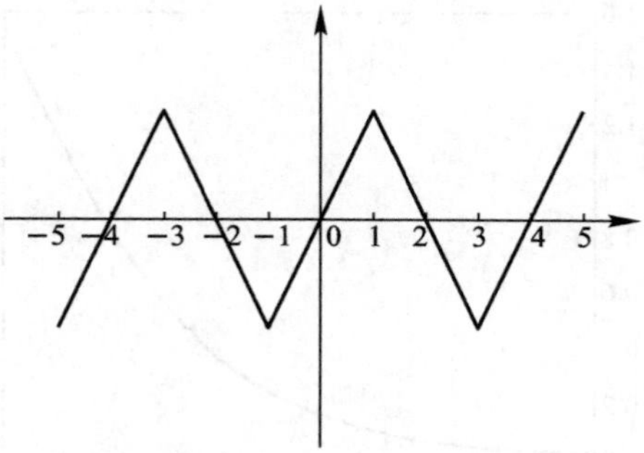


图 10.2 网络激发函数

和

$$\frac{\mathrm{d}w(t)}{\mathrm{d}t}=\boldsymbol{D}f(kr)w(t)=-w(t) \tag{10.24}$$

都是稳定的.

令 $r=1$. 由于式 (10.23) 和式 (10.24) 都是稳定的, 见图 10.3. 因此, $\bar{s}=2$ 是 $\dot{s}(t)=f(s(t))$ 的一个稳定的平衡点. 初始值取为 $x^1(0)=1.95$, $x^2(0)=2.15$. 仿真计算可见, 当 $t\to\infty$, $x^1(t)\to 2$, $x^1(2)\to 2$.

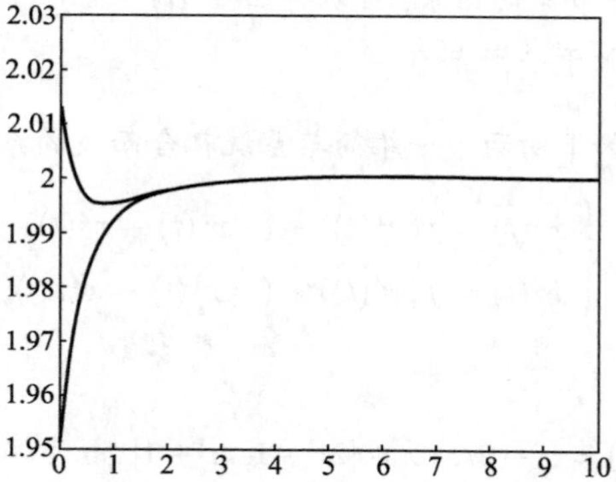


图 10.3 同步而不收敛

反之, 当 $r$ 是偶数时, $\boldsymbol{D}f(2r)=1$,

$$\frac{\mathrm{d}w(t)}{\mathrm{d}t}=[\boldsymbol{D}f(2r)+\lambda_2]w(t)=-w(t) \tag{10.25}$$

$$\frac{\mathrm{d}w(t)}{\mathrm{d}t} = \boldsymbol{D}f(2r)w(t) = w(t) \tag{10.26}$$

令 $r = 0$. 式 (10.25) 是稳定的, 式 (10.26) 是不稳定的. 因此, 0 是系统 $\dot{s}(t) = f(s(t))$ 的一个不稳定的平衡点. 仿真计算可见, 尽管初始值 $x^1(0) = 0.05$, $x^2(0) = 0.15$ 都在平衡点 $\bar{s} = 0$ 附近, 当 $t \to \infty$ 时, $x^1(t) \nrightarrow 0$ 和 $x^2(t) \nrightarrow 0$. 反之, $x^1(t) \to 2$ 和 $x^2(t) \to 2$.

另一方面, 由

$$\boldsymbol{D}f(\bar{x}(t)) = \boldsymbol{D}f(\frac{x^1(t) + x^2(t)}{2}(t)) \leqslant 1 \tag{10.27}$$

可得 $\boldsymbol{D}f(\bar{x}(t)) + \lambda_2 < -1$. 从而, 系统

$$\frac{\mathrm{d}w(t)}{\mathrm{d}t} = (\boldsymbol{D}f(\bar{x}(t)) + \lambda_2)w(t) \tag{10.28}$$

是稳定的. 因此, $x^1(t) - x^2(t) \to 0$, 即耦合系统 (10.3) 能同步.

上面两个例子中, 讨论的耦合系统有单个或多个平衡点. 当平衡点不是原系统 $\dot{s}(t) = f(s(t))$ 的稳定平衡点时, 耦合系统 (10.3) 可能同步, 但不会局部同步到该平衡点. 当平衡点是原系统的稳定平衡点时, 耦合系统 (10.3) 局部同步到该平衡点, 如图 10.4 所示.

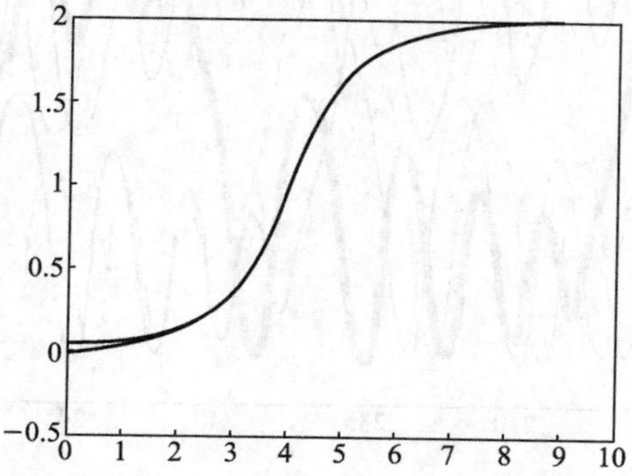


图 10.4 同步至稳定平衡点

下面通过一个混沌振子来验证上述结论. 网络各个节点的初始值取在某一点动力系统的初始位置附近. 数值模拟表明, 尽管耦合系统能同步, 但不收敛到未耦合点动力系统的轨道.

**例 10.3** 考虑如下一个由 7 个三维混沌神经网络耦合而成的系统

$$\frac{\mathrm{d}x^i}{\mathrm{d}t} = -\boldsymbol{D}x^i(t) + Tg(x^i(t)) - \sum_{j=1}^{7} l_{ij}x^j(t), \quad i = 1, 2, \cdots, 7$$

这里 $x^i = (x_1^i, x_2^i, x_3^i)^\top \in \mathcal{R}^3$, $T = \begin{bmatrix} 1.2500 & -3.200 & -3.200 \\ -3.200 & 1.1000 & -4.4000 \\ -3.200 & 4.4000 & 1.000 \end{bmatrix}$, $\boldsymbol{D} = I_3$, $g(x^i) = (g(x_1^i), g(x_2^i), g(x_3^i))$, $g(s) = (|s+1| - |s-1|)/2$. $\boldsymbol{L} = (l_{ij})$, 其中

$$l_{ij} = \begin{cases} -1 & i \neq j, \\ 6 & i = j, \end{cases} \quad i = 1, 2, \cdots, 7$$

$s(t)$ 是一条初值为 $s(0) = [0.1, 0.1, 0.1]^T$ 的轨道

假设初值 $x_j^i(0) = 0.1 + \delta x_j^i(0)$. 这里 $\|\delta x^i(0)\| \leqslant 0.01, i = 1, 2, \cdots, 7$. 如图 10.5 显示耦合系统同步轨道的第一个分量 $x_1^i$, $i = 1, 2, \cdots, 7$. 显然, 细小的扰动会使轨迹有很大的变化.

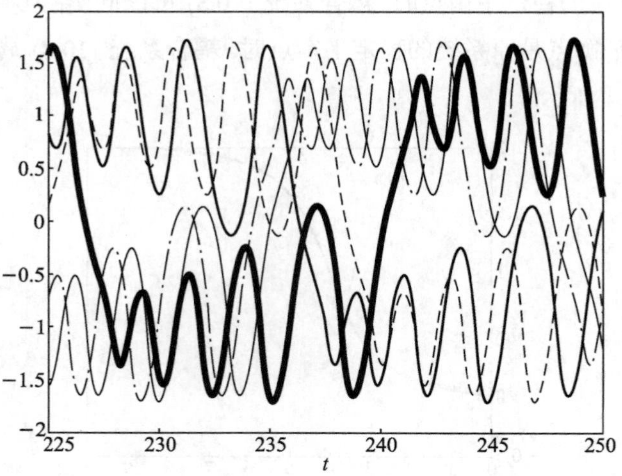


图 10.5 不同初值对应的未耦合系统的轨迹

定义以下两个量

$$K = \frac{1}{7}\sum_{i=1}^{7} < \|x^i(t) - \bar{x}(t)\| >, \quad W = \frac{1}{7}\sum_{i=1}^{7} < \|x^i(t) - s(t)\| >$$

这里 $<\cdot>$ 表示时间平均.

由图 10.6 可知, $K$ 收敛于零, 表示同步子空间是稳定的; 而由图 10.7 可知, 量 $W$ 随时间不收敛于零, 这表明 $x^i(t)-s(t)\nrightarrow 0$. 也就是说, 尽管 $x^i(0)$ 充分接近于 $s(0)$, 耦合系统能同步, 但 $s(t)$ 并不是同步轨道.

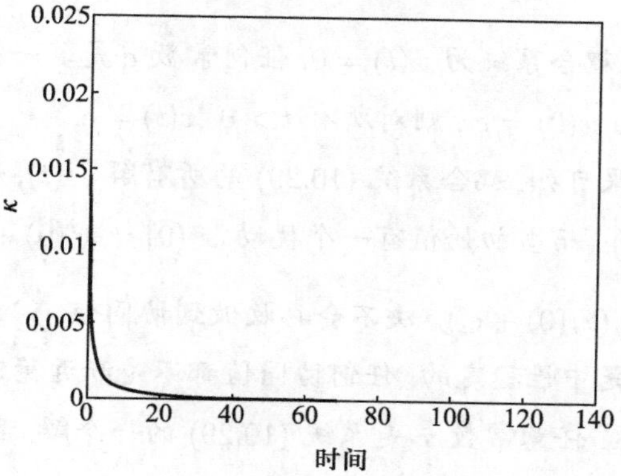


图 10.6 $K$ 随时间的变化

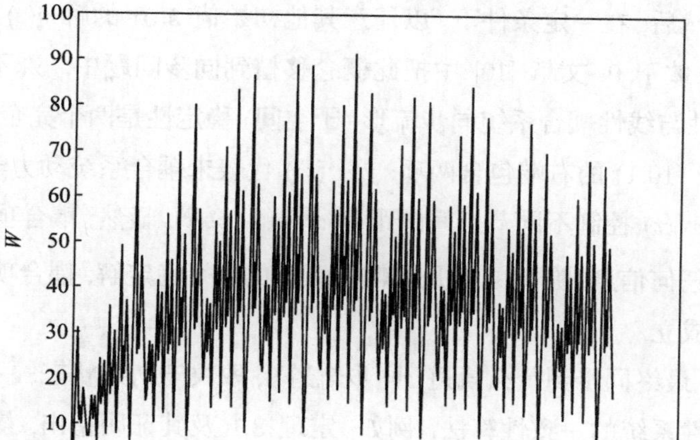


图 10.7 $W$ 随时间的变化

上述三个仿真算例证实, 文献 [10] 中关于同步的定义与引理 1 是不相容的. 事实上, 一致性模型也进一步证实文献 [10] 中关于同步的定义与引理 1 是不相容的.

**例 10.4** 考虑一致性模型

$$\dot{x}^i(t) = \sum_{j=1}^{m} a_{ij} x^j(t), \quad x^i(t) \in \mathcal{R}^1 \ i = 1, 2 \cdots, m. \tag{10.29}$$

此时, $f = 0$. 未耦合系统为 $\dot{x}(t) = 0$. 任何常数 $c$ 是其一个解, 且是一个中性稳定解. 当初始值为 $x(0) = c$ , 则对所有 $t > 0, x(t) = c$.

由第八章的结果可知, 耦合系统 (10.29) 的所有解 $x^i(t), i = 1, 2, \cdots, m$, 收敛到协同值 $\sum_{i=1}^{m} \xi_i x_i(0)$. 而当初始值有一个扰动 $\bar{x}^i(0) = x^i(0) + \epsilon_i$ 时, 则所有 $\bar{x}^i(t)$ 收敛于协同值 $\sum_{i=1}^{m} \xi_i (x_i(0) + \epsilon_i)$. 决不会再收敛到协同值 $\sum_{i=1}^{m} \xi_i x_i(0)$. 这表明协同值关于一致性算法是中性稳定的. 任何协同值都不是渐近稳定的.

另一方面, 显然, 任意常数 $\bar{x}$ 是系统 (10.29) 的一个解, 且满足引理 1 中的条件. 然而, 它不是系统 (10.29) 的一个渐近稳定平衡点.

在讨论动力系统稳定性问题时, 通常假定 $s(t)$ 是其初值为 $s(0)$ 的一个解 (或一条轨道). 然后, 在一定条件下, 以任意其他初始值 $\tilde{s}(0)$ 的解 $\tilde{s}(t)$ 与它的差距 $\tilde{s}(t) - s(t)$ 收敛于 0. 文献 [10] 中把此概念移植到同步问题中. 殊不知, 动力系统解的稳定性与线性耦合系统同步流形 (子空间) 稳定性是两个完全不同的概念. 事实上, 系统 (10.1) 的右端包含两项: $f(x^i(t))$ 代表未耦合系统动力学行为的; 耦合项 $c \sum_{j=1}^{m} l_{ij} x^j(t)$ 控制不同节点间的距离 $x^i(t) - x^j(t)$. 显然, 耦合项中不包含系统解 $s(t)$ 的任何信息. 除非 $s(t)$ 是未耦合系统的一个稳定解, 耦合项是无法使得系统 (10.8) 成立.

实际上, 最终同步到什么轨道 (同步轨道) , 取决于初始状态. 一个简单直接的例子是线性系统的一致性算法, 例如, 定理 8.1 及其证明指出, 最终收敛到初始状态的加权平均 (权重系数取决于拉普拉斯矩阵对应零特征根的做特征向量). 对于耦合混沌系统, 同步轨道也依赖于初值状态, 不同的初值导致不同的同步轨道. 因此, 在分析同步性时, 不能事先设定一条所谓的同步轨道, 再证明每个节点的轨道都收敛到该同步轨道. 因为, 无论讨论局部还是全局同步稳定, 不同初值对应不同的同步轨道, 所以事先设定的同步轨道, 再允许初值任意变化, 是不符合逻辑的.

由第四章的结果可知, 当 $m-1$ 个变分系统

$$\frac{\mathrm{d}w(t)}{\mathrm{d}t}=[\boldsymbol{D}f(\bar{x}(t))+\lambda_k\Gamma]w(t),\quad k=2,\cdots,m \tag{10.30}$$

都稳定时, 同步子空间是稳定的.

自然会问, 给定点动力系统 (未耦合系统) 某一轨道 $s(t)$. 如果 $m-1$ 个系统

$$\frac{\mathrm{d}w(t)}{\mathrm{d}t}=[\boldsymbol{D}f(s(t))+\lambda_k\Gamma](t),\quad k=2,\cdots,m$$

都稳定时, 同步流形是否稳定? 即能否通过 $s(t)$ 在同步流形横向方向的变分方程的稳定性, 导出同步流形的稳定性?

答案是在一定条件下, 可以通过 $s(t)$ 在同步流形横向方向的变分方程的稳定性, 导出同步流形的稳定性. 具体地说, 如果同步流形上的吸引子具有多重遍历[1], 在几乎处处意义下, 一条轨道可以包含整个吸引子的信息. 因此, 可通过在沿该轨道横向子空间的分析, 获得整个同步流形的局部稳定. 正如定理 3.1 所述, 横向稳定性的意义依赖于同步流形吸引子的性质.

假设 $A$ 是动力系统 (10.2) 的一个 (某个意义下) 吸引子, 同步流形定义为:

$$S=\left\{[{x^1}^\top,\cdots,{x^m}^\top]:\ x^i=x^j\in A,\ \forall\, i,j=1,2,\cdots,m\right\}$$

用 $Erf(10.1)$, $SBR(10.1)$ 和 $L(10.1)$ 分别表示系统 (10.1) 对应所有遍历测度空间, SBR 不变测度空间和与相对 Lebesgue 测度绝对连续的不变测度空间 (详见 3.1 节).

**命题 10.1** *假设变分系统 (10.3) 是可逆的. 其最大李亚普诺夫指数设为 $\lambda^{\perp}(h)$, 其中 $h(\cdot)$ 是对应的不变测度.*

(1) *假设 $A$ 是动力系统 (10.2) 的一个李亚普诺夫渐近稳定吸引子. 若最大法向李亚普诺夫指数 $\sup\limits_{\mu\in Erg(10.1)}\lambda^{\perp}(\mu)<0$, 则同步流形 $S$ 是 (10.1) 的一个李亚普诺夫渐近稳定吸引子;*

(2) *假设 $A$ 是动力系统 (10.2) 的 Milnor 吸引子. 若存在一个 $h\in SBR(10.1)$, 最大法向李亚普诺夫指数 $\lambda^{\perp}(h)<0$, 则同步流形 $S$ 是系统 (10.1) 的一个 Milnor 吸引子;*

(3) 假设 $A$ 是动力系统 (10.2) 的本征吸引子. 若存在一个 $h \in L(10.1)$, 最大法向李亚普诺夫指数 $\lambda^{\perp}(h) < 0$, 则同步流形 $S$ 是系统 (10.1) 的一个本征吸引子.

实际上, 记 $\lambda^{\perp}(s(t))$ 是沿轨道 $s(t)$ 计算的最大横向李亚普诺夫指数. 则 $\sup\limits_{\mu \in Erg(10.1)} \lambda^{\perp}(\mu) = \sup_{s(t)} \lambda^{\perp}(s(t))$. 文献 [4] 指出: 当此上确界大于零, 同步流形是李亚普诺夫渐近不稳定的. 由此可见, 为了保证 (同步流形附近) 任意初值出发的轨道都收敛到同步流形, 沿每条轨道的最大横向李亚普诺夫指数必须都为负. 这个条件实质上是无法验证的. 但由上述结论 (3) 可知, 当点动力系统具有本征吸引子, 且计算李亚普诺夫指数的不变测度是 Lebesgue 测度时, 则当 (除去一个零测度集合) 在轨道 $s(t)$ 的最大横向李亚普诺夫指数小于零时, 同步流形也是本征吸引子.

这是耦合系统同步问题中一个深层次的重要问题. 而文献中有关耦合系统局部同步分析的文章, 很少给出严格的数学描述. 本书中, 作者力求给读者作简单的介绍, 有兴趣的读者可作进一步的研究.

本书中, 取代系统 (10.3) 中的 $s(t)$, 定义了网络轨道在同步流形的 (可能非正交) 投影 $\bar{x}(t)$ (见第四章). 研究耦合系统 (10.1) 在 $\bar{x}(t)$ 的变分系统. 由于对应 $\lambda_1 = 0$ 的变分系统恒为零. 因此, 当 $m-1$ 个变分系统

$$\frac{\mathrm{d}w(t)}{\mathrm{d}t} = [\boldsymbol{D}f(\bar{x}(t)) + \lambda_k \Gamma]w(t), \quad k = 2, \cdots, m \tag{10.31}$$

都稳定时, $\bar{x}(t)$ 是吸引的, 即 $\lim_{t\to\infty} \|x^i(t) - \bar{x}(t)\| = 0$, $i = 1, 2, \cdots, m$. 从而, 对于耦合系统 (10.1), 同步子空间是稳定的. 特别需要指出的是, $\bar{x}(t)$ 并非点动力系统 (10.2) 的某一轨道. 同时, 不需要讨论同步流形上 (基于李亚普诺指数的) 不变测度与黎曼测度的关系. 通过 $x(t)$ 的分解 (如图 4.1 所示), 不仅可给出同步的充分条件, 而且可把局部同步和全局同步分析统一起来.

综合起来, 有如下结论

(1) 如果点 (未耦合) 动力系统 (10.2) 是稳定的. 即存在 (10.2) 的一个解 $s_0(t)$, 使得 (10.2) 的任意解 $s(t)$, 有

$$\lim_{t\to\infty} ||s(t) - s_0(t)|| = 0 \tag{10.32}$$

此时, 如果同步条件满足, 例如 $m-1$ 变分方程 (10.3) 或者系统 (10.30) 稳定, 那么耦合系统 (10.1) 中所有节点的状态变量 $x^i(t)$ 稳定到 $s(t)$; 反之, 如果系统 (10.1) 中所有节点的状态变量 $x^i(t)$, $i=1,2,\cdots,m$, 满足 $x^i(t)-s_0(t)\to 0$, 则系统 (10.2) 必定是稳定的.

(2) 若要研究不稳定 (特别是混沌时) 未耦合 (点动力) 系统 (10.2) 的同步, 如果 $m-1$ 变分方程 (10.3) 或者系统 (10.30) 稳定, 则耦合系统 (10.1) 可以达到同步 (10.14).

需要强调的是, 对于混沌同步, 不存在系统 (10.2) 的一个解 $s_0(t)$, 使得

$$\lim_{t\to\infty}\|x^i(t)-s_0(t)\|=0 \tag{10.33}$$

对任何初值出发的 $x^i(t)$ 都成立; 而最终的同步轨道依赖于所有节点的初值. 因此, 讨论耦合系统 (10.1) 从任意初值出发同步到系统 (10.2) 的某一个解 $s(t)$ 是没有意义的.

**注 10.1** 有人认为, 把耦合系统 (10.1) 的同步问题理解成 (10.14) 是错误的. 还问道, $x^i(t)$ 的极限是什么, 函数还是具体的一个数值? 似乎只有收敛到一个极限才算实现同步. 显然, 这是基于对同步问题的一种误解. 前面的理论分析和几个仿真算法证明了这种理解是错误的. 当 $t\to\infty$, $x^i(t)$ 的极限是不存在的.

**注 10.2** 在文献 [8] 中, 作者采用 (10.14) 作为同步的定义. 但是作者没有阐述同步和原系统解的稳定性之间的区别. 在文献 [16] 中, 作者甚至还作了下述陈述: the trajectories of the synchronizing array approach the trajectories of the uncoupled systems $\dot{x}_i=f(x_i,t)$. 前面的理论分析和几个仿真算法说明同步态不是未耦合系统的一条轨道.

**注 10.3** 在文献 [5] 中, 作者引入了主函数方法. 本质上, 文献 [10] 的方法与文献 [5] 类似. 不同之处在于: 文献 [10] 把同步问题看成轨迹 $\dot{s}(t)=f(s(t))$ 的稳定性; 在文献 [5] 中, 把同步理解成同步流形的稳定性, 这是同步性正确的表述. 但是, 作者没有论述什么是同步态以及主函数的理论基础. 利用文献 [4] 中的结果, 本章中命题 10.1 阐述了主函数的理论基础及适用范围.

## 10.2　牵引控制与同步

牵引控制本质上就是轨道稳定性: 即事先给定点动力学系统轨道, 再将整个网络稳定到该轨道上. 这与同步有本质的不同. 对于耦合系统 (10.1), 通过对部分节点添加上述关于给定轨道 $s(t)$ 的负反馈使网络各个节点稳定到 $s(t)$. 及对所有 $i=1,2,\cdots,m$, $x^i(t)-s(t)\to 0$. 这就是牵引控制耦合网络 (9.3). 当耦合拓扑为强连通时, 在一定条件下, 在任一节点加上牵引控制可以使所有节点上的状态都同步到预先指定的状态 $s(t)$[13]. 在第九章中作了详细的阐述.

综上所述可知, 牵引控制实质上是轨道稳定性, 并不等价于同步性. 实际上, 它们之间的关系可表达为: 同步+牵制控制→ 轨道的稳定性. 一些文献提及的所谓 "牵引同步" 混淆着两个概念.

在讨论耦合系统同步问题时, 研究的是同步子空间的稳定性. 此时, 采取 $\delta x(t)=x(t)-\bar{X}(t)$ ($\delta x(t)\in\mathcal{L}$ 中没有 $\mathcal{S}$ 中的成分), $\delta F(x(t),t)=F(x(t),t)-F(\bar{X}(t),t)$. 其方程为

$$\dot{\delta}x(t)=\delta F(x(t),t)-c(\boldsymbol{L}\otimes\Gamma)\delta x(t), \tag{10.34}$$

其中, $(\Xi\boldsymbol{L})^s=\frac{1}{2}[\Xi\boldsymbol{L}+\boldsymbol{L}^T\Xi]$ 是一个特殊的半正定矩阵. 李亚普诺夫函数采用

$$V(x(t))=\frac{1}{2}\delta x(t)^\top(\Xi\otimes\boldsymbol{P})\delta x(t)=\frac{1}{2}\delta x(t)^\top(\boldsymbol{U}\otimes\boldsymbol{P})\delta x(t).$$

其中, $\boldsymbol{U}=\Xi-\xi\xi^T$ 是一个拉普拉斯矩阵.

另一方面, 讨论牵制控制是研究原系统 (未经耦合时) 的轨道 $s(t)$ 的稳定性. 此时, $\tilde{\delta}x(t)=x(t)-S(t)$ ($\tilde{\delta}x(t)$ 中既包含 $\mathcal{L}$ 中成分, 也包含 $\mathcal{S}$ 中的成分), $\tilde{\delta}F(x(t),t)=F(x,t)-F(S,t)$. 其方程为

$$\dot{\tilde{\delta}}x(t)=\tilde{\delta}F(x(t),t)-c(\tilde{\boldsymbol{L}}\otimes\Gamma)\tilde{\delta}x(t), \tag{10.35}$$

其中, $(\Xi\tilde{\boldsymbol{L}})^s=\frac{1}{2}[\Xi\tilde{\boldsymbol{L}}+\tilde{\boldsymbol{L}}^T\Xi]$ 是一个正定矩阵. 李亚普诺夫函数为

$$\bar{V}(x(t))=\frac{1}{2}\tilde{\delta}x(t)^\top(\Xi\otimes\boldsymbol{P})\tilde{\delta}x(t).$$

可见, 两者存在着根本区别.

如果在耦合系统上增加一个源节点 (入度为零)，其轨道为给定的点动力系统轨道 $s(t)$, 向外连接的节点为被牵引控制的节点, 这些边的权重等于牵引控制的权重. 如图 10.8 所示. 此时, 牵引控制的稳定性等价于这个增加了一个节点的 (具有有向图结构的) 网络的同步性.

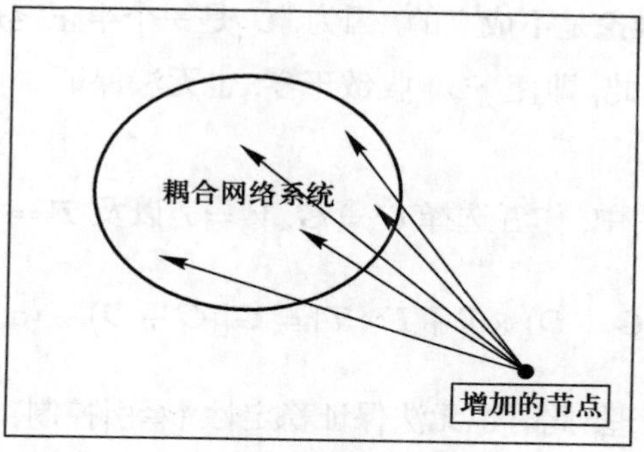


图 10.8 牵引控制系统通过添加一个新节点变为同步问题

在文献 [17] 中, 作者讨论牵引控制耦合复杂网络

$$\begin{cases} \dot{x}^i(t) = f(x^i(t),t) + c\sum_{j=1}^{m} g_{ij}\Gamma x^j(t) - c\epsilon\Gamma[x^i(t) - s(t)], \ i \in \mathcal{D} \\ \dot{x}^k(t) = f(x^i(t),t) + c\sum_{j=1}^{m} g_{kl}\Gamma x^l(t) \ k \notin \mathcal{D}. \end{cases} \tag{10.36}$$

其中 $\boldsymbol{G} = [g_{ij}]$ 是一个非对角元素为非负, 行和为 "0" 的不可约对称矩阵. 证明了下述定理.

定理 1 设 $\Gamma$ 是对称半正定, $\boldsymbol{T}$ 为一个矩阵, 使得 $f(x) + \boldsymbol{T}x$ 关于某个正定阵 $V$ 是 $V$ 一致下降的. 如果存在一个对称的非对角元素为非负, 行和为 "0" 的不可约矩阵 $\tilde{\boldsymbol{U}}$, 使得矩阵 $\tilde{\boldsymbol{U}} \otimes V[(\boldsymbol{G}+D)\otimes\Gamma + I\otimes\boldsymbol{T}]$ 是半正定的, 则满足 $f(\bar{x}) = 0$ 的状态 $\bar{x}$ 关于牵引控制的网络 (10.36) 全局稳定.

基于定理 1, 作者进一步证明了

定理 2 设 $f(x)$ 关于满足常数为 $L_c^f > 0$ 的利普希兹条件. $\Gamma$ 为对称正定阵. 如果存在常数 $\alpha = L_c^f/\lambda_{min}(\Gamma) > 0$, 使得 $\lambda_{min}(G+D) > \alpha$. 则牵制控制网络 (10.36) 关于 $\bar{x}$ 是全局稳定的.

在定理 1 的证明中, 作者引入了李亚普诺夫函数

$$g(x)=\frac{1}{2}(x(t)-S)^{\top}(\tilde{\boldsymbol{U}}\otimes V)(x(t)-S)$$

其中 $S=[s^{\top},\cdots,s^{\top}]^{\top}$ 是给定的未耦合系统的一个平衡点. 作者认为, 当 $g(x)=0$ 时 $x=S$. 可是, 此推论是不成立的. 因为, $\tilde{\boldsymbol{U}}$ 是一个半正定矩阵. $g(\bar{Y})=0$ 对任何 $\bar{Y}\in\mathcal{S}$ 都成立. 因此, 即使 $g(x)$ 收敛于零, 也无法保证 $x$ 稳定到 $S$. 也就是说, 牵引控制无法实现.

在定理 2 的证明中, 作者选择 $\tilde{\boldsymbol{U}}=\boldsymbol{G}$, $V=I$ 以及 $\boldsymbol{T}=-(\alpha+\delta)\Gamma$, 使得矩阵

$$(\tilde{\boldsymbol{U}}\otimes V)[(\boldsymbol{G}+D)\otimes\Gamma+\boldsymbol{I}\otimes\boldsymbol{T}]=\boldsymbol{G}[(\boldsymbol{G}+D)-(\alpha+\delta)I]\otimes\Gamma$$

为半正定. 同样的道理, 此时也无法保证稳定性 (牵引控制) 能够实现.

出现这些问题的原因是混淆了同步与未耦合系统解的稳定性. 误把讨论同步问题的方法 (见文献 [16]) 移植到牵引控制中来. 事实上, 特殊形式的 $\boldsymbol{U}$ 是专门为讨论同步问题而设计的. 而不适用来讨论牵制控制中轨道的稳定性.

事实上, 由第九章的讨论可知, 研究牵引控制, 相应的李亚普诺夫函数可以选为

$$g(x)=\frac{1}{2}(x(t)-S(t))^{\top}(I\otimes V)(x(t)-S(t)).$$

由此, 能得到正确的结论.

正如作者在文献 [17] 的注释 3 所做的更正, 把原文定理 1 中的对称矩阵 $\tilde{\boldsymbol{U}}$ 改成正定对角阵 $\tilde{\boldsymbol{U}}$, 可以保证定理 1 的正确性. 但是, 在定理 2 的证明中, $\tilde{\boldsymbol{U}}=\boldsymbol{G}$. 因此, $\tilde{\boldsymbol{U}}$ 不是对角阵.

在文献 [18] 中, 作者写道, 当反馈控制增益 $d\to\infty$ 时, 牵制控制算法 (10.36) 可转化为下述

$$\begin{cases}x^i(t)=\bar{x}, \quad i\in\mathcal{D}\\ \dot{x}^k(t)=f(x^i(t),t)+c\sum_{l\in\mathcal{D}}g_{kl}\Gamma\bar{x}+c\sum_{l\notin\mathcal{D}}g_{kl}\Gamma x^l(t), \quad k\notin\mathcal{D}\end{cases}\tag{10.37}$$

遗憾的是, 这种转换是不成立的. 如果当节点 $j\notin\mathcal{D}$ 时, $x^j(t)-s(t)\neq 0$, 无论在节点 $i\in\mathcal{D}$ 加再大的负反馈 $d(\bar{x}-x^i(t))$, $x^i(t)$ 也不会收敛于 $\bar{x}$.

实质上, 在充分大牵引增益下, 整个网络是稳定的. 此时, 所有 $x_i(t)$ 同时收敛于 $s$.

考虑如下的牵引控制模型

$$\dot{x}^i(t) = f(x^i(t)) + 30\sum_{j=1}^{5} l_{ij}x^j(t) + 30\epsilon_i\Gamma(s(t) - x^i(t)),\ i = 1, 2, 3, 4, 5,$$

其中, $x = (x_1, x_2, x_3)^\top \in \mathbb{R}^3$, $f(x) = -Dx + Tg(x)$, $D = I_3$,

$$\boldsymbol{T} = \begin{bmatrix} 1.2500 & -3.200 & -3.200 \\ -3.200 & 1.100 & -4.400 \\ -3.200 & 4.400 & 1.000 \end{bmatrix}$$

$g(x) = (g(x_1), g(x_2), g(x_3))^\top$, $g(x_i) = (|x_i + 1| - |x_i - 1|)/2,\ i = 1, 2, 3.$ $\epsilon_1 = 1, \epsilon_i = 0,\ i = 2, 3, 4, 5.$ 即牵引控制只加在第一个节点上. 耦合拉普拉斯矩阵取为

$$\boldsymbol{L} = \begin{bmatrix} 2 & 0 & -1 & 0 & -1 \\ -1 & 2 & 0 & 0 & -1 \\ -1 & -1 & 3 & -1 & 0 \\ 0 & -1 & 0 & 2 & -1 \\ 0 & -1 & 0 & -1 & 2 \end{bmatrix}$$

初值取成:

$$x^1(0) = [3.4785, 3.1395, 2.2519]^\top,$$
$$x^2(0) = [2.3681, 4.7485, 0.4175]^\top,$$
$$x^3(0) = [1.3991, 2.2350, 2.9379]^\top,$$
$$x^4(0) = [4.3882, 2.3455, 2.1871]^\top,$$
$$x^5(0) = [3.7309, 2.3396, 4.3041]^\top,$$
$$s(0) = [0.4665, 0.4981, 0.4874]^\top.$$

图 10.9 中一条曲线表示加控制的节点的轨迹. 另一条没有加控制的节点轨迹. 可以清楚地看到它们同时收敛到 $s(t)$.

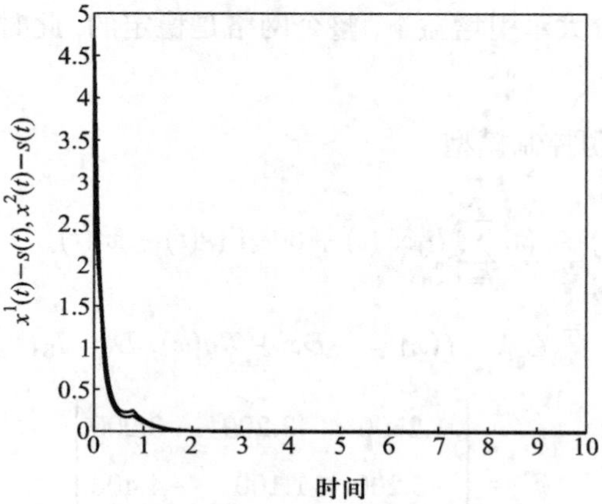


图 10.9 所有振子同时收敛于平衡点

## 10.3 拓扑结构与同步能力及展望

通过图的拓扑结构来分析相应系统协调性能力是同步分析的重要课题. 首先, 同步能力依赖于耦合网络的结构. 对于对称网络, 相应的拉普拉斯阵的特征根可用以描述同步能力 (例如最小非零特征根或最小/最大非零特征根的比). 此时, 问题转化为通过网络的拓扑结构来描述对应拉普拉斯阵特征根分布. 第 6.1 节指出, 对于一般的图结构, 无法通过拓扑的统计量来精确描述网络的同步能力. 大量涌现的文献指出, 对于某些图, 有些拓扑统计量与网络的同步能力是强相关的. 但是, 除了随机网络, 几乎没有严格的数学证明. 而对于有向 (非对称) 图代替特征根, 可用 Rayleigh-Ritz 商.

本书中强调生成树结构对于同步的重要意义. 对于各种模型, 它均是同步稳定性必要条件. 本质上, 生成树的结构意味着图不能分为多个相互孤立的子图. 显然, 孤立子图之间无法信息交流, 从而无法实现同步. 对于时变网络结构, 则需要在一段时间长度范围内, 网络通过演变产生生成树. 对于牵引控制, 在增加一个源节点的情况下, 扩展的图具有生成树是网络可稳定的必要条件.

尽管几年来涌现出大量网络同步分析的文献和专著, 网络同步的分析框架基本建立, 同步能力与拓扑结构之间的分析亦有很大发展. 但是, 这个领域仍然还有许多尚待解决的问题. 期待不同领域研究者做更多深入研究.

首先, 具有时变结构网络系统的同步分析有许多理论问题需要解决. 对于局部同步分析, 就笔者所知, 随机动力系统的稳定性分析, 还局限于李亚普诺夫稳定性. 而对于一般的, 如 Milnor 稳定性, 还鲜有涉及. 这是因为此时的分析中需要处理两个测度 (流形上的空间测度和概率测度), 从而大大增加了分析的复杂性和难度. 如何定义各类随机动力系统的吸引子, 并应用于横向稳定性的分析, 对于随机时变网络的同步分析至关重要. 关于全局同步问题, 就笔者所知, 分析还仅限于具有独立同分布的切换网络, 或者由有限状态齐次马氏链生成的网络切换. 而对于一般的随机过程产生的时变拓扑结构, 还仅限于线性系统的一致性分析. 而对于非线性耦合系统, 还缺乏结合动力系统和随机过程的有效手段.

其次, 对于点动力系统, 本书提及的 QUAD 和利普希兹条件, 在应用中常常显得过于苛刻. 或者无法满足, 或者即使能证明满足, 由此估计得出同步充分条件常常会太过于苛刻, 从而影响应用价值. 如何通过放松 QUAD 条件, 从而改善对于同步稳定性的充分条件的估计, 也是一个值得关注问题. 近年来, 亦有一些工作关注于此[14,15]. 对于某些重要点动力系统, 给出针对性的分析方法, 使理论分析与数值模拟更为贴切.

最后, 网络的同步能力与拓扑结构始终是关注的重点. 对具体的常见网络模型 (不仅包含随机图模型), 如何通过统计量和结构特征, 来描述拓扑结构渐近 (网络尺寸趋于无穷大) 的同步能力, 是另一类重要但具有挑战性的数学问题. 如何解决这些问题, 还需众多研究人员的努力.

## 参考文献


[1] Pesin Y B. Characteristic Lyapunov exponents and smooth ergodic theory [J]. Russian Mathematical Survey, 1977, 32(4): 55.

[2] Khalil H K. Nonlinear systems [M]. Upper Saddle River: Prentice Hall, 1996.

[3] Alexander J C, Kan I, Yorke J A, and You Z. Riddled basins [J]. Int. J. Bifurcation Chaos, 1992, 2:795-813.

[4] Ashwin P, Buescu J and Stewart I. From attractor to chaotic saddle: a tale of transverse instability [J]. Nonlinearity, 1996, 9:703-737.

[5] Pecora L M and Carroll T L. Master Stability Functions for Synchronized Coupled Systems [J]. Phyisical Review Letters, 1998, 80(10):2109-2112.

[6] LaSalle J P. Some extensions of Liapunov's second method [J]. IRE Transactions on Circuit Theory, 1960, 7:520-527.

[7] Krasovskii N N. Problems of the Theory of Stability of Motion (Russian) [M]. Stanford: Stanford University Press, 1963.

[8] Wu C W and Chua L O. Synchronization in an Array of Linearly Coupled Dynamical Systems [J]. IEEE Transactions on Circuit Systems-I, 1995, 42(8):430-447.

[9] Lu W L and Chen T P. New approach to synchronization analysis of linearly coupled ordinary differential systems [J]. Physica D, 2006, 213: 214-230.

[10] Wang X F, Chen G. Synchronization in scale-free dynamical networks: robustness and fragility [J]. IEEE Trans. Circuits Syst-I, 2002, 49 (1): 54-62.

[11] 汪小帆, 李翔, 陈关荣. 复杂网络理论及其应用. 北京: 清华大学出版社, 2006.

[12] 陈关荣, 汪小帆, 李翔. Introduction to complex networks: Models, structures and dynamics. 北京: 高等教育出版社, 2012.

[13] Chen T P, Liu X W, and Lu W L. Pinning complex networks by a single controller [J]. IEEE Transactions on Circuits and Systems-I, 2007, 54(6): 1317-1326.

[14] Liu B, Lu W L, Chen T P. New conditions on synchronization of networks of linearly coupled dynamical systems with non-Lipschitz right-hand sides [J]. Neural Networks, 2012, 25: 5-13.

[15] DeLellis P, di Bernardo M, Russo G. On QUAD, Lipschitz, and Contracting Vector Fields for Consensus and Synchronization of Networks [J]. IEEE Transactions on Circuits and Systems I: Regular Papers, 2011, 58(3): 576-583.

[16] Wu C W. Synchronization in Coupled Arrays of Chaotic Oscillators With Nonreciprocal Coupling [J]. IEEE Trans. Circuits Syst.-I, 2003, 50 (2) 294-297.

[17] Chen G, Wang X F, Li X, Lv J H. Some recent advances in complex network synchronization, Chapter 4, Recent Advances in Nonlinear Dynamics and Synchronization Kyamakya K, ed. Berlin: Springer-Verlag, 2009.

[18] Li X, Wang X F, Chen G. Pinning a complex dynamical network to its equilibrium [J]. IEEE Transactions on Circuits and Systems-I: Regular Paper, 2004, 51(10), 2074-2087.

# 索 引